Photoshop CC
超级学习手册

优创智造视觉研究室　编著

人民邮电出版社

北　京

图书在版编目（CIP）数据

Photoshop CC超级学习手册 / 优创智造视觉研究室
编著. -- 北京 : 人民邮电出版社，2019.8
ISBN 978-7-115-50268-1

Ⅰ. ①P… Ⅱ. ①优… Ⅲ. ①图象处理软件—手册
Ⅳ. ①TP391.413-62

中国版本图书馆CIP数据核字(2019)第022881号

内 容 提 要

本书从 Photoshop 的基础知识开始讲解，围绕修图、绘图、调色、文字、抠图、合成、特效等
功能详细介绍 Photoshop CC 的使用方法和操作技巧。

全书共 14 章。第 1～2 章主要介绍 Photoshop CC 的基础知识；第 3～11 章主要介绍 Photoshop
的核心功能，包括选区抠图、绘图修饰、文字、矢量工具、调色、图层样式、蒙版、通道、滤镜等；
第 12 章为综合案例，通过大量完整的实战案例练习，进一步提升读者使用 Photoshop 常用功能的熟
练度；第 13～14 章主要介绍 Photoshop 的辅助功能，包括 3D 功能以及视频动画功能等。

本书内容中穿插课后练习、实战项目、提示、独家秘笈、新手充电站、本章小结等多个特色模
块，帮助读者轻松掌握 Photoshop 技巧。

本书附赠的电子资源，内容包含配套的案例文件、素材文件及视频教程。读者朋友在学习的过
程中，通过视频教程和实战练习，可以有效提高学习效率。

本书适合 Photoshop 的初学者自学，也可以作为各类院校相关专业学生的教材或辅导用书。

◆ 编　　著　优创智造视觉研究室
　　责任编辑　张　翼
　　责任印制　马振武

◆ 人民邮电出版社出版发行　　北京市丰台区成寿寺路 11 号
　　邮编　100164　电子邮件　315@ptpress.com.cn
　　网址　http://www.ptpress.com.cn
　　北京瑞禾彩色印刷有限公司印刷

◆ 开本：787×1092　1/16
　　印张：26.5
　　字数：852 千字　　　　　　　　2019 年 8 月第 1 版
　　印数：1 – 3 500 册　　　　　　　2019 年 8 月北京第 1 次印刷

定价：108.00 元

读者服务热线：(010)81055410　印装质量热线：(010)81055316
反盗版热线：(010)81055315
广告经营许可证：京东工商广登字 20170147 号

前 言

PREFACE

Photoshop CC 是 Adobe 公司旗下的一款图形图像处理软件，集图像扫描、编辑修改、图像制作、广告创意、图像输入与输出功能于一体，深受广大平面设计人员和电脑美术爱好者的喜爱。虽然 Photoshop 不是全球第一款电脑图像处理软件，但它对人们的生活、工作有着很大的影响。为了帮助读者更轻松地学习 Photoshop 知识，我们编写了本书，希望有更多的朋友可以掌握相关的知识和技能。

本书内容新颖有趣，案例实用精美。全书共计 14 章，分别介绍如下。

第 1 章"来到 Photoshop 学院的第一天"为基础章节，帮助读者初步认识 Photoshop。

第 2 章"必须学会的基本操作"主要介绍 Photoshop 的一些基本操作，为后面章节的学习奠定基础。

第 3 章"选区、抠图，so easy"主要介绍选区与抠图等功能，帮助读者轻松绘制选区并完成抠图操作。

第 4 章"绘画 + 修瑕 = 画面瑕疵全消失"主要介绍绘图工具以及修图工具的使用方法。通过这些工具，读者可以完成画面常见瑕疵的修复。

第 5 章"在画面中添加一些文字吧"主要介绍文字工具的使用方法。通过本章的学习，读者可以在画面中添加文字内容。

第 6 章"矢量绘图必学工具"主要介绍钢笔工具、形状工具等矢量绘图工具。通过本章的学习，读者可以绘制各种各样的图形。

第 7 章"不会调色？看这里"主要介绍各种调色命令。通过这些调色命令，读者可以对画面进行颜色的校正并制作风格化色彩。

第 8 章"高端大气上档次的图层效果"主要介绍图层混合模式以及图层样式的使用方法，这些功能可以为图层添加各种效果。

第 9 章"合成必备利器：蒙版"主要介绍各种蒙版的使用方法。通过本章的学习，读者可以更加方便地进行抠图合成操作。

第 10 章"关于通道的几个小秘密"主要介绍与通道相关的内容。通过本章的学习，读者可以利用通道进行调色和抠图操作。

第 11 章"炫酷'滤镜'看这里"主要介绍各种滤镜的使用方法。通过本章的学习，读者可以利用滤镜为画面添加各种奇特的效果。

第 12 章"综合实战"通过完整的实战案例练习，帮助读者进一步提升使用 Photoshop 常用功能的熟练度。

第 13 章"谁说 PS 不能做 3D 效果"主要介绍 3D 功能的使用方法。通过本章的学习，读者可以利用 3D 功能制作各种立体对象。

第 14 章"你竟然不知道 PS 能做动画"主要介绍动画功能。通过本章的学习，读者可以进行帧动画和时间轴动画的制作。

本书由优创智造视觉研究室组织编写，参与本书编写和整理工作的还有王萍、董辅川、杨宗香、李芳等。由于水平有限，书中难免存在错误和不妥之处，敬请广大读者批评指正。

优创智造视觉研究室

2019 年 4 月

第 1 章

来到 Photoshop 学院的第一天

第 2 章

必须学会的基本操作

目录

第 3 章

选区、抠图，so easy

第 4 章

绘画 + 修瑕 = 画面瑕疵全消失

第5章

在画面中添加一些文字吧

第6章

矢量绘图必学工具

目 录

第7章

不会调色？看这里

第8章

高端大气上档次的图层效果

第 9 章

合成必备利器：蒙版

第 10 章

关于通道的几个小秘密

第 11 章

炫酷"滤镜"看这里

第12章

综合实战

第13章

谁说 PS 不能做 3D 效果

第14章

你竟然不知道 PS 能做动画

目 录

第 1 章

来到 Photoshop 学院的
第一天

1.1 跟 Photoshop 打个招呼吧

Photoshop 作为一款全球流行的制图软件，擅长的是进行位图处理，也就是我们通常所说的"处理照片""修图"。不仅如此，Photoshop 在平面设计、视频动画、3D 制图等领域同样大放异彩。本节我们主要了解 Photoshop 的一些基础知识。

1.1.1 Photoshop 是什么

Photoshop 就是我们常说的 PS，是 Adobe 公司旗下的一款图形图像处理软件。集图像扫描、编辑修改、图像制作、广告创意以及图像输入与输出于一体，深受广大平面设计人员和电脑美术爱好者的喜爱。虽然 Photoshop 不是全球第一款电脑图像处理软件，但 Photoshop 是对人们生活、工作影响非常大的一款电脑图像处理软件，如图 1-1 和图 1-2 所示。

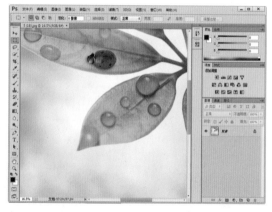

图1-1

图1-2

1.1.2　学会PS能做些什么

　　什么？你竟然问我学会 Photoshop 能做些什么？如果你是艺术设计专业的同学，无论是平面设计、室内设计、影视后期、插画设计还是服装设计，都要学习 Photoshop。如果你爱拍照，对美丽的图像甚是执着，那更要学习 Photoshop。好吧，下面就来告诉你，学会 PS 到底能够做些什么？

　　第一，修照片：提到 PS，大部分人会立刻想到"修照片"这项 PS 家喻户晓的"神迹"。无论是自己的照片、家人的照片、朋友的照片，还是宠物的照片、偶像的照片、旅行的照片，修饰、美化、再创造通通不在话下。只要你想得到，PS 都能够帮助你实现！如图1-3、图1-4、图1-5 和图1-6 所示。

图1-3　　　　　　　　　　图1-4　　　　　　　　　　图1-5　　　　　　　　　　图1-6

　　第二，平面设计必备：学习平面设计，用得最多的软件就是 Photoshop 了。无论是海报制作、书籍排版，还是杂志封面设计和包装、标志设计都能够用到 Photoshop，如图1-7、图1-8、图1-9 和图1-10 所示。

图1-7　　　　　　　　　　图1-8　　　　　　　　　　图1-9　　　　　　　　　　图1-10

　　第三，为设计作品润色：无论你是室内设计师，还是园林景观设计师、建筑设计师、工业设计师，在设计作品的制作过程中，都会出现 Photoshop 的身影。设计师可以使用 Photoshop 进行室内设计效果图的后期处理、园林设计效果图的后期处理、工业设计效果图的后期处理，如图 1-11、图 1-12 和图 1-13 所示。

图1-11　　　　　　　　　　　图1-12　　　　　　　　　　　图1-13

　　第四，做个插画师：随着数码时代的来临，插画师的工作早已不局限在纸面上了。越来越多的插画师选择使用电脑进行绘图。Photoshop 中包含很多绘画工具，通过连接手绘板，可以轻松模拟各种笔触，绘制出各种风格的数字绘画，如图1-14、图1-15、图1-16 和图1-17 所示。

图1-14   图1-15   图1-16   图1-17

　　第五，高大上的新锐视觉艺术家：近年来，视觉艺术越来越多地出现在人们的视野中。视觉艺术往往没有明确的商业目的，更多时候艺术家会借助艺术形式传达个人情绪或者某种观念。作为一种新兴的艺术形式，视觉艺术因其天马行空、无拘无束的表现形式更受新锐艺术家的追捧，如图1-18、图1-19、图1-20和图1-21所示。

图1-18   图1-19   图1-20   图1-21

　　第六，文字设计：文字设计也是当今新锐设计师比较青睐的一种表现形态，利用 Photoshop 中强大的合成功能可以制作出各种质感、特效的文字，如图 1-22、图 1-23 和图 1-24 所示。

图1-22   图1-23   图1-24

　　第七，网页设计：网页设计行业中除了著名的"网页三剑客"——Dreamweaver、Flash、Fireworks外，网页中的很多元素也需要在 Photoshop 中进行制作。因此，Photoshop 也是美化网页必不可少的工具，如图 1-25、图 1-26 和图 1-27 所示。

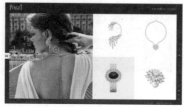

图1-25   图1-26   图1-27

　　第八，UI 设计：UI 设计就是界面设计，是指对软件的人机交互、操作逻辑、界面美观等方面进行的整体设计。好的 UI 设计不仅要让软件能为用户带来全新的视觉感受，还要让软件的操作变得舒适简单，充分体现软件的定位和特点。Photoshop 在 UI 设计中承担着让界面更美观这一至关重要的任务，如图1-28、图1-29、图1-30 和图1-31 所示。

图1-28　　　　　　　　　　图1-29　　　　　　　　　　图1-30　　　　　　　　　　图1-31

1.1.3　关于PS你一定要懂的3件事

1. 关于Photoshop版本的知识

随着科技的发展，Photoshop 的版本也在不断地更新。1990 年 2 月，Photoshop 1.0.7 版正式发行，2003 年，Adobe Photoshop 8 被更名为 Adobe Photoshop CS。2013 年 7 月，Adobe 公司推出了最新版本的 Photoshop CC，自此 Photoshop CS6 作为 Adobe CS 系列的最后一个版本被新的 CC 系列取代，如图 1-32 所示。

Photoshop CS3　Photoshop CS4　Photoshop CS5　Photoshop CS6　Photoshop CC

图1-32

虽然目前用户常用的 Photoshop 版本较多，但是不同的版本在使用上是没有太大差别的，例如 Photoshop CS6 版本与 Photoshop CC 之间只有几个功能不同。所以我们在学习的过程中不必过多计较版本，虽然本书是根据 Photoshop CC 进行编写的，但是使用 CS5、CS6、CC2014、CC2015、CC2017 等版本的用户同样可以学习，遇到有版本差异的功能简单了解或跳过即可，并不影响用户常规的制图操作。

值得注意的是，用高版本软件打开低版本软件制作的文档是没有障碍的。但是如果想要使用低版本软件打开高版本软件制作的文件，可能会出现部分新增功能制作的元素无法正常显示的现象。例如，当文档中包含使用 3D 功能制作的 3D 图层时，在不包含有 3D 功能的低版本软件中打开该文件就无法进行 3D 图层的编辑操作。

> 💡 提示　即使读者使用的不是 CC 版本的 Photoshop，本书也同样适用。虽然版本不同，但是其工作原理、使用方法却大同小异。新版本的软件只是会增加或者优化个别功能，大部分的功能和快捷键是没有改变的。即使遇到个别不同的命令或工具，也可以利用网络搜索的方式了解一下该命令的使用方法，相信聪明好学的你一定可以学会！

2. 凡事有利弊，并不是版本越高越好

高版本与低版本在使用时最直观的差别可能就在于几个小功能，但是版本越高对设备的要求也就越高。如果电脑陈旧且配置偏低，安装了高版本可能会出现操作卡顿的情况，使用起来不流畅，影响工作效率。其实，Photoshop 只是一个工具，高版本还是低版本就像画家用铅笔作画还是用钢笔作画一样，对最终画作的优秀与否并不会有过多的影响，所以选择适合自己的版本就可以了。

3. Photoshop的文件格式

Photoshop 有属于自己的文件编码格式，我们常说"保存一份源文件"或者"保存一份工程文件"，都

是指将它保存为"PSD"格式。在 Photoshop 中打开"PSD"格式的文件，文件会保留前一次编辑时新建的图层、效果等内容，这样就可以进行进一步的文档修改。

Photoshop 是一款兼容性很强的软件，它不仅能够打开"PSD"格式的文件，还能打开"AI""PNG""PDF""EPS"等多种其他软件制作的不同图像格式的文件。要注意的是，虽然这些格式的文件能够在 Photoshop 中打开，但是它们只能按照 Photoshop 的编辑方式进行处理。例如，"AI"格式属于 Illustrator（是一款矢量编辑的软件）的文件格式，在 Photoshop 中能够打开"AI"格式的文档，但打开之后的矢量文件会变为位图图像，并且不能像在 Illustrator 中一样进行矢量化的编辑。

1.2　少年啊，这将是你以后要战斗的地方

认识了 Photoshop 的你是不是早已迫不及待地启动了 Photoshop？接下来我们就一起来熟悉一下这个软件的界面。要知道，这就是你制图时的"战场"，是你以后将要"战斗"的地方！打起精神，让我们一起来认识 Photoshop 的工作界面吧！

1.2.1　熟悉一下 Photoshop 的工作界面

成功安装 Photoshop 后，在开始菜单单击 Photoshop CC 程序条目，即可启动 Photoshop，如图 1-33 所示。稍后就可以看到 Photoshop 的工作界面，Photoshop 的界面布局简洁明了，菜单栏、选项栏、标题栏、工具箱、状态栏、面板等功能区域均位于界面的四个边缘处，中心大面积的区域为文档窗口，打开一个图像文档，就可以看到图像内容显示在文档窗口中，如图 1-34 所示。

图1-33

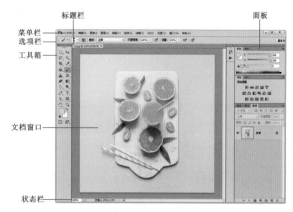

图1-34

1.2.2　菜单栏你一定会用

菜单栏是我们再熟悉不过的了，我们常用的 Microsoft Office Word、Microsoft Office Excel 等软件都可以在界面的最顶部看到由多个菜单按钮组成的菜单栏，如图 1-35 所示。

菜单栏的使用方法很简单，单击相应按钮即可显示下拉菜单。每个菜单通常都包含多个命令，部分命令中还有相应的子菜单。下面让我们尝试使用一下菜单栏吧，首先单击菜单栏中的按钮，随即会显示菜单下拉列表，然后将光标移动到需要执行的命令上方，单击鼠标左键，即可执行该命令。需要注意的是，有些菜单命令显示呈灰色，这表示该命令当前是不可用的，而呈黑色的则是可以使用的，如图 1-36 所示。

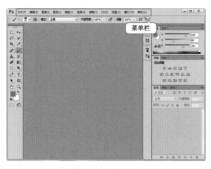

图1-35

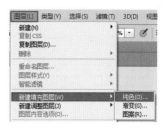

图1-36

1.2.3　工具箱和工具选项栏

Photoshop 的工具箱像个大宝库一样，里面装着很多功能强大的工具，这些工具可以在制图中协助我们进行绘画、抠图、修饰、擦除、裁切等操作。默认状态下，工具箱停靠在程序窗口的左边。单击"工具箱"顶部的折叠 ▶▶ 图标，可以将其折叠为双栏；单击 ◀◀ 按钮，即可还原回展开的单栏模式，如图 1-37 所示。

如果要使用工具箱中的工具，则需要单击这个工具。我们可以观察一下工具箱中的按钮，它们分为两种，其中一种只有一个图标（例如：▶ ），我们单击这个工具的按钮即可选中这个工具。另一种在图标右下角有个三角形（例如：▣ ），有"三角形"的按钮代表一个工具组，在这个按钮上按住鼠标左键 1 ～ 2 秒后即可显示工具组中隐藏的工具，将光标移动至需要选择的工具上然后松开鼠标，即可选中该工具，如图 1-38 所示。Photoshop 工具箱中的大部分按钮都是包含多个工具的工具组，如图 1-39 所示。

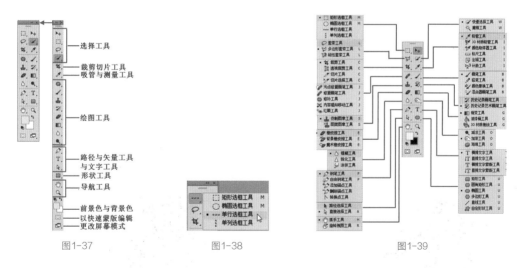

图1-37　　　　　　　　图1-38　　　　　　　　　　　　　图1-39

在我们使用工具时，也可以进行一定的选项设置。工具的选项大部分集中在选项栏中（选项栏位于菜单栏的下方）。单击工具箱中的工具时，选项栏中就会显示该工具的属性参数，不同工具的选项栏也不同。例如，当选择"横排文字工具" T 时，其选项栏会显示图1-40所示的内容。当选择"渐变工具" ▣ 时，其选项栏如图1-41所示。

图1-40

图1-41

1.2.4　奇奇怪怪的面板堆栈

图1-42

　　"面板"的主要功能是用来配合图像的编辑、对操作进行控制以及设置某些工具的详细参数等。在默认情况下，多个面板整齐地排列在工作界面的右侧，如图1-42所示。如果想要打开某个面板，单击"窗口"菜单按钮，然后执行需要打开的面板的命令，即可调出对应的面板，如图1-43和图1-44所示。

　　单击面板右上角 图标可以将面板折叠为图标，如图1-45和图1-46所示。再次使用的时候，只需再次点击该按钮即可展开面板。单击 × 按钮即可关闭这个面板。

图1-43

图1-44

图1-45

图1-46

1.2.5　在哪儿操作呢？当然是文档窗口

　　学习了工作界面里菜单栏、工具箱、面板等部分的使用方法，接下来我们需要认识一下"文档窗口"。文档窗口主要用来显示和编辑图像，在操作中我们可以根据需要对文档窗口的大小、位置等进行设置。打开一个文件后会创建一个文档窗口，在文档窗口内可以看到"标题栏"，标题栏显示这个文件的名称、格式、窗口缩放比例以及颜色模式等信息。

　　（1）如果在操作界面中只打开一张图像，则只有一个文档窗口，如图1-47所示。如果打开多张图像，则文档窗口会以选项卡的方式显示，单击一个文档窗口的标题栏即可将其设置为当前工作窗口，如图1-48所示。

图1-47

图1-48

　　（2）图像文件还可以以独立的状态显示。按住鼠标左键拖曳文档窗口的标题栏，可将窗口拖曳出来成为浮动窗口，如图1-49所示。如果要将浮动的窗口重新停放到选项卡中，可以选择这个浮动窗口，按住鼠标左键将其拖向标题栏，等标题栏变为蓝色时释放鼠标，此时文档窗口重新停放到选项卡中，如图1-50所示。

图1-49

图1-50

（3）如果用户想将所有的文件都转换为窗口浮动状态，不必逐一拖动，执行"窗口 ➤ 排列 ➤ 使所有内容在窗口中浮动"命令即可，效果如图 1-51 所示。而执行"窗口 ➤ 排列 ➤ 将所有的内容合并到选项卡中"命令可以将所有浮动窗口合并到选项卡中，效果如图 1-52 所示。

图1-51

图1-52

1.2.6　状态栏里信息多

在 Photoshop 中打开已有的图片或创建一个新的文档时，文档窗口的最底部会显示"状态栏"，状态栏用来显示当前图像的信息，包括当前文档的大小、文档尺寸、当前工具和窗口缩放比例等信息。

单击状态栏中的三角形 ▶ 图标，可以设置要显示的内容，如图 1-53 所示。在图像状态栏中的文件信息区域按住鼠标左键，可以显示该图像的宽度、高度、通道数目、颜色模式及分辨率信息，如图 1-54 所示。

图1-53

图1-54

1.3　图像处理必须了解的几个关键词

在学习和使用 Photoshop 的过程中经常会听到一些陌生的名词，比如位图、矢量图、像素、分辨率、图像格式、色域等，虽然这些词语听起来奇奇怪怪的，但它们却是图像处理中特有的一些"关键词"，这些关键词决定着我们是否能够准确地完成图像处理的任务，所以在处理图像之前必须了解一些关于图像的基础知识。下面就让我们一起来学习一下吧。

1.3.1 位图与矢量图

"位图""矢量图"其实是计算机世界中数码图像的两种类型，其中，"位图"是最为常见的图像类型，例如日常生活中使用手机或相机拍摄的照片、网站上漂亮的图片等都是位图图像。位图图像由像素组成，每个像素都有特定的颜色值和灰度值，共同构成图像信息。位图图像的清晰度与分辨率有关，也就是说，位图包含了固定数量的像素。缩小位图尺寸会使原图变形，因为这是通过减少像素来使整个图像变小的。当放大位图时图像会发虚，以至于可以观察到组成图像的像素点，这也是位图最显著的特征，如图 1-55 所示。Photoshop 就是一款典型的位图处理软件。

"矢量图"也称为矢量形状或矢量对象，它具有颜色、形状、轮廓、大小和屏幕位置等属性。与位图图像不同，矢量图的内容以线条和色块为主，所以难以表现色彩层次丰富的逼真图像的效果。矢量图需要用特殊的设计制图软件进行绘制，比较有代表性的矢量图绘制软件有 Adobe Illustrator、CorelDRAW、AutoCAD 等。由于矢量对象与图像无关，所以它的特点是放大后图像不会失真，也不会损失细节，通常用于图形设计、文字设计和一些标志的设计等。图 1-56 所示是将矢量图像放大 5 倍以后的效果，可以发现图像仍然保持清晰的颜色和锐利的边缘。

图1-55

图1-56

1.3.2 像素与分辨率

通过上一节的学习，我们了解了位图是由"像素"构成的，那么什么是"像素"呢？当我们将图像放大数倍后，就会看见图像是由许多色彩相近的"小方点"所组成的，这些小方点就是构成图像的最小单位——"像素"。每个"像素"点具有颜色信息和灰度信息，大量的带有不同颜色信息和灰度信息的小方点就构成了绚丽多彩的位图图像。

对于位图图像来说，图像文件所包含的像素越多，所包含的信息也就越多，图像的品质也就越好。像素的大小是指沿图像的宽度和高度测量出的像素数目，图 1-57 所示的三张图像的像素大小分别为 600 像素 ×933 像素、300

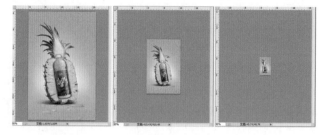

图1-57

像素 ×467 像素和 100 像素 ×156 像素。像素尺寸越大，图像的尺寸也就越大。

我们经常听到"分辨率设置为300""分辨率设置为72"这样的话，那么究竟什么是"分辨率"呢？首先让我们来看一下"分辨率"的单位，"分辨率"的单位有两种："像素/厘米"和"像素/英寸"。看到这里是不是似乎懂了一些呢？其实"分辨率"就是指单位尺寸内包含像素的个数。例如"分辨率：300 像素/厘米"，就是指在"1 厘米 ×1 厘米"的范围内包含 300 个像素"小方点"。那么"分辨率 72 像素/厘米"就是指"1 厘米 ×1 厘米"的范围内包含 72 个像素"小方点"。我们都知道，每个像素点只能包含一种颜色，像素点越多颜色信息也就越细腻丰富。像素点越少，颜色信息越少，图像的细节少，清晰度也就低。所以，同一图像，分辨率越高，图像越细腻清晰。下面是两张尺寸相同，内容相同的图像，左图的分辨率为 300 像素，右图的分辨率为 50 像素，可以观察到这两张图像的清晰度有明显的差异，即左图的清晰度明显要高于右图，如图 1-58 所示。

图1-58

> 💡 提示　"分辨率"是衡量图像品质的一个重要指标。分辨率其实有很多种，这里我们所说的分辨率是指图像的分辨率。图像的分辨率越高，图像清晰度越高，但如果只单纯地提高图像的分辨率，并不会增强画面的清晰度，因为画面细节不会凭空增加。而如果降低图像的分辨率，图像的清晰度则会降低，图像质量会受损。

1.3.3　图像格式

应用软件的后缀名是 ".exe" 的形式，例如 Word 文档的后缀名就是 ".doc"，那么图像的后缀名是什么呢？其实图像的后缀名并不只有一种，例如相机拍摄的照片后缀名通常是 ".jpg"，从网页上另存到电脑的图像后缀有 ".jpg"".bmp"，动态的图片后缀是 ".gif"，这些后缀名都显示着我们所说的图像格式。图像文件的格式就是储存图像数据的方式，它决定了图像的压缩方法，支持何种Photoshop 功能以及文件是否与一些文件相兼容等属性。不同的图像格式，其压缩比例、图像质量、打开方式、用途等都各不相同。在 Photoshop 中进行图像文档的保存时，可以在弹出的对话框中选择图像的保存格式，如图 1-59 所示。下面我们来了解一下常见的图像格式。

```
Photoshop (*.PSD;*.PDD)
大型文档格式 (*.PSB)
BMP (*.BMP;*.RLE;*.DIB)
CompuServe GIF (*.GIF)
Dicom (*.DCM;*.DC3;*.DIC)
Photoshop EPS (*.EPS)
Photoshop DCS 1.0 (*.EPS)
Photoshop DCS 2.0 (*.EPS)
IFF 格式 (*.IFF;*.TDI)
JPEG (*.JPG;*.JPEG;*.JPE)
JPEG 2000 (*.JPF;*.JPX;*.JP2;*.J2C;*.J2K;*.JPC)
JPEG 立体 (*.JPS)
PCX (*.PCX)
Photoshop PDF (*.PDF;*.PDP)
Photoshop Raw (*.RAW)
Pixar (*.PXR)
PNG (*.PNG;*.PNS)
Portable Bit Map (*.PBM;*.PGM;*.PPM;*.PNM;*.PFM;*.PAM)
Scitex CT (*.SCT)
Targa (*.TGA;*.VDA;*.ICB;*.VST)
TIFF (*.TIF;*.TIFF)
多图片格式 (*.MPO)
```

图1-59

图像格式有很多种，常用的有 ".jpg"".bmp"".gif"".png"".psd"".tiff" 等。下面我们来了解一下常见的图像格式。

◇　PSD：PSD 格式是 Photoshop 的默认储存格式，能够保存图层、蒙版、通道、路径、未栅格化的文字、图层样式等。一般情况下，保存文件都采用这种格式，以便随时进行修改。PSD 格式应用非常广泛，可以直接将这种格式的文件置入到 Illustrator、InDesign 和 Premiere 等 Adobe 软件中。

◇　PSB：PSB 格式是一种大型文档格式，可以支持最高达 300000 像素的超大图像文件。它支持 Photoshop 的所有功能，可以保存图像的通道、图层样式和滤镜效果不变，但是只能在 Photoshop 中打开。

◇　BMP：BMP 格式是微软开发的固有格式，这种格式被大多数软件所支持。BMP 格式采用 RLE 的无损压缩方式，对图像质量不会产生什么影响。BMP 格式主要用于保存位图图像，支持 RGB、位图、灰度和索引色颜色模式，但是不支持 Alpha 通道。

◇　GIF 格式：GIF 格式是输出图像到网页最常用的格式。GIF 格式采用 LZW 压缩，它支持透明背景和动画，被广泛应用在网络中。

◇　DICOM：DICOM 格式通常用于传输和保存医学图像，如超声波和扫描图像。DICOM 格式文件包含图像数据和标头，其中存储了有关医学图像的信息。

◇　EPS：EPS 是为在 PostScript 打印机上输出图像而开发的文件格式，是处理图像工作中最重要的格式，它被广泛应用在 Mac 和 PC 环境下的图形设计和版面设计中，几乎所有的图形、图表和页面排版程序都支持这种格式。

◇　IFF 格式：IFF 格式是由 Commodore 公司开发的，由于该公司已退出计算机市场，因此 IFF 格式也将逐渐被废弃。

◇　DCS 格式：DCS 格式是 Quark 开发的 EPS 格式的变种，主要在支持这种格式的 QuarkXPress、PageMaker 和其他应用软件上工作。DCS 便于分色打印，Photoshop 在使用 DCS 格式时，必须转换成 CMYK 颜色模式。

◇ JPEG：JPEG 格式是平时非常常用的一种图像格式。它是一个非常有效也非常基本的有损压缩格式，被绝大多数的图形处理软件所支持。

◇ PCX：PCX 格式是 DOS 格式下的古老程序 PC PaintBrush 固有格式的扩展名，目前并不常用。

◇ PDF：PDF 格式是由 Adobe Systems 创建的一种文件格式，允许在屏幕上查看电子文档。PDF 文件还可被嵌入到 Web 的 HTML 文档中。

◇ RAW：RAW 格式是一种灵活的文件格式，主要用于在应用程序与计算机平台之间传输图像。RAW 格式支持具有 Alpha 通道的 CMYK、RGB 和灰度模式，以及无 Alpha 通道的多通道、Lab、索引和双色调模式。

◇ PXR：PXR 格式是专门为高端图形应用程序设计的文件格式，它支持具有单个 Alpha 通道的 RGB 和灰度图像。

◇ PNG：PNG 格式是专门为 Web 开发的，它是一种将图像压缩到 Web 上的文件格式。PNG 格式与 GIF 格式不同的是，PNG 格式支持 244 位图像并产生无锯齿状的透明背景。PNG 格式由于可以实现无损压缩，并且背景部分是透明的，因此常用来存储背景透明的素材。

◇ SCT：SCT 格式支持灰度图像、RGB 图像和 CMYK 图像，但是不支持 Alpha 通道，主要用于 Scitex 计算机上的高端图像处理。

◇ TGA：TGA 格式专用于使用 Truevision 视频板的系统，它支持一个单独 Alpha 通道的 32 位 RGB 文件，以及无 Alpha 通道的索引、灰度模式，并且支持 16 位和 24 位的 RGB 文件。

◇ TIFF：TIFF 格式是一种通用的文件格式，所有的绘画、图像编辑和排版程序都支持该格式，而且几乎所有的桌面扫描仪都可以产生 TIFF 图像。TIFF 格式支持具有 Alpha 通道的 CMYK、RGB、Lab、索引颜色和灰度图像，以及没有 Alpha 通道的位图模式图像。Photoshop 可以在 TIFF 文件中存储图层和通道，但是如果在另外一个应用程序中打开该文件，那么只有拼合图像才是可见的。

◇ PBM：PBM 格式，便携位图格式支持单色位图（即 1 位 / 像素），可以用于无损数据传输。因为许多应用程序都支持这种格式，所以可以在简单的文本编辑器中编辑或创建这类文件。

1.3.4　颜色模式

在图像处理的世界中，你一定听说过"RGB""CMYK"，其实这就是图像颜色模式中最常用的两种。图像的"颜色模式"决定了用于显示和打印图像的"颜色模型"。简单来说，"RGB 模式"图像用于在数码设备（例如电脑、手机）上浏览或传输，而"CMYK 模式"图像则是用于印刷打印的颜色模式。也就是说当你处理一个需要上传到网页上或者在电脑上浏览的图像时，就选择"RGB 模式"，而制作一个需要打印的图像文档时，则需要设置颜色模式为"CMYK"。

在 Photoshop 中，执行"图像 ➤ 模式"命令，在子菜单中可以看到多种颜色模式，单击选择某个命令，即可为当前图像更换颜色模式，如图 1-60 所示。不同的颜色模式，画面的颜色效果不同，图 1-61 所示为多种色彩模式之间的对比效果。

图1-60

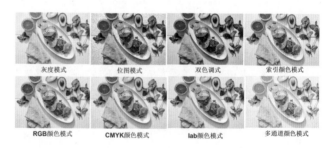

图1-61

◇ RGB 颜色：RGB 通过红、绿、蓝三种原色光混合的方式来显示颜色。RGB 分别代表 Red（红色）、Green（绿色）、Blue（蓝）。在 24 位图像中，每一种颜色都有 256 种亮度值，因此，RGB 颜色模式可以重现 1670 万种颜色。在 RGB 模式下图像可以应用所有的命令及滤镜。RGB 颜色模式下的图像只有在发光体上才能显示出来，例如显示器、电视。

◇ CMYK 颜色：CMYK 是商业印刷使用的一种四色印刷模式。CMY 是 3 种印刷油墨名称的首字母，C 代表 Cyan（青色）、M 代表 Magenta（洋红）、Y 代表 Yellow（黄色），而 K 代表 Black（黑色）。CMYK 模式比 RGB 模式小，只有制作要用印刷色打印的图像时，才能使用该颜色模式。在 CMYK 模式下，有一些滤镜是不可用的。

◇ Lab 颜色：Lab 颜色模式是 Photoshop 内部的颜色模式，用于不同颜色模式的转换。该模式有三个颜色通道，L 代表明度，a、b 代表颜色范围。Lab 颜色模式的亮度分量（L）范围是 0 ～ 100，在拾色器和"颜色"调板中，a 代表绿色到红色的光谱变化，b 代表蓝色到黄色的光谱变化，a ～ b 的取值范围均为 –128 ～ 127。无论使用什么设备创建、输出图像，这种颜色模式产生的颜色都可以保持一致，这是此模式最大的优点。

◇ 灰度："灰度"模式是一种无色的模式，在"灰度"模式下，色彩图像可达到 256 级灰度，产生类似黑白照片的图像效果。在 8 位图像中，最多有 256 级灰度，灰度图像中的每个像素都有一个 0（黑色）～ 255（白色）之间的亮度值；在 16 位和 32 位图像中，图像的级数比 8 位图像要大得多。

◇ 位图：位图模式的图像也常被称作黑白图像。"位图"模式只有黑白两种颜色，每个像素值包含一位数据，占用较小的存储空间。使用"位图"模式可以制作出黑白对比强烈的图像。将图像转换为位图模式时，需要先将其转换为灰度模式，这样就可以先删除像素中的色相和饱和度信息，只保留亮度值。

◇ 双色调：双色调模式是由灰度模式发展而来的，它采用一组曲线来设置各种颜色油墨传递灰度信息的方式。是通过 1 ～ 4 种自定油墨创建的单色调、双色调、三色调和四色调的灰度图像。单色调是用非黑色的单一油墨打印的灰度图像，双色调、三色调和四色调分别是用 2 种、3 种和 4 种油墨打印的灰度图像。

◇ 索引颜色：索引颜色模式是网上和动画中常用的图像模式。索引颜色是位图图像的一种编码方法，该模式的像素只有 8 位，即图像只支持 256 种颜色。当用户从 RGB 模式转换到索引颜色模式时，所有的颜色将映射到这 256 种颜色中。转换后图像的颜色信息会丢失，造成图像失真。因此 Photoshop 中有许多滤镜和渐变都不支持该模式。

◇ 多通道：多通道模式是一种减少模式，将 RGB 图像转换为该模式后，可以得到青色、洋红、褐黄色通道。如果删除 RGB、CMYK、Lab 颜色模式的任一通道，该图像都会转换为"多通道"模式。多通道颜色模式图像在每个通道中都包含 256 个灰度通道，在特殊打印时非常有用。多通道模式图像可以存储为 PSD、PSB、EPS 和 RAW 格式。

1.3.5　色域和溢色

色域是指某一彩色系统中能显示或打印的色彩范围的宽度。为了能够直观地表示色域这一概念，国际照明协会（CIE）制定了一个用于描述色域的方法，即 CIE-*xy* 色度图，如图 1-62 所示。在这个坐标系中，各种显示设备能表现的色域范围用 RGB 三点连线组成的三角形区域来表示，三角形的面积越大，表示这种显示设备的色域范围越大。

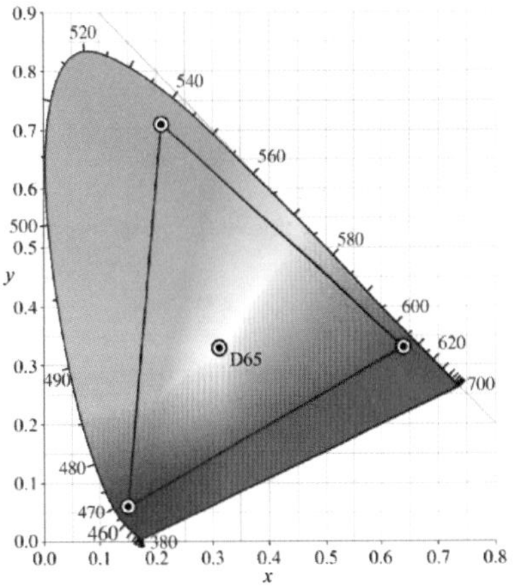

图1-62

有时候我们会发现在显示器上看到的带有鲜艳明丽色彩的图像打印在纸上后颜色却不那么鲜艳了，除去印刷质量的问题，更多是因为显示器上能够显示的颜色数量远远超出打印油墨的颜色数量，所以在印刷时颜色是不能够准确还原的。

这些在屏幕上能够显示，而无法被准确印刷打印出来的颜色被称为"溢色"，即超出 CMYK 色域的颜色。在 RGB 颜色模式下，在图像窗口中将鼠标指针放置在溢色上。"信息"面板中的 CMYK 值旁会出现一个感叹号，这就是溢色，如图 1-64 所示。在制作需要被打印的文档时，就要避免使用"溢色"。

> 💡 提示　在 Photoshop 使用的各种颜色模式中，Lab 具有最宽的色域，它包括了 RGB 和 CMYK 色域中的所有颜色，CMYK 色域较窄，仅包含使用印刷色油墨能够打印的颜色，如图 1-63 所示。

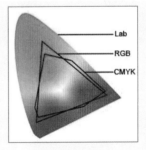

图1-63

同样，在拾色器中选择了一种溢色时，"拾色器"对话框和"颜色"面板中都会出现一个"溢色警告"的黄色三角形感叹号▲。同时色块中会显示与当前所选颜色最接近的 CMYK 颜色，单击黄色三角形感叹号▲即可选定色块中的颜色，如图1-65所示。

图1-64

图1-65

独家秘笈

如何发现文件是否存在溢色问题

一个作品制作完成后如果需要打印输出，为了避免出现溢色的情况，用户可以在Photoshop中进行查看。执行"视图➤校样设置"命令，然后选择用作色域警告的基础的校样配置文件，如图1-66所示。执行"视图➤色域警告"命令，当前校样配置文件空间色域之外的所有像素都高亮显示为灰色，即显示灰色的区域颜色无法被准确印刷出来。接下来对这些溢色区域进行颜色处理即可，如图1-67所示。

图1-66

图1-67

新手充电站

使用 PS 时常遇到的几个小问题

◇ 让混乱的界面恢复默认状态。

在对操作界面中的面板进行位置调整，或者显示了过多的多余面板后，若觉得界面混乱，可以将界面恢复到默认状态。单击界面右上角的"基本功能"按钮，在下拉菜单中执行"复位基本工具"命令，即可将界面恢复到默认状态。

◇ 遇到 Photoshop 卡顿、卡死的情况怎么办？

Photoshop 运行时卡顿，甚至卡死简直是设计师的"噩梦"。造成这种情况的原因有很多，例如设备陈旧、操作的文件过大、一次打开的文件太多等，这些情况都会导致操作时出现卡顿、卡死的情况。遇到这样的情况，可以先稍等片刻，不要进行任何操作（以免造成软件自行关闭），等待软件恢复正常运行。如果长时间都没有反应，那么就只能强行关闭软件并重新启动了，但这样可能导致文件丢失。所以在使用 Photoshop 以及其他制图软件进行制图的过程中，一定要养成及时保存的习惯，避免由于软件崩溃而造成操作结果丢失的情况。

◇　暂存盘已满的问题。

如果在操作的过程中弹出"暂存盘已满"的窗口，则可以在"首选项"窗口中进行设置。执行"编辑▷首选项▷性能"命令，在打开的窗口中勾选其他磁盘来增大暂存盘的空间。勾选完成后单击窗口右上角的"确定"按钮，如图1-68所示。

◇　为什么书中的界面颜色是灰色的，而自己的却是黑色的？

在Photoshop中可以设置界面颜色。执行"编辑▷首选项▷界面"命令打开"首选项"窗口，然后在"颜色方案"中单击选择相应的颜色。设置完成后单击"确定"按钮完成设置，如图1-69所示。

◇　为什么使用快捷键时会打开一些其他软件不相关的窗口？

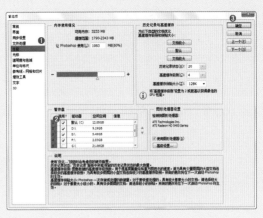

图1-68

有的时候使用快捷键会打开其他软件的一些不相关的窗口，这并不是因为Photoshop的快捷键不好用了，而是因为与其他软件的快捷键相互冲突了。用户可以关掉其他软件，或者更改其他软件的快捷键设置。不仅如此，用户还可以更改Photoshop的快捷键，执行"编辑▷键盘快捷键"命令，可以在该窗口中更改快捷键，如图1-70所示。

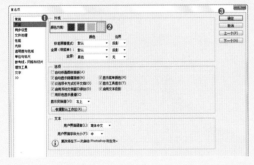

图1-69

图1-70

1.4　本章小结

　　经过第1章的学习，我们是不是对Photoshop不再感到陌生了？在本章，我们认识了什么是Photoshop，使用Photoshop能够做些什么，Photoshop操作界面的使用方法，以及图像的相关知识。俗话说，良好的开端是成功的一半，只有把基础夯实了，才能为接下来的学习打下良好的基础。

第2章

必须学会的基本操作

2.1　修图之前首先要学会文件的基本操作

在修图或做设计图之前，首先要进行文件的新建或打开操作，同时还需要进行素材文件的置入等操作，这些基础操作会在以后的操作中像空气一样无时无刻不在。本节就来学习一些文件的基础操作的方法吧，图 2-1 和图 2-2 所示为优秀的设计作品。

图2-1

图2-2

2.1.1　新建文件

当我们要从头开始制作一个新的设计作品时，首先需要创建一个新的空白文档。新建文档非常简单，执行"文件 ➤ 新建"命令，打开"新建"窗口，在"新建"窗口中对所要新建的文档的名称、大小、分辨率、颜色模式等进行设置，如图 2-3 所示。新建命令的快捷键是【Ctrl+N】，熟练掌握能够有效提高制图操作的速度。

图2-3

◇　名称：在此处输入文字可以设置文件的名称。默认情况下的文件名为"未标题 -1"，如果在新建文件时没有对文件进行命名，这时可以通过执行"文件 ➤ 存储为"菜单命令，对文件进行名称的修改。

◇　预设：单击预设下拉列表即可选择一些内置的常用尺

寸。预设列表中包含"剪贴板""默认 Photoshop 大小""美国标准纸张""国际标准纸张""照片""Web""移动设备""胶片和视频""自定"9 个选项。

◇ 大小：用于设置预设类型的大小，在设置"预设"为"美国标准纸张""国际标准纸张""照片""Web""移动设备"或"胶片和视频"时，"大小"选项才可用，以"国际标准纸张"预设为例。

◇ 宽度 / 高度：设置文件的宽度和高度，其单位有"像素""英寸""厘米""毫米""点""派卡""列"7 种。

◇ 分辨率：设置文件的分辨率大小，其单位有"像素 / 英寸""像素 / 厘米"两种。

◇ 颜色模式：设置文件的颜色模式以及相应的颜色深度。

◇ 背景内容：设置文件的背景内容，有"白色""背景色""透明"3 个选项。

◇ 颜色配置文件：用于设置新建文件的颜色配置。

◇ 像素长宽比：用于设置单个像素的长宽比例。通常情况下保持默认的"方形像素"即可，如果需要应用于视频文件，则需要进行相应的更改。

> 💡 **提示** 当我们经常需要创建某个特定参数设置的文档时，可以在尺寸、分辨率等参数设置完成后，单击"存储预设"按钮 **存储预设(S)...** ，将这些设置存储到预设列表中。下次创建新的文档时，可以直接在"预设"列表中选择之前存储好的预设。

2.1.2 打开已有图像文件

"打开"命令用于在 Photoshop 中打开已有文档。使用"打开"命令可以打开多种格式的图像文件。执行"文件 ➤ 打开"菜单命令或按【Ctrl+O】组合键，然后在弹出的"打开"窗口中单击选择需要打开的文件，接着单击"打开"按钮即可在 Photoshop 中打开该文件，如图 2-4 和图 2-5 所示。

图2-4

图2-5

◇ 查找范围：可以通过此处来设置打开文件的路径。

◇ 文件名：显示所选文件的文件名。

◇ 文件类型：显示需要打开的文件的类型，默认为"所有格式"。

独家秘笈 　　　　　　　　　找不到要打开的文件？

明明文件就在那，但是在"打开"窗口中就是不显示想要打开的文件？别急，先看看在"打开"窗口中浏览的文件夹位置对不对。如果路径没有问题，再看一下"打开"窗口右下角文件格式处是否选择了特定的格式？例如需要打开的文件是 jpg 格式的文件，而在此处却将要打开的文件类型错误地设置为 psd 格式，那么"打开"窗口中只会显示 psd 格式的文件。想要解决这个问题也很简单，在格式列表中选择"所有格式"选项即可，如图 2-6 所示。

图2-6

2.1.3　向当前文档中置入其他文件

通过"打开"命令打开的对象会以独立的文档形式打开，如果在操作的过程中要将外部的图片、文件素材添加到当前的文档内，则可以通过"置入"命令实现。

（1）执行"文件 ➤ 置入"命令，在打开的"置入"窗口中选择需要置入的对象，然后单击"置入"按钮，随即选择的对象就会置入到文档内，如图 2-7 所示。置入到文档内的对象会带有一个特殊的"定界框"，此时能够对置入的文件做一些缩放、旋转、移动的操作，如图 2-8 所示。

图2-7

图2-8

💡 **提示**　目前或许你还不知道什么是"缩放""旋转"吧？那么可以先跳到"2.3.7 实验课：图像形状的变换"小结，在那里可以学习到图像变换的操作。

（2）按一下【Enter】键，确定置入操作，如图 2-9 所示。此时置入的对象为"智能对象"，智能对象无法进行涂抹绘画、变换等操作，这时我们可以将智能图层转换为普通图层，在图层面板中选中该图层，单击鼠标右键执行"栅格化图层"命令，即可将智能图层转换为普通图层，如图 2-10 所示。

图2-9

图2-10

💡 **提示** 在 Photoshop 中智能对象可以看作嵌入当前文件的一个独立文件，在编辑过程中不会破坏智能对象的原始数据，因此对智能对象图层所执行的操作都是非破坏性操作。因此在置入文件之后，可以对作为智能对象的图像进行缩放、定位、斜切、旋转或变形操作，并且不会降低图像的质量。操作完成后，可以将智能对象栅格化以减少硬件设备的负担。

2.1.4　复制一个完全相同的文档

使用"复制"菜单命令可以将当前文件进行复制，复制的文件将作为一个副本文件单独存在。执行"图像 ➤ 复制"命令，在弹出的窗口中设置文件名称，单击"确定"按钮确定图像复制操作，如图2-11和图2-12所示。

图2-11

图2-12

2.1.5　经常保存文件很重要

文件制作时一定要及时保存，及时保存，及时保存！重要的事情说三遍！试想一下，辛辛苦苦做了一天的设计方案，突然遇到软件崩溃、停电、电脑瘫痪等情况，文档没有保存，一天的辛苦就白费了。经常保存文件是一个好习惯，这样可以避免卡死、停电等原因而造成文件丢失的情况。

（1）新建文档后若第一次保存文件，执行"文件 ➤ 存储"命令后会打开"另存为"窗口，在这个窗口中先选择一个合适的存储位置，然后在"文件名"中输入合适的名称，接着选择合适的文件格式，最后单击"保

存"按钮完成保存操作，如图 2-13 和图 2-14
所示。如果还要继续操作，那么再次执行"文
件 ➤ 存储"菜单命令或按【Ctrl+S】组合键即
可对文件进行保存，此时不会再打开窗口，同
时存储时将保留所做的更改，并且会替换上一
次保存的文件，同时会按照当前格式和名称进
行保存。

◇　文件名：设置保存的文件名。
◇　格式：选择文件的保存格式。
◇　作为副本：勾选该选项时，可以另外保存一个副本文件。
◇　注释 /Alpha 通道 / 专色 / 图层：可以选择是否存储注释、Alpha 通道、
　　专色和图层。
◇　使用校样设置：将文件的保存格式设置为 EPhotoshop 或 PDF 时，该
　　选项才可用。勾选该选项后可以保存打印用的校样设置。
◇　ICC 配置文件：可以保存嵌入文档中的 ICC 配置文件。
◇　缩览图：为图像创建并显示缩览图。
◇　使用小写扩展名：将文件的扩展名设置为小写。

（2）除了"存储"命令外，"存储为"命令也可以对文件进行
存储。"存储为"命令可以将文件保存到另一个位置或使用另一文
件名、文件格式进行保存。执行"文件 ➤ 存储为"菜单命令或使用
【Shift+Ctrl+S】组合键即可对相应文件进行保存，如图 2-15 所示。

图2-13

图2-14

图2-15

2.1.6　关闭文件

当编辑完图像，并将其进行保存后，接下来就可以关闭文件了。Photoshop 中提供了多种关闭文件的
方法。

（1）执行"文件 ➤ 关闭"菜单命令（快捷键：【Ctrl+W】）或者单击文档窗口右上角的"关闭"按钮✕，可
以关闭当前处于激活状态的文件。使用这种方法关闭文件时，其他文件将不受任何影响，如图 2-16 所示。

（2）执行"文件 ➤ 关闭全部"菜单命令或按【Alt+Ctrl+W】组合键可以关闭所有的文件。

（3）执行"文件 ➤ 关闭并转到 Bridge"菜单命令，可以关闭当前处于激活状态的文件，然后转到 Bridge 中。

（4）执行"文件 ➤ 退出"菜单命令或者单击程序窗口右上角的"关闭"按钮，可以关闭所有的文件并退
出 Photoshop，如图 2-17 所示。

图2-16

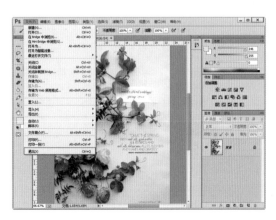

图2-17

2.2 图层,一切操作的根本

图层是 Photoshop 一切操作的基础,Photoshop 中的操作都是针对图层进行的,掌握图层的基本操作方法尤为重要。"图层"面板是一个独立的面板,在这个面板中我们可以进行新建图层、更改颜色、添加样式、设置透明度等操作。每个图层都是一个独立的元素,可以编辑,也可以删除。在本节中,我们先来了解一些图层的基础知识,例如新建图层、删除图层、锁定图层等,如图 2-18 所示。

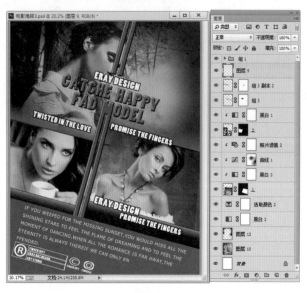

图2-18

2.2.1 是时候了解一下什么是图层了

图层是构成 Photoshop 文档内容的基本元素,所有图像内容都要依托图层存在。这种操作模式就像分别在多个透明的玻璃上绘画一样,在第一层上进行绘画不会影响到其他玻璃上的图像;移动第二层的位置时,那么第二层上的对象也会跟着移动;将第四层放在第三层上,那么第三层上的对象将被第四层覆盖。如图 2-19 所示。将所有玻璃叠放在一起则会显现出图像的最终效果,如图 2-20 所示。

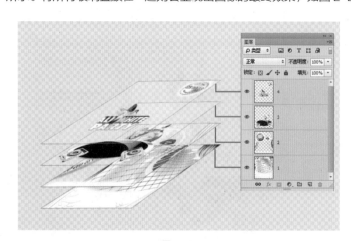

图2-19

图2-20

图层到底有什么用呢？

　　图层的用处非常大，由于在图层模式下进行编辑时，画面中的不同部分可以有选择性地呈现在不同的图层中。这样就可以对每一个图层中的对象都进行单独处理，既可以移动图层，也可以调整图层堆叠的顺序而不会影响其他图层中的内容，还可以通过调整图层之间的堆叠方式来调整最终效果。

2.2.2　几种新建图层的方法

　　新建图层是一个好习惯。一幅完整的设计作品经常需要包含多个部分，如果所有部分都位于同一个图层中，想要调整某个局部的效果就可能会影响到画面整体，比较麻烦。而如果文档中包含多个图层，想要处理哪个部分就选中某个图层进行处理，完全不会影响其他图层，同时也方便后期的修改与调整。另外，新建图层也不费力，没事咱就新建一个层呗！

　　（1）创建一个新文件，或打开已有文档，单击图层面板底部的"创建新图层"按钮 ，即可以创建一个新的图层，如图 2-21 所示。默认情况下命名为"图层 1"，这个图层为"普通图层"，如图 2-22 所示。

　　（2）上面是创建"普通图层"的方法，下面我们来学习一下新建几种比较特殊的图层的方法。填

图2-21　　　　　　　　　　　　　　　图2-22

充图层就是一种比较特殊的图层，它可以使用纯色、渐变或图案填充图层。以纯色填充图层为例，执行"图层 ➤ 新建填充图层 ➤ 纯色"菜单命令，可以打开"新建图层"对话框，在该对话框中可以设置填充图层的名称、颜色、混合模式和不透明度等参数，设置完成后单击"确定"按钮，如图 2-23 所示。接着在弹出的"拾色器"窗口中选择一种颜色，然后单击"确定"按钮，如图 2-24 所示。即可创建一个纯色填充图层，如图 2-25 所示。

图2-23

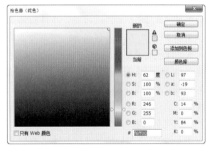

图2-24

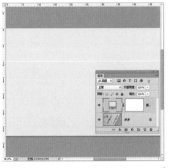

图2-25

　　💡 **提示**　填充也可以直接在"图层"面板中进行创建，单击"图层"面板下面的"创建新的填充或调整图层"按钮 ，在弹出的菜单中选择相应的命令即可，如图 2-26 所示。

图2-26

2.2.3　图层面板中并非只有图层

图2-27

　　"图层"面板可以理解为用于创建、编辑和管理图层以及图层样式的一种直观的"控制器"。默认情况下，"图层"面板显示在界面的右下方，如果不小心将"图层"面板关闭了，则可以执行"窗口 ➢ 图层"命令，再次打开"图层"面板，如图 2-27 所示。在"图层"面板中，图层名称的左侧是图层的缩览图，它显示了图层中包含的图像内容，缩览图中的棋盘格代表图像的透明区域，右侧则是图层的名称。

◇　锁定：单击"锁定透明像素"按钮▣可以将编辑范围限制为只针对图层的不透明部分。单击"锁定图像像素"按钮✐可以防止使用绘画工具修改图层的像素。单击"锁定位置"⊕按钮可以防止图层的像素被移动。单击"锁定全部"🔒按钮可以锁定透明像素、图像像素和位置，处于这种状态下的图层将不能进行任何操作。

◇　设置图层混合模式：用来设置当前图层的混合模式，使之与下面的图像混合。

◇　设置图层不透明度：用来设置当前图层的不透明度。

◇　设置填充不透明度：用来设置当前图层的填充不透明度。该选项与"不透明度"选项类似，但是不会影响图层样式效果。

◇　处于显示 / 隐藏状态的图层👁 / ▨：当该图标显示为眼睛形状时，表示当前图层处于可见状态，而处于空白状态时，则处于不可见状态。单击该图标可以在显示与隐藏之间进行切换。

◇　展开 / 折叠图层组▼：单击该图标可以展开或折叠图层组。

◇　展开 / 折叠图层效果▾：单击该图标可以展开或折叠图层效果，以显示出当前图层添加的所有效果的名称。

◇　图层缩略图：显示图层中所包含的图像内容。其中棋盘格区域表示图像的透明区域，非棋盘格区域表示像素区域（即具有图像的区域）。

◇　链接图层🔗：用来链接当前选择的多个图层。

◇　处于链接状态的图层🔗：当链接好两个或两个以上的图层以后，图层名称的右侧就会显示出链接标志。

💡 提示　被链接的图层可以在选中其中某一图层的情况下进行共同移动或变换等操作。

◇　添加图层样式🇫🇽：单击该按钮，在弹出的菜单中选择一种样式，可以为当前图层添加一个图层样式。

◇　添加图层蒙版▣：单击该按钮，可以为当前图层添加一个蒙版。

◇　创建新的填充或调整图层◉：单击该按钮，在弹出的菜单中选择相应的命令即可创建填充图层或调整图层。

◇　创建新组🗀：单击该按钮可以新建一个图层组，也可以使用快捷键【Ctrl+G】，即可将当前所选图层创建到一个新的图层组中。

◇　创建新图层🗐：单击该按钮可以新建一个图层，也可以使用快捷键【Ctrl+Shift+N】创建新图层。将选中的图层拖曳到"创建新图层"按钮上，可以复制当前图层。

◇　删除图层🗑：单击该按钮可以删除当前选择的图层或图层组，此外，还可以直接在选中图层或图层组的状态下按键盘上的【Delete】键进行删除。

◇　处于锁定状态的图层🔒：当图层缩略图右侧显示有该图标时，表示该图层处于锁定状态。

◇　打开面板菜单▾≡：单击该图标，可以打开"图层"面板的面板菜单。

2.2.4　图层面板能做的那些事

　　"图层"面板是独立于 Photoshop 工作空间的面板，图层面板能做很多事情，在这节课中讲解 10 个图层面板非常基础且常用的操作。除此之外，图层面板还可以进行图层混合以及图层样式的制作，这部分知识将在后面章节进行讲解。

1. 选择图层

若要编辑图层的内容，必须先选中图层。在"图层"面板中需要选择的图层上方单击即可选中该图层，如图 2-28 所示。若要选择多个图层，可以按住【Ctrl】键进行加选，如图 2-29 所示。若要取消图层的选择，可以执行"选择 ➤ 取消选择图层"命令，或在"图层"面板空白处单击鼠标左键即可。

图2-28　　　　　　　　图2-29

2. 显示与隐藏图层

每个图层的左侧都有图标 👁 / ▨，这是用来控制图层的可见性的。

（1）当图标为 👁 时，该图层为可见，如图 2-30 和图 2-31 所示。

（2）单击 👁 后图标变为 ▨，此时该图层被隐藏，如图 2-32 和图 2-33 所示。此外，还可以执行"图层 ➤ 隐藏图层"菜单命令，将选中的图层隐藏起来。

图2-30　　　　　　图2-31　　　　　　图2-32　　　　　　图2-33

> 💡 **提示**　指示图层可见性的图标是一个"眼睛"，只要记住眼睛睁开能看见东西，就代表图层可见；没有眼睛看不见东西，就代表图层不可见。

（3）如果文档中存在两个或两个以上的图层，按住【Alt】键单击眼睛图标 👁，可以快速隐藏该图层以外的所有图层，按住【Alt】键再次单击眼睛图标 👁，可以显示被隐藏的图层。

> 💡 **提示**　将光标放在图层前的图标 👁 上，然后按住鼠标左键垂直向上或垂直向下拖曳光标，可以快速隐藏多个相邻的图层，使用这种方法也可以快速显示隐藏的图层，如图 2-34 所示。

图2-34

3. 复制图层

选择需要复制的图层，按住鼠标左键向"创建新图层" ▫ 按钮处拖曳，如图 2-35 所示。松开鼠标即可将选中的图层复制一份，如图 2-36 所示。除此之外，还可通过选中图层，使用快捷键【Ctrl+J】的方法来进行复制。

4. 删除图层

选择需要删除的图层，然后按住鼠标左键将其拖曳到"删除图层"按钮 🗑 处，松开鼠标，即可删除该图层，如图 2-37 所示。

图2-35　　　　　　　　图2-36

💡提示 执行"图层 ➤ 删除图层 ➤ 隐藏图层"菜单命令，可以删除所有隐藏的图层。

图2-37

5. 链接图层

链接图层就是将多个图层"捆绑"在一起，链接后的图层可以进行一些统一的操作，例如移动、变换、创建蒙版等操作。

（1）加选两个或两个以上的图层，如图 2-38 所示。然后执行"图层 ➤ 链接图层"菜单命令或单击图层面板底部的"链接图层"按钮 🔗，可以将这些图层链接起来，如图 2-39 所示。

（2）如果要取消某一图层的链接，可以选择其中一个链接图层，然后单击"链接图层"按钮 🔗，若要取消全部链接图层，需要选中全部链接图层并单击"链接图层"按钮 🔗。

图2-38

图2-39

6. 锁定图层

"锁定"图层功能是一种用来保护图层的透明区域、图像像素和位置的锁定功能，使用这些按钮可以根据需要完全锁定或部分锁定图层的属性，以免因操作失误而对图层的内容造成破坏。在"图层"面板的上半部分有多个锁定按钮，如图 2-40 所示。

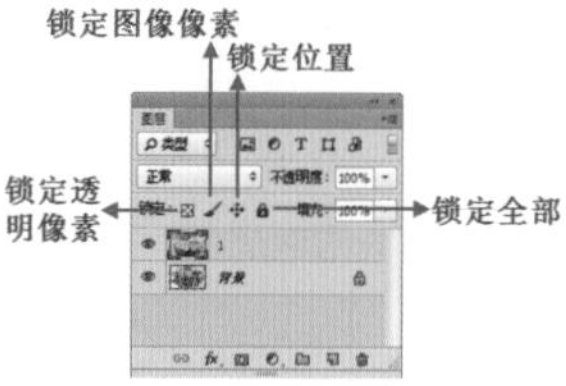

◇　▨锁定透明像素：单击该按钮可以将编辑范围限定在图层的不透明区域，图层的透明区域会受到保护。

◇　🖌锁定图像像素：单击该按钮只能对图层进行移动或变换操作，不能在图层上绘画、擦除或应用滤镜。

◇　✛锁定位置：单击该按钮图层将不能移动。这个功能对于设置了精确位置的图像非常有用。

◇　🔒锁定全部：单击该按钮图层将不能进行任何操作。

锁定图像像素
　　锁定位置
锁定透
明像素　　　　　　　锁定全部

图2-40

7. 图层过滤

"图层过滤"主要是通过对图层进行多种方法的分类、过滤与检索，帮助用户迅速找到复杂的文件中的某个图层。Photoshop 提供了多种可用于图层内容过滤的方式。在"图层"面板的顶部可以看到图层的过滤选项，单击该选项可以在下拉列表中选择"类型""名称""效果""模式""属性""颜色"六种过滤方式，如图 2-41 所示。在使用某种图层过滤时，单击右侧的"打开或关闭图层过滤"█按钮即可显示出所有图层，如图 2-42 所示。

图2-41

图2-42

8. 修改图层基本属性

在图层较多的文档中，修改图层名称及其颜色有助于快速找到相应的图层。

（1）执行"图层 ➤ 重命名图层"菜单命令或在图层名称上双击鼠标左键，然后在激活的文字框内输入名称，按一下【Enter】键确定操作，如图 2-43 和图 2-44 所示。

（2）更改图层颜色也是一种便于快速找到图层的方法，在图层上单击右键，在弹出的菜单下半部分可以看到多种颜色名称，单击其中一种即可更改当前图层前方的色块效果，选择"无颜色"即可去除颜色效果，如图2-45和图2-46所示。

图2-43　　　　　图2-44　　　　　图2-45　　　　　图2-46

9. 栅格化图层内容

"栅格化"是一种将特殊对象变为普通对象的操作，对于图层而言，即指将"特殊图层"转换为普通图层的过程，如图层上的文字、形状等。选择需要栅格化的图层，然后执行"图层 ➤ 栅格化"菜单下的子命令，或者在图层面板中选中该图层并单击右键执行"栅格化"命令即可将图层内容栅格化。

10. 移动图层

（1）想要移动某个图层，就需要在图层面板中选中该图层，如图2-47所示。然后单击"移动工具" ，接着在画布中按住鼠标左键拖曳鼠标，即可移动选中的对象，如图2-48所示。

图2-47　　　　　　　　　　　图2-48

> 提示　在使用"移动工具"移动图像时，按住【Alt】键拖曳图像，可以复制图像，并生成一个拷贝图层。当在图像中存在选区的前提下按住【Alt】键拖曳图像，可以在原图层复制图像，不会产生新图层。

（2）在不同的文档之间移动图层。使用"选择工具" ，按住鼠标左键将其拖曳至另一个文档中，松开鼠标即可将其复制到另一个文档中了，如图2-49和图2-50所示。

图2-49　　　　　　　　　　　图2-50

> **提示** 如果图像中存在选区，在对普通图层进行移动时，选中图层内的所有内容都会移动，且原选区显示透明状态。如果对背景图层进行移动，选区画面部分将会被移动且原选区被填充背景色。

2.2.5 调整图层的排列顺序

要更改图层的排列顺序，需要在图层面板中进行操作。图 2-51 所示为原图的状态，选择需要调整位置的图层，按住鼠标左键将其移动到另一图层的上方，松开鼠标完成移动操作，如图 2-52 所示。画面效果如图 2-53 所示。

图2-51

图2-52

图2-53

> **提示** 还可以使用菜单命令调整图层顺序，选中要移动的图层，然后执行"图层▷排列"菜单下的子命令，可以调整图层的排列顺序。

2.2.6 使用图层组管理图层

在图层较多的时候，我们可以将一些需要统一操作的图层进行编组，这样可以使文档操作更加有条理，寻找起来也更加方便快捷。

（1）单击图层面板底部的"创建新组"按钮 □，即可新建一个图层组，如图 2-54 所示。选择图层组，然后新建图层，这时所新建的图层就属于这个图层组，如图 2-55 所示。

（2）如果要将现有图层放置在图层组中，可以直接选中图层并将其拖曳至图层组中，如图 2-56 和图 2-57 所示。

图2-54

图2-55

图2-56

图2-57

（3）若要将图层移除到图层组以外，可以直接选中图层再将其拖曳至图层以外，如图 2-58 所示。移出后如图 2-59 所示。

（4）如果要取消图层编组，可以执行"图层 ➤ 取消图层编组"菜单命令，或按【Shift+Ctrl+G】快捷键。

> 提示　在 Photoshop 中也可以创建"组中组"，也就是嵌套结构的图层组。创建方法是将当前图层组拖曳到"创建新组"按钮 □ 上，这样原始图层组将成为新组的下级组。

图2-58　　　　　　图2-59

2.2.7　合并多个图层

1. 合并图层

想要将多个图层合并为一个图层，可以在图层面板中按住【Ctrl】键加选需要合并的图层，然后执行"图层 ➤ 合并图层"菜单命令或按【Ctrl+E】快捷键即可，如图 2-60 和图 2-61 所示。

2. 合并可见图层

执行"图层 ➤ 合并可见图层"菜单命令或按【Ctrl+Shift+E】快捷键可以合并"图层"面板中的所有可见图层。

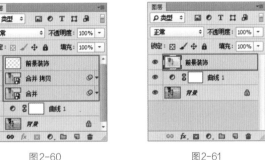

图2-60　　　　　　图2-61

3. 拼合图像

"拼合图像"命令可以将所有图层都拼合到"背景"图层中。执行"图层 ➤ 拼合图像"菜单命令即可将全部图层合并到背景图层中，如图 2-62 和图 2-63 所示。如果有隐藏的图层则会弹出一个提示对话框，提醒用户是否要扔掉隐藏的图层，如图 2-64 所示。

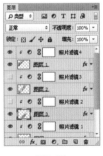  

图2-62　　　　　　图2-63　　　　　　图2-64

4. 拼合图像

"盖印"命令通过将多个图层的内容合并到一个新的图层中，实现复制并合并这些图层的目的，同时保持其他图层不变。

（1）选择多个图层，然后使用"盖印图层"快捷键【Ctrl+Alt+E】，可以将这些图层中的图像盖印到一个新的图层中，原始图层的内容保持不变。

（2）按【Ctrl+Shift+Alt+E】快捷键，可以将所有可见图层盖印到一个新的图层中。

2.3 轻松学会9个实用操作

本节将学习几种简单又常用的功能，包括修改图像大小、修改画布大小、旋转画布、复制、粘贴和剪切图像、清除图像、变换对象、裁剪与裁切、清除对象的杂边和对齐与分布图层。这些操作非常常用，例如将图片调整为合适的大小和尺寸上传网络、对选择的对象进行变形操作、将照片多余的部分裁剪掉等。是不是想到要学这些操作，心里还有点小激动呢？图2-65和图2-66所示为优秀的设计作品。

图2-65

图2-66

2.3.1 修改图像大小

每个图像都有具体的尺寸，但是这个尺寸有可能不符合用户的需求。若要调整图像尺寸，可以在"图像大小"窗口中进行更改。

（1）打开需要修改图像尺寸的文档，如图2-67所示。执行"图像 ➤ 图像大小"命令（快捷键：【Alt+Ctrl+I】）调出"图像大小"窗口。在"图像大小"窗口中可以查看图像的大小、尺寸、分辨率等信息，如图2-68所示。

图2-67

图2-68

（2）"宽度"和"高度"分别用来设置图像的宽度和高度，当左侧的"锁链"图标为▤状时，表示约束长宽比，设置"宽度"或"高度"中的一个数值，另一个数值也会随之发生改变。在后侧设置合适的单位，单击"确定"按钮完成调整操作，如图2-69所示。接着可以在文档中查看调整后的效果，如图2-70所示。

> 💡 **提示** "图像大小"窗口右侧最上方的两项即为当前图像的大小和尺寸。

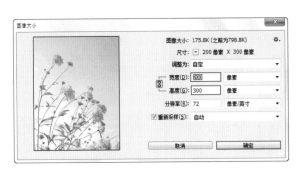

图2-69

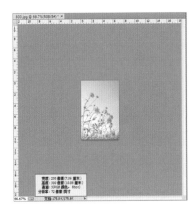

图2-70

（3）在"图像大小"窗口中，"分辨率"选项可以调整图像的分辨率。将图像的分辨率数值调小，文件的大小会变小；将分辨率数值调大，文件的大小会变大，如图2-71所示。

图2-71

2.3.2　修改画布大小

新建文件或打开文件后，如果对文件的尺寸不满意，可以在"画布大小"窗口进行调整。

（1）新建文件或打开一张图片，如图2-72所示。接着执行"图像 ➤ 画布大小"菜单命令，打开"画布大小"窗口，如图2-73所示。

（2）若在"图像大小"窗口中增大画布大小，原始图像部分的大小不会发生变化，而增大的部分则使用选定的填充颜色进行填充，如图2-74所示。而减小画布大小，图像则会被裁切掉一部分，如图2-75所示。

（3）在"定位"选项中控制调整的位置。在网格中确定调整的位置，然后设置"宽度"和"高度"，单击"确定"按钮完成操作，如图2-76所示。接着可以看到调整的效果，如图2-77所示。

（4）在"画布扩展颜色"选项中可以设置扩展后画板的填充颜色。单击 ▼ 按钮可以在下拉列表中选择预设的颜色。选择"其它"命令或单击"画布扩展颜色"后侧的色块可以打开"拾色器"窗口，然后自定义颜色，如图2-78所示。图2-79

图2-72

图2-73

所示为拓展后的填充效果。

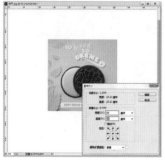

图2-74

图2-75

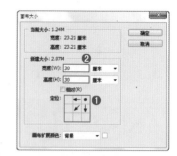

图2-76

图2-77

图2-78

图2-79

独家秘笈　　　　　　　　　　**画布大小和图像大小不一样吗？**

当然不一样！画布大小与图像大小有着本质的区别。

调整画布大小是调整工作区域的大小，将画布增大后，在图像周围可以增加空白部分，以便于在图像之外添加其他内容，如图 2-80 所示。如果缩小画布，就会裁去图像超出画布的部分，如图 2-81 所示。

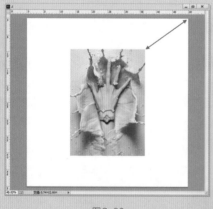

图2-80

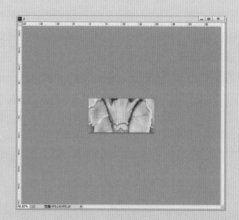

图2-81

而调整图像大小是对图像的分辨率和尺寸进行调整。将图像大小调小后，整个画面的尺寸会减小，但图像原始内容不会被裁剪只会被缩放。图 2-82 所示为原始尺寸在文档窗口中的显示比例，图 2-83 所示为缩小图像后在文档窗口中的显示比例。

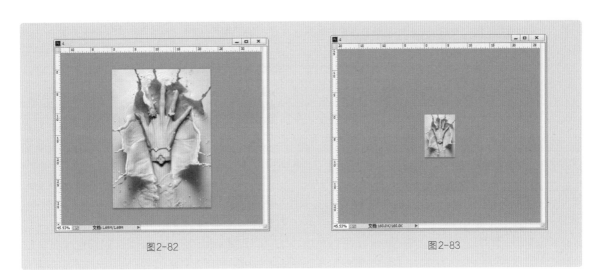

图2-82　　　　　　　　　　　　　　　　　　　图2-83

2.3.3　裁剪与裁切

除了使用"画布大小"命令以精确的尺寸调整画布的大小外，使用"裁剪工具"可以手动裁剪画布尺寸，还可以使用"透视裁剪工具"校正图像的透视效果。使用"裁切"命令，可以基于像素对画面进行裁切。

1.　裁剪工具

"裁剪工具"用来裁剪画布，例如拍摄的照片范围略大，或者边缘处有某些部分不是很满意，就可以用这个工具裁掉。该工具常用于调整画面景别或构图，图 2-84 所示为裁剪前后的对比效果。

图2-84

打开一张图片，单击工具箱中的"裁剪工具"，然后按住鼠标左键在画面中拖曳绘制保留区域，如图 2-85 所示。松开鼠标后裁剪框中的内容为保留的区域，灰色部分为被裁剪掉的区域，如图 2-86 所示。按【Enter】键或双击鼠标左键即可完成裁剪，如图 2-87 所示。

图2-85　　　　　　　　　　图2-86　　　　　　　　　　图2-87

提示 拖曳裁剪框中的控制点也可以调整裁剪的范围，如图2-88所示。

图2-88

在"裁剪工具"的选项栏中可以设置裁剪工具的约束比例、旋转、拉直、视图显示等多种选择，如图2-89所示。

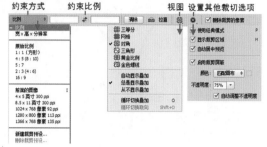

图2-89

◇ 约束方式：在下拉列表中可以选择多种裁切的约束比例。

◇ 约束比例：在这里可以键入自定义的约束比例数值。

◇ 拉直：单击该按钮，通过在图像上画一条直线来拉直图像。

◇ 视图：在下拉列表中可以选择裁剪参考线的方式，也可以设置参考线的叠加显示方式。

◇ 设置其他裁切选项：在这里可以对裁切的经典模式、裁剪屏蔽的颜色、透明度等参数进行设置。

◇ 删除裁剪的像素：确定是否保留或删除裁剪框外部的像素数据。如果不勾选该选项，多余的区域则处于隐藏状态，如果想要还原裁切之前的画面，只需要再次选择"裁剪工具"，经过适当的操作即可看到原文档。

2. 透视裁剪

使用"透视裁剪工具" 可以在需要裁剪的图像上制作出带有透视感的裁剪框，在应用裁剪后，形态不规则的裁剪框会变为方形，并且会以该变形方式对图像进行透视操作。使用该工具可以制作出带有明显透视感效果的图像。

单击工具箱中的"透视裁剪工具" 按钮，在画面中绘制一个裁剪框，如图2-90所示。拖曳控制点，如图2-91所示。调整完成后单击"确定"按钮完成透视裁剪，如图2-92所示。

图2-90

图2-91

图2-92

3."裁切"命令

使用"裁切"命令可以基于像素的颜色来裁剪图像。图2-93所示为边缘透明的图像对象。执行"图像 ➤ 裁切"命令打开"裁切"窗口，勾选"透明像素"选项，单击"确定"按钮完成操作，如图2-94所示。最后可以看到图像边缘透明的部分被裁切掉了，如图2-95所示。用同样的方法在"基于"选项组中选择其他选项，也可以按照相应的方式对画面进行裁切。

图2-93　　　　　　　图2-94　　　　　　　图2-95

◇　透明像素：选中该选项，可以裁剪掉图像边缘的透明区域，只将非透明像素区域的最小图像保留下来，该选项只有图像中存在透明区域时才可用。

◇　左上角像素颜色：选中该选项，可以从图像中删除左上角像素颜色的区域。

◇　右下角像素颜色：选中该选项，可以从图像中删除右下角像素颜色的区域。

◇　顶／底／左／右：设置要裁切的图像的区域范围，勾选某一项即可在裁切过程中删除这一区域。

2.3.4　旋转画布

　　画布是可以进行旋转的，不仅可以进行"180度""90度（顺时针）""90度（逆时针）"旋转，还可以进行"任意角度"旋转以及"水平翻转画布"和"垂直翻转画布"。

　　（1）打开一张图像，如图2-96所示。执行"图像➤图像旋转"命令，该菜单下包含了六种旋转画布的命令，即"180度""90度（顺时针）""90度（逆时针）""任意角度""水平翻转画布""垂直翻转画布"，如图2-97所示。

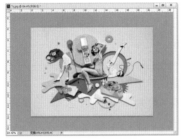

图2-96　　　　　　　图2-97

　　（2）执行"90度（顺时针）"命令，画布即可被顺时针旋转90度，如图2-98所示。执行"任意角度"命令，在弹出的"旋转角度"窗口中设置合适角度，然后单击"确定"按钮完成画布的旋转，如图2-99所示。

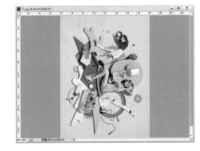

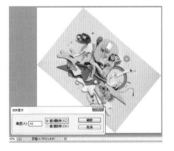

图2-98　　　　　　　图2-99

2.3.5　图像的剪切、复制与粘贴

　　复制、剪切与粘贴是数字世界中最常用的操作之一。在Photoshop中，复制、剪切与粘贴的快捷键与Windows系统的一样，所以对用户来说使用起来毫无障碍。

　　（1）首先创建一个选区，如图2-100所示。执行"编辑➤剪切"菜单命令或按【Ctrl+X】组合键，可以将选区中的内容剪切到剪贴板上，原位置的内容会被去除，如图2-101所示。然后执行"编辑➤粘贴"菜单命令或按【Ctrl+V】组合键，将剪切的图像粘贴到画布中，生成一个新的图层，如图 2-102 所示。

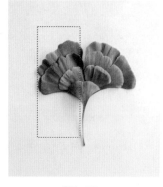

图2-100　　　　　　　　　图2-101　　　　　　　　　图2-102

（2）创建选区后，执行"编辑 ➤ 拷贝"菜单命令或按【Ctrl+C】组合键，可以将选区中的图像拷贝到剪贴板中，如图 2-103 所示。执行"编辑 ➤ 粘贴"菜单命令或按【Ctrl+V】组合键，可以将拷贝的图像粘贴到画布中，生成一个新的图层，如图 2-104 所示。

（3）如果当前文档由很多图层组成，想要复制整个画面的效果时，可以使用"合并拷贝"功能。首先执行"选择 ➤ 全选"菜单命令或按【Ctrl+A】组合键全选当前图像，然后执行"编辑 ➤ 合并拷贝"菜单命令或按【Ctrl+Shift+C】组合键，将所有可见图层拷贝并合并到剪切板中，如图 2-105 所示。最后按【Ctrl+V】组合键将合并拷贝的图像粘贴到当前文档或其他文档中，如图 2-106 所示。

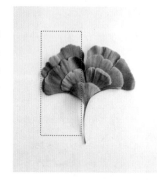

图2-103　　　　　　　　　图2-104

图2-105　　　　　　　　　图2-106

💡提示　当然"合并拷贝"命令也可以针对画面中的局部进行操作，如果画面中包含部分区域的选区，那么复制出的内容将是此时画面显示出的选区中的全部内容。

独家秘笈　　　　　　　　　**为什么剪切后的区域不是透明的？**

当被选中的图层为普通图层时，剪切后的区域为透明区域，如图 2-107 所示。如果被选中的图层为背景图层，那么剪切后的区域会被填充为当前的背景色，如图 2-108 所示。如果选中的图层为智能图层 /3D 图层 / 文字图层等特殊图层，则不能够进行剪切操作。

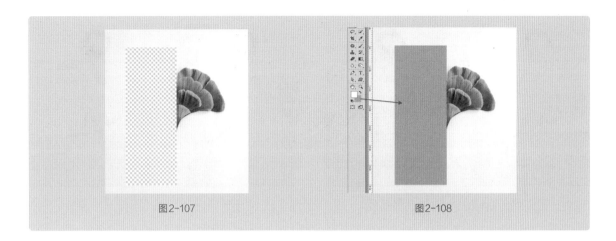

图2-107　　　　　　　　　　　　　　　图2-108

2.3.6　清除图像

　　使用"清除"命令可以删除选区中的图像。选择一个普通图层，在该图层中创建出需要清除的范围（也就是选区），然后执行"编辑 ➤ 清除"菜单命令，可以清除选区中的图像，如图 2-109 所示。如果绘制了选区后，被选中的图层为"背景"图层，执行"编辑 ➤ 清除"菜

图2-109

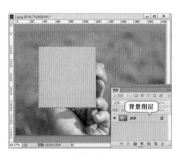

图2-110

单命令，被清除的区域将被填充为背景色，如图 2-110 所示。

2.3.7　图像形状的变换

　　"变换"实质上就是对所选图层中的内容进行一种形态改变的操作，执行"编辑 ➤ 变换"命令，在子菜单中有多种变换方式，例如：缩放、旋转、斜切等，如图 2-111 所示。执行相应命令后会调出定界框，通过拖曳控制点可以进行变换操作，图 2-112 所示为定界框，调整完成后按【Enter】键结束调整。

图2-111

图2-112

1. 缩放

　　"缩放"命令可以将对象进行某一轴向缩放或均匀缩放。缩放分为等比缩放和不等比缩放。

　　（1）选择一个图层，执行"编辑 ➤ 变换 ➤ 缩放"命令调出定界框，拖曳四个角点上的控制点可以同时对宽度和高度进行缩放，如图 2-113 所示。拖曳定界框边缘处的控制点可以单独缩放对象的高度或宽度，如图 2-114 所示。

　　（2）在缩放时按住【Shift】键，将鼠标放在角点上并拖动鼠标可以等比例缩放图像，如图 2-115 所示。在缩放时按住【Alt】键可以以中心点为基准缩放图像，如图 2-116 所示。在缩放时按住【Shift+Alt】键，可以以中心点为基准等比例缩放图像。

图2-113　　　　　　图2-114　　　　　　图2-115　　　　　　图2-116

2. 旋转

　　"旋转"命令可以使对象围绕着中心点进行转动。选择一个图层，执行"编辑 ➤ 变换 ➤ 旋转"命令调出定界框，如果不按住任何快捷键，可以旋转图像至任意角度，如图 2-117 所示。如果按住【Shift】键，可以以 15 度为增量旋转图像，图 2-118 所示为任意旋转图像和以 15 度为单位旋转图像的对比效果。

图2-117　　　　　　图2-118

3. 斜切

　　"斜切"可以在任意方向、垂直方向或水平方向上倾斜图像。选择一个图层，执行"编辑 ➤ 变换 ➤ 斜切"命令调出定界框，拖曳四个角点可以在某个方向上倾斜图像，如图 2-119 所示。拖曳定界框边缘处的控制点可以进行水平或垂直斜切图像，图 2-120 所示为水平方向斜切图形。

4. 扭曲

　　"扭曲"命令可以在各个方向上伸展变换对象。选择一个图层，执行"编辑 ➤ 变换 ➤ 扭曲"命令调出定界框，然后拖曳控制点进行扭曲，如图 2-121 所示。

图2-119　　　　　　图2-120　　　　　　图2-121

5. 透视

　　"透视"命令主要用于制作图层的透视效果。选择一个图层，执行"编辑 ➤ 变换 ➤ 透视"命令调出定界框，拖曳定界框 4 个角上的控制点，可以在水平或垂直方向上对图像应用透视，图 2-122 和图 2-123 所示分别为应用水平透视和应用垂直透视的对比效果。

6. 变形

"变形"可以使对象产生变形效果，并且可以通过控制锚点控制变形的弧度。选择一个图层，执行"编辑 ➤ 变换 ➤ 变形"命令调出定界框，拖曳网格点或者控制棒都可以对图像进行变形，如图2-124和图2-125所示。

图2-122

图2-123

图2-124

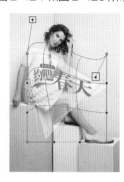
图2-125

7. 旋转180度、旋转90度（顺时针）、旋转90度（逆时针）

"旋转180度"命令，可以将图像旋转180度；"旋转90度（顺时针）"命令可以将图像顺时针旋转90度；"旋转90度（逆时针）"命令可以将图像逆时针旋转90度。

8. 水平翻转、垂直翻转

执行"水平翻转"命令可以将图像在水平方向上进行翻转。执行"垂直翻转"命令可以将图像在垂直方向上进行翻转。

独家秘笈　　　　　　　　　　　　　　**自由变换**

对一些高手而言，他们经常使用"自由变换"进行变换。执行"编辑 ➤ 自由变换"命令（快捷键：【Ctrl+T】）即可调出定界框，使用自由变换定界框可以与"变换"相同的方法进行缩放和旋转，或者在这个基础上单击鼠标右键，使用快捷键菜单进行其他操作。

（1）选择一个图层，执行"编辑 ➤ 自由变换"命令（快捷键：【Ctrl+T】）调出定界框。将光标移动到角点处的控制点上，光标变为 状后拖曳可以进行缩放，如图2-126所示。光标变为 状后可以进行旋转，如图2-127所示。

（2）按住【Ctrl】键拖曳控制点可以进行斜切、扭曲操作，如图2-128所示。也可以在定界框内单击鼠标右键，在弹出的快捷键菜单中选择相应的变换命令，如图2-129所示。

图2-126

图2-127

图2-128

图2-129

2.3.8 清除图像的杂边

在抠图的过程中，经常会出现抠出的对象边缘残留了部分背景中的像素的情况，也就是通常所说的"杂边"，非常影响画面效果。使用"修边"命令可以去除抠图过程中边缘处残留的多余像素。

选择一个边缘有"杂边"的对象，如图 2-130 所示。执行"图层 ➤ 修边"命令，在子菜单中可以看到修边命令，如图 2-131 所示。执行"图层 ➤ 修边 ➤ 移去白色杂边"命令，即可将白色的杂边去除，如图 2-132 所示。

图2-130　　　　　　　　　　图2-131　　　　　　　　　　图2-132

◇　颜色净化：去除一些彩色杂边。
◇　去边：用包含纯色（不包含背景色的颜色）的邻近像素的颜色替换任何边缘像素的颜色。
◇　移去黑色杂边：去除图像边缘黑色的杂边。
◇　移去白色杂边：去除图像边缘白色的杂边。

2.3.9 对齐与分布多个图层

在使用 Photoshop 编辑、修改、合成图片时，对齐与分布图层是较为常用的操作。在 Photoshop 中，图层的对齐方式分别有顶对齐、底对齐、左对齐、右对齐、垂直居中对齐和水平居中对齐。图层的分布方式有垂直顶部分布、垂直居中分布、底部分布、左分布、水平居中分布、右分布。

1. 对齐图层

若要对图层进行对齐操作，首先要加选需要对齐的图层，如图 2-133 所示。在使用"移动工具" ▶₊ 的状态下，选项栏中有一排对齐按钮，如图 2-134 所示。单击相应的按钮进行对齐操作，图 2-135 所示为 ▐▔ "顶对齐"效果。

图2-133　　　　　　　　　　图2-134　　　　　　　　　　图2-135

2. 分布图层

"分布"用于得到图层之间距离相等的效果，如垂直方向的距离相等，或水平方向的距离相等。使用"分布"命令时，文档中必须包含多个图层（至少为 3 个图层，且"背景"图层除外）。

选中要进行分布的图层，在使用"移动工具" ▶╋ 状态下，选项栏中有一排分布按钮，如图 2-136 所示。接着单击相应的分布按钮，进行分布操作，图 2-137 所示为"水平居中分布" 🖽 的效果。

图2-136　　　　　　　　　　　　　　　　　　　　图2-137

课后练习：制作整齐排列的照片簿

扫码看视频

案例文件	视频教学
2.3.9 课后练习：制作整齐排列的照片簿 .psd	2.3.9 课后练习：制作整齐排列的照片簿 .flv

难易指数	技术要点
★★☆☆☆	移动工具、对齐、分布

案例效果

图2-138

操作步骤

01 执行"文件▶打开"命令，打开背景素材"1.jpg"，接着执行"文件▶置入"命令，依次置入照片素材2、3、4、5，并摆放在画面顶部，如图2-139和图2-140所示。

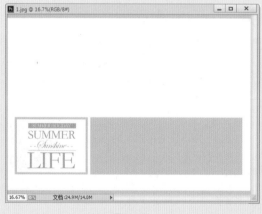

图2-139

图2-140

02 在图层面板中按住【Ctrl】键依次单击2、3、4、5这四个图层，选中这四个图层，并单击鼠标右键执行"栅格化图层"命令，如图2-141所示。保持图层被选中的状态，单击工具箱中的"移动工具"按钮，单击选项栏中的"顶对齐"按钮，此时四张照片沿顶部对齐了，如图2-142所示。

图2-141　　　　　　　　　　　　　　图2-142

03 接着单击"移动工具"选项栏中的"水平居中分布"按钮，此时四张图片的间距也变得相同了，如图 2-143 所示。使用"移动工具"，在选择这四个图层的状态下，按住鼠标左键向下拖动，适当移动图片位置，效果如图 2-144 所示。

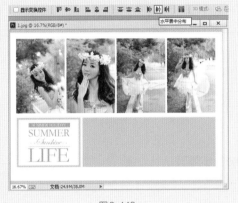

图2-143　　　　　　　　　　　　　　图2-144

2.4　出错了？没关系！有错就改，改了再犯，犯了再改

哎呀！这一步做错了，怎么办？没关系，在 Photoshop 中可以通过"撤销"或"返回"等命令对做过的操作进行取消，回到之前的状态，然后可以重新编辑图像。这下就不怕一不小心出现错误啦！

2.4.1　还原与重做

执行"编辑 ➤ 还原"菜单命令或使用【Ctrl+Z】组合键，可以撤销最近的一次操作，将其还原到上一步的操作状态，如图 2-145 所示；如果想要取消还原操作，可以执行"编辑 ➤ 重做"菜单命令，如图 2-146 所示。

图2-145　　　　　　　　图2-146

2.4.2　使用快捷键多次撤销错误操作

"前进一步"与"后退一步"可以用于多次撤销或还原操作。这两个命令也是最常用的撤销错误操作的命令。

由于"还原"命令只可以还原一步操作，而实际操作中经常需要还原多步操作，此时可以使用"编辑 ➤ 后退一步"菜单命令，或连续使用【Alt+Ctrl+Z】组合键来逐步撤销操作。如果要取消还原的操作，可以连续执行"编辑 ➤ 前进一步"菜单命令，或连续按【Shift+Ctrl+Z】组合键来逐步恢复被撤销的操作。

2.4.3　使用历史记录面板更加清晰地还原操作

"历史记录"面板就像一本"历史书"，记录着这个文件进行的部分操作步骤。记录操作步骤的目的是什么？我们可以通过单击"历史记录"面板中的历史操作条目，使文档恢复到某一步的状态，就相当于"回到过去"。

执行"窗口 ➤ 历史记录"命令打开"历史记录"面板，在"历史记录"面板中可以看到最近对图像执行过的历史操作的名称，如图 2-147 所示。通过单击"历史记录"面板中的历史记录状态即可恢复到某一步的状态，如图 2-148 所示。

图2-147

图2-148

独家秘笈　　　　　　　　**增多历史记录面板可记录的步骤数**

"历史记录"面板这本"历史书"在默认情况下只能保存 20 步的操作，如果超过限定数量的操作，将不能够返回。若想要增加记录的步骤也是可以的。执行"编辑 ➤ 首选项 ➤ 性能"命令，在"历史记录与高速缓存"选项组下设置合适的"历史记录状态"数量即可，如图 2-149 所示。

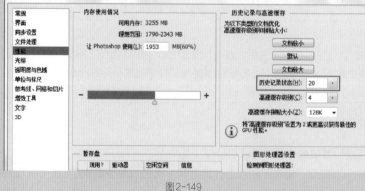
图2-149

2.4.4　使用历史记录画笔还原画面局部效果

"历史记录"面板中的历史操作条目可以通过单击使整个画面回到之前的状态，而使用"历史记录画笔工具"可以通过涂抹的方式使画面局部进行还原。需要注意的是，在涂抹之前需要在"历史记录面板"标记"源"的位置。

（1）打开一张图片，如图2-150所示。首先可以随意对该图像进行一些操作，例如执行"滤镜 ➤ 扭曲 ➤ 波浪"命令，在弹出的窗口中适当设置数值，然后单击"确定"按钮，如图2-151所示。此时画面产生了明显的变化，图像效果如图2-152所示。

图2-150

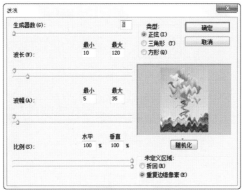

图2-151

图2-152

（2）进入"历史记录"面板，此时可以看到历史记录面板中最初的状态前面有一个 符号，这就说明这一步骤是被标记的步骤，如图2-153所示。单击工具箱中的"历史记录画笔"工具按钮，适当调整画笔大小，在画面中涂抹，即可将涂抹的区域还原为最初效果，最终效果如图2-154所示。

图2-153

💡提示　如果想要设置其他历史记录作为"源"，那么可以在其他步骤前面的 □ 中单击，使之变为 状态，此时再次在画面中涂抹即可还原到所标记的状态下，如图2-155所示。

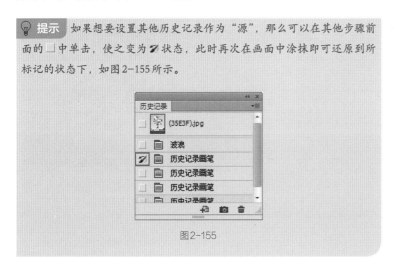

图2-155

图2-154

2.4.5　将文件恢复到最初状态

执行"文件 ➤ 恢复"菜单命令，可以直接将文件恢复到最后一次保存时的状态，或返回到刚打开文件时的状态。

💡提示　"恢复"命令只能针对已有图像的操作进行恢复。对于新建的空白文件，"恢复"命令将不可用。

2.5 图像文档的显示与排列方式

图像文件在 Photoshop 中打开后，我们在进行操作时经常需要放大或缩小图像的显示比例，或查看某个区域的细节，这时可以使用"缩放工具"。使用"抓手工具"移动画面的显示区域，可以便于观察图像。如果在文档内打开了很多的文档，还可以通过设置文档的排列方式，更加方便地浏览多个文档。

2.5.1 想放大就放大，想缩小就缩小

相信大家都见过"放大镜"吧？使用放大镜可以更加仔细地观察对象的细节，但是事物本身大小是不变的。在 Photoshop 中也有这样的工具，我们可以使用这个工具放大或缩小图像的显示比例，但图像本身的大小不会发生改变。

打开一个图像，在窗口的左下角可以看到图像在窗口中的显示比例，如图 2-156 所示。单击工具箱中的"缩放工具" 🔍，然后单击选项栏中的"放大"按钮 🔍，在窗口中单击鼠标左键，此时图像被放大，左下角的图像显示比例数值也相应变大，如图 2-157 所示。单击选项栏中的"缩小"按钮 🔍，然后在画面中单击，即可缩小显示比例，如图 2-158 所示。

图2-156

图2-157

图2-158

◇　100%：单击该按钮，可以在窗口中以图像原始尺寸显示图像。
◇　适合屏幕：单击该按钮，可以在窗口中最大化显示完整的图像。
◇　填充屏幕：单击该按钮，可以在整个屏幕范围内最大化显示完整的图像。

提示　在使用"缩放工具"时，按住鼠标左键向外拖曳可以放大显示比例，向内拖曳可以缩小显示比例。

2.5.2 想看哪就看哪

当图像的显示比例过大，导致画面不能完全显示图像的全部内容时，可以使用"抓手工具" 🖐 或"导航器"面板，通过拖动来调整画面显示的部分，想看哪里就看哪里。

（1）单击工具箱中的"抓手工具" 🖐，然后按住鼠标左键拖曳，如图 2-159 所示。此时可以移动图像在

窗口中的显示位置，如图 2-160 所示。

图 2-159　　　　　　　　　　　　　图 2-160

（2）执行"窗口 ▶ 导航器"命令，打开"导航器"面板。将光标移动至"导航器"中的红色框内，按住鼠标左键拖曳，如图 2-161 所示。此时导航器中红色框内的内容就会显示在文档窗口内，如图 2-162 所示。

图 2-161　　　　　　　　　　　　　图 2-162

2.5.3　想要一次查看多个图像怎么办

文档窗口中打开了好多文档，每次查看都要来回切换，真的好麻烦啊！有没有一种方式能够同时查看多个文档呢？当然有！Photoshop 提供了多种文档排列的方法。执行"窗口 ▶ 排列"菜单命令，其子菜单中提供了"全部垂直拼贴""全部水平拼贴""双联水平""双联垂直""三联水平""三联垂直""三联堆积""四联""六联""将所有内容合并到选项卡中"10 种排列方式，如图 2-163 所示。执行相应命令即可选择相应的排列方式，图 2-164 所示为"全部垂直拼贴"的排列方式。

 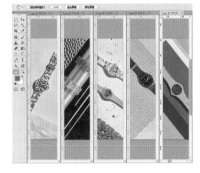

图 2-163　　　　　　　　　　　　　图 2-164

◇　层叠：选择该方式可以将打开的文档从屏幕的左上角到右下角以堆叠和层叠的方式显示，如图 2-165 所示。
◇　平铺：选择该方式可以将打开的文档窗口自动调整大小，并以平铺的方式填满可用的空间，如图 2-166 所示。
◇　在窗口中浮动：当选择"在窗口中浮动"方式时，图像可以自由浮动，并且可以任意拖曳标题栏来移动窗口，如图 2-167 所示。

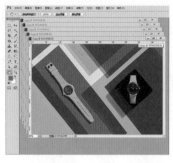

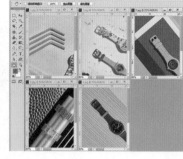

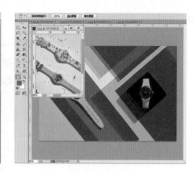

图2-165 　　　　　　　　　　图2-166 　　　　　　　　　　图2-167

◇　使所有内容在窗口中浮动：选择该方式可以将所有文档窗口都将变成浮动窗口，如图2-168所示。
◇　匹配缩放：选择该方式可以将所有窗口都匹配到与当前窗口相同的缩放比例。例如，将当前窗口进行缩放，然后执行"匹配缩放"命令，其他窗口的显示比例也会随之缩放，如图2-169所示。
◇　匹配位置：选择该方式可以将所有窗口中图像的显示位置都匹配到与当前窗口相同，如图2-170所示。

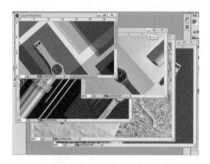

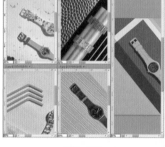

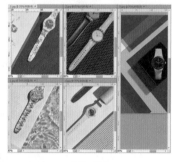

图2-168 　　　　　　　　　　图2-169 　　　　　　　　　　图2-170

◇　匹配旋转：选择该方式可以将所有窗口中画布的旋转角度都匹配到与当前窗口相同。
◇　全部匹配：选择该方式可以将所有窗口的缩放比例、图像显示位置、画布旋转角度与当前窗口进行匹配。

2.5.4　菜鸟屏幕模式与大师屏幕模式

　　Photoshop提供了3种屏幕显示的方式，有适合"大师"的模式：界面中尽可能少地显示软件模块，为制图区域保留更大的空间，操作时需要熟练使用快捷键执行各种命令。还有适合"新手"的模式：显示全部操作功能，方便无法熟练使用快捷键的新手用户找到某项功能。

图2-171

　　在工具箱底部单击"屏幕模式"按钮　，在弹出的菜单中可以选择屏幕模式，其中包括标准屏幕模式、带有菜单栏的全屏模式和全屏模式3种，如图2-171所示。

◇　标准屏幕模式：标准屏幕模式可以显示菜单栏、标题栏、滚动条和其他屏幕元素，如图2-172所示。
◇　带有菜单栏的全屏模式：带有菜单栏的全屏模式可以显示菜单栏、50%的灰色背景、无标题栏和滚动条的全屏窗口，如图2-173所示。
◇　全屏模式：全屏模式只显示黑色背景和图像窗口，如图2-174所示。如果要退出全屏模式，可以按【Esc】键。如果按【Tab】键，将切换到带有面板的全屏模式。

图2-172

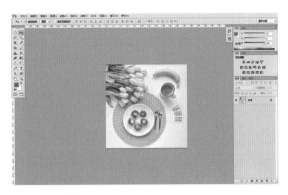

图2-173

图2-174

课后练习：将画面调整为合适的显示状态

扫码看视频

案例文件	视频教学
无	2.5.4　课后练习：将画面调整为合适的显示状态 .flv

难易指数	技术要点
★☆☆☆☆	缩放工具、抓手工具

操作步骤

01 执行"文件 ▶ 打开"命令，打开一张图片，如图 2-175 所示。如果想要将画面放大显示，可以单击工具箱中的"缩放工具"按钮，接着在画面中单击，即可放大图像的显示比例，如图 2-176 所示。

图2-175

图2-176

02 如果想要放大显示画面的某个部分，可以将光标移动到那个位置，并连续多次单击，如图 2-177 所示。单击工具箱中的"抓手工具"，在画面中按住鼠标左键并拖动，即可调整此时画面显示的区域，如图 2-178 所示。

图2-177

图2-178

2.6　非常方便的辅助功能

　　调整多个对象位置时总是对不齐？画个图形控制不了尺寸？这些问题都可以通过辅助工具的使用来解决，如图2-179和图2-180所示。辅助工具能够帮我们更加轻松、准确地完成工作。本节主要讲解标尺、辅助线和网格这三种常用的辅助功能。

2.6.1　使用标尺与参考线

　　"标尺"经常与"参考线"一同使用，能够让用户更加精准地处理图像。需要注意的是，必须先开启标尺后才能创建参考线，而且标尺能够精确确定参考线的位置。

图2-179

图2-180

　　（1）执行"视图➤标尺"菜单命令（快捷键：【Ctrl+R】），此时看到窗口顶部和左侧会出现标尺。0刻度的位置位于画布的左侧，如图2-181所示。要调整0刻度的位置，可以拖曳两条标尺相交的位置▊，将其拖曳到相应位置后，松开鼠标即可，如图2-182所示。

图2-181

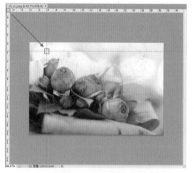

图2-182

　　💡 提示　若要恢复0刻度的位置，双击两条标尺相交的位置▢即可。

　　（2）将光标放置在水平标尺上，然后按住鼠标左键向下拖曳，如图2-183所示。松开鼠标即可创建水平参考线，如图2-184所示。用同样的方法也可以创建垂直参考线，如图2-185所示。

图2-183　　　　　　　　　　　　图2-184　　　　　　　　　　　　图2-185

（3）参考线的位置也可以调整，在使用"移动工具" ▶┿ 的状态下，将光标移到参考线上，光标变为 ╬ 状后，按住鼠标左键拖曳即可调整参考线的位置，如图2-186所示。如果要删除参考线，可以选择参考线，按住鼠标左键将其拖曳到标尺处，松开鼠标即可删除该参考线，如图2-187所示。

图2-186　　　　　　　　　　　　　　　　　　图2-187

💡 提示　如果需要删除画布中所有的参考线，可以执行"视图 ➤ 清除参考线"菜单命令。

2.6.2　使用网格

　　"网格"主要用于在绘图或移动对象位置时，能够更加准确地确定对象位置。在制作标志或进行网页切片时，常会借助网格进行操作。执行"视图 ➤ 显示 ➤ 网格"菜单命令，就可以在画布中显示网格，如图2-188和图2-189所示。再次执行该命令可以关闭网格对象的显示。

图2-188　　　　　　　　　　　　图2-189

独家秘笈   **自动对齐功能**

    学习了使用参考线和网格的方法后，我们来了解一下"自动对齐"功能。"自动对齐"能够帮助用户更加精确地放置选区、裁剪选框、切片、形状和路径等对象。在"视图 ➤ 对齐到"菜单下可以观察到可对齐的对象包含参考线、网格、图层、切片、文档边界、全部和无，如图2-190所示。选择其中某一项，即可在对象移动、变换时，使对象的边缘自动贴齐到较近的参考线、网格或其他对象上。选"无"则相当于关闭"自动对齐"功能。

图2-190

◇   **参考线**：可以使对象与参考线进行对齐。

◇   **网格**：可以使对象与网格进行对齐。网格被隐藏时不能选择该选项。

◇   **图层**：可以使对象与图层中的内容进行对齐。

◇   **切片**：可以使对象与切片边界进行对齐。切片被隐藏时不能选择该选项。

◇   **文档边界**：可以使对象与文档的边缘进行对齐。

◇   **全部**：选择所有"对齐到"选项。

◇   **无**：取消选择所有"对齐到"选项。

实战项目：制作一个简单的宣传广告

扫码看视频

案例文件	视频教学
2.6.2 实战项目：制作一个简单的宣传广告 .psd	2.6.2 实战项目：制作一个简单的宣传广告 .flv

难易指数	技术要点
★★☆☆☆	新建、置入、存储

案例效果

图2-191

操作步骤

01 执行"文件▷新建"命令，在弹出的窗口中单击预设列表，选择"国际标准纸张"，"大小"设置为 A4，"分辨率"设置为 300，"颜色模式"设置为 CMYK 颜色，如图 2-192 所示。单击"确定"按钮得到空白文档，如图 2-193 所示。此时得到的是竖版的文件，执行"图像▷图像旋转▷90 度（顺时针）"命令，将其变为横版文件，如图 2-194 所示。

图2-192　　　　　　　　　　图2-193　　　　　　　　　　图2-194

02 执行"文件▷置入"命令，选择素材"1.jpg"，单击"置入"命令，如图 2-195 所示。所选素材出现在新建文档中，将其调整到与画面等大的效果，按下键盘上的【Enter】键完成置入，如图 2-196 所示。

图2-195　　　　　　　　　　　　　　　图2-196

03 在该图层上单击鼠标右键，执行"栅格化图层"命令，如图 2-197 所示。此时图层效果如图 2-198 所示。

图2-197　　　　　　　　　　　　　　　图2-198

04 继续置入素材"2.png",将置入的素材放在画面顶部,如图2-199所示。按下【Enter】键完成操作。到这里文档效果制作完成,执行"文件 ▷ 存储为"命令,在弹出的窗口中选择文件存储路径,设置合适的文件名称,接着在格式列表中选择合适的格式。这里选择".psd"作为工程文件的格式,如图2-200所示。储存完成后可以另外储存一个JPG或者TIFF格式的文件方便预览。

图2-199

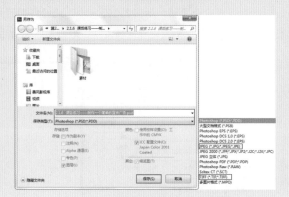

图2-200

Photoshop 高手都是这样置入素材的

"置入"素材是再普通不过的一个操作了,除了执行"置入"命令,还有其他方法置入素材。从文件夹中选择需要置入的对象,按住鼠标左键将其拖曳至文档内,如图2-201所示。松开鼠标后即可完成置入,如图2-202所示。这种方法简单且效率高!

图2-201

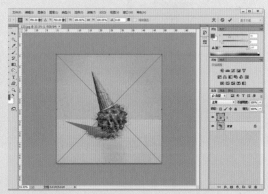

图2-202

记住这些快捷键让你的操作快十倍

快捷键,又叫快速键或热键。利用快捷键可以代替鼠标做一些工作,从而提高工作效率。在Photoshop基础操作的学习章节中,记住以下快捷键,可以让操作快几倍!记忆快捷键是有技巧的,快捷键多是以命令/工具名称的英文首字母配合【Ctrl】键、【Alt】键或【Shift】键使用的。例如打开的英文是OPEN,快捷键选取了它的首字母O,打开的快捷键是【Ctrl+O】。

新建 Ctrl+N	打开 Ctrl+O	关闭 Ctrl+W
保存 Ctrl+S	另存为 Ctrl+Shift+S	打印 Ctrl+P
退出 Ctrl+Q	撤销 Ctrl+Z	向前一步 Ctrl+Shift+Z
向后一步 Ctrl+Alt+Z	剪切 Ctrl+X	复制 Ctrl+C
合并复制 Ctrl+Shift+C	粘贴 Ctrl+V	原位粘贴 Ctrl+Shift+V
自由变换 Ctrl+T	再次变换 Ctrl+Shift+T	全选 CTRL+A

不要让这些"垃圾"占用电脑的资源

执行"编辑 ➤ 清理"菜单命令下的子命令来清理历史记录，可以清理的对象包含还原操作、历史记录、剪贴板以及全部的内存，这样可以在一定程度上缓解因编辑图像的操作过多而导致的 Photoshop 运行速度变慢的问题，如图 2-203 所示。在执行"清理"命令时，系统会弹出一个警告对话框，提醒用户该操作会将缓冲区所存储的记录从内存中永久清除，无法还原。单击"确定"按钮即可进行清理。

图2-203

2.7　本章小结

在本章中，我们共同学习了如何新建文档、调整画布、还原与重做、调整文档显示比例、使用辅助功能等 Photoshop 的基础知识。这些基础知识是打开 Photoshop 世界的"钥匙"，经过本章的学习，你拿到"钥匙"了吗？

第 **3** 章

选区、抠图，so easy

3.1 选区、抠图、去背与合成的关系

抠图是进行合成的重要步骤，是指将需要的内容从原图中提取出来。例如我们要制作一个广告，首先需要选择一张合适的人物/产品照片，如图 3-1 所示。然后将人物从原背景中提取出来，这一步就叫"抠图"，如图 3-2 所示。接着将"抠"出的人物放置在新的文件中，依照广告的主题制作画面所需的其他元素，这一步就叫"合成"，如图 3-3 所示。

图3-1　　　　　　　　　图3-2

图3-3

💡 **提示** 对于"抠图"，有几个问题需要注意。首先，抠图并不是指某一个工具或者某一个命令，而是一类操作的统称。可进行抠图的工具、命令或者是技法有很多种。例如使用快速选择工具进行抠图，使用钢笔工具进行抠图，使用通道进行抠图等。

其次，抠图过程中涉及的部分工具/命令甚至可能并不是单纯的选区制作工具，例如钢笔工具主要用于矢量绘图，通道用于编辑或管理颜色通道等。这些工具/命令的某个工具可能恰好与"选区"的制作有些微妙的联系，所以会在抠图时使用到。

另外，不同图片的抠图需要使用到的工具、命令或技法都不相同，有些抠图工具适合抠取颜色反差较大的对象，有的抠图技法适合抠取细密复杂的选区，所以在抠图之前要仔细分析图像特征。

本章学习要点

- 学会创建选区的方法
- 掌握选区的编辑方法
- 掌握根据色彩差别创建选区的方法
- 学会填充与描边的方法

本章内容简介

"选区"作为主角贯穿整个 Photoshop 的学习和应用中，选区可用于划定图片操作的范围，有了确定的操作范围，就可以对画面中的某个区域进行单独的调整，或将选区中的部分提取出来（也就是抠图）。在 Photoshop 中可以使用选框工具、套索工具绘制选区，也可以根据色彩差异控制选区的选择范围。创建选区后，选区外围会形成一圈闪动的虚线来标示选区范围。Come on！调动起你学习的热情，一起来学习选区与抠图吧！

💡 提示　最后，很多时候，想要完美地完成抠图操作，只使用一个工具可能很难完成。抠图完成之后，还需要将抠出的图像与新的图像环境进行融合。所以，想要进行抠图合成几乎可以使用到Photoshop的大部分工具命令，例如擦除工具、修饰绘制工具、选区工具、选区编辑命令、蒙版技术、通道技术、图层操作、调色技术乃至滤镜等。灵活地综合使用多种工具/技法可能会事半功倍呢。

"抠图"的大体思路分为两种：一种是将对象的背景去除，另一种是将对象提取出来。在 Photoshop 中去除背景的方法有很多，可以使用"橡皮擦工具""魔术橡皮擦工具"进行去除，如图 3-4 所示。如果要提取部分内容，就需要先获得对象精确的选区，如图 3-5 所示。然后将对象单独提取出来，完成抠图，如图 3-6 所示。

图3-4

图3-5

看到这里不禁要问了，什么是"选区"？选区能用来做什么？"选区"是一个用于限定操作范围的区域，那条黑白间隔的闪烁边框即为"选区"的边界，边界以内的区域即为选择范围。得到对象选区后，如图 3-7 所示。就可以通过选区将内容抠取出来，如图 3-8 所示。选区也可以限制当前编辑的操作范围，例如对指定范围进行调色等操作，如图 3-9 所示。

图3-6

图3-7

图3-8

图3-9

3.2　选区初体验

选区可以直接绘制出来，也可通过其他方式转换而来。可以得到选区，也可以取消选区。选区和辅助线一样，是虚拟对象，无法打印输出。在这一节中，就来一次选区初体验吧！图 3-10 和图 3-11 所示为使用选区功能制作的作品。

图3-10

图3-11

3.2.1　尝试使用选框工具制作最简单的选区吧

（1）"矩形选框工具" 主要用于创建矩形选区与正方形选区。单击工具箱中的"矩形选框工具"，在画面中按住鼠标左键并拖动，松开光标后即可得到矩形选区，如图3-12所示。在绘制时按住【Shift】键可以创建正方形选区，如图3-13所示。

> 💡 提示　使用选框工具创建选区时，在松开鼠标左键之前，按住【Space】键（即空格键）拖曳光标，可以移动选区。

（2）"椭圆选框工具"主要用来制作椭圆选区和正圆选区，使用方法与"矩形选区工具"相同。选择工具箱中的"椭圆选框工具"，按住鼠标左键拖曳绘制椭圆形选区，如图3-14所示。绘制时，按住【Shift】键可以创建正圆选区，如图3-15所示。

图3-12　　　　　　　　　图3-13　　　　　　　　　图3-14

（3）选择工具箱中的"单行选框工具"，在画面中单击即可创建高度为1像素的选区，如图3-16所示。选择工具箱中的"单列选框工具"，然后在画面中单击即可创建宽度为1像素的选区，如图3-17所示。

图3-15　　　　　　　　　图3-16　　　　　　　　　图3-17

独家秘笈　　　　　　　　**选框工具的选项栏**

我们都知道选项栏是用来设置工具选项的，我们可以在使用工具之前先在选项栏中设置好参数，然后进行操作。选择工具箱中任意一个选框工具，即可显示其选项栏，如图3-18所示。

［:］ ▾ ｜ ▣ ▫ ▫ ▫ ｜ 羽化：0像素 ▫消除锯齿 ｜ 样式：正常 ♦ ｜ 宽度： ⇄ 高度： ｜ 调整边缘…

图3-18

◇ 羽化：绘制选区之前，可以在选项栏中设置选区的羽化数值。羽化数值是用来设置选区边缘的虚化程度的。羽化值越大，虚化范围越宽；羽化值越小，虚化范围越窄。图3-19和图3-20所示的图像边缘锐利程度是模拟羽化数值分别为10像素与20像素时的边界效果。

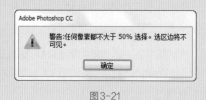

当设置的"羽化"数值过大，以至于任何像素都不大于50%选择时，Photoshop会弹出一个警告对话框，提醒用户羽化后的选区将不可见，但是选区仍然存在，如图3-21所示。

图3-19　　　　　图3-20　　　　　　　　　　　　图3-21

◇ 消除锯齿："消除锯齿"选项可用于去除带有弧度的选区边缘呈现出的锯齿。"矩形选框工具"的"消除锯齿"选项是不可用的，因为矩形选框没有不平滑效果，只有在使用"椭圆选框工具"时，"消除锯齿"选项才可用。图3-22所示为未勾选消除锯齿和勾选了消除锯齿后删除图像内容的对比效果。

◇ 样式：用来设置矩形选区的创建方法。当选择"正常"选项时，可以创建任意大小的矩形选区；当选择"固定比例"选项时，可以在"右侧"的"宽度"和"高度"输入框输入数值，以创建固定比例的选区。当选择"固定大小"选项时，可以在右侧的"宽度"和"高度"输

图3-22

入框中输入数值，然后单击鼠标左键即可创建一个固定大小的选区。单击"高度和宽度互换"按钮 可以切换"宽度"和"高度"的数值。

◇ 调整边缘：单击该按钮可以打开"调整边缘"对话框，与执行"选择 ➤ 调整边缘"命令相同，在该对话框中可以对选区进行平滑、羽化等处理。

3.2.2　使用套索工具制作形态随意的选区

1. 套索工具

使用"套索工具"可以绘制出形状不规则的选区。

（1）在工具箱中单击"套索工具"按钮 ，然后在图像上按住鼠标左键拖曳光标绘制选区，如图3-23所示。结束绘制后松开鼠标左键，选区会自动闭合并变为选区，如图3-24所示。

（2）如果在绘制中途松开鼠标左键，如图3-25所示。Photoshop会在该点与起点之间建立一条直线以形成封闭选区，如图3-26所示。

图3-23　　　　　　图3-24　　　　　　　图3-25　　　　　　　图3-26

2. 多边形套索工具

"多边形套索工具"适用于创建一些转角比较强烈的选区。

单击工具箱中的"多边形套索工具"，在画面中单击确定起点，拖动光标向其他位置移动并单击确定选区转折的位置，如图 3-27 所示。依次在转角处单击，最后将光标定位到起点处，光标变为状，如图 3-28 所示。单击鼠标左键完成选区的绘制，得到选区，如图 3-29 所示。

图3-27　　　　　　　　　图3-28　　　　　　　　　图3-29

3.3　选区的基本操作

学习到这里，想必大家对"选区"已经不再陌生了吧。在学会了创建选区之后，我们还可以对选区进行移动、编辑、变形等操作，这些操作简单、好用、易上手！图 3-30 和图 3-31 所示为使用选区功能制作的优秀作品。

图3-30　　　　　　　　　　　　　　图3-31

3.3.1　移动选区

（1）移动选区要在使用选框工具或套索工具等选区工具的状态下，将光标放置在选区内，当光标变为形状时，按住鼠标左键并拖曳光标即可移动选区，如图 3-32 和图 3-33 所示。

（2）在包含选区的状态下，按键盘上的→、←、↑、↓键即可以1像素的距离移动选区。

图3-32　　　　　　　　　　图3-33

💡提示 移动选区操作十分简单，但是移动选区时必须使用选区工具。如果使用"移动工具"那么移动的将会是选区内的图像，如果使用其他工具，选区会消失。

3.3.2 全选整个画面

图3-34

"全选"命令顾名思义就是指选择画面的全部范围。执行"选择 ➤ 全部"菜单命令或按【Ctrl+A】组合键，可以选择当前文档边界内的所有图像，全选命令常用于复制整个文档中的图像，如图3-34所示。

3.3.3 选择反向的选区

创建选区以后，执行"选择 ➤ 反向选择"菜单命令或按【Shift+Ctrl+I】组合键，可以选择反向的选区，也就是选择图像中没有被选择的部分，如图3-35和图3-36所示。

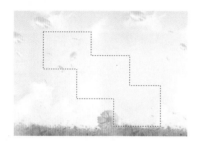
图3-35

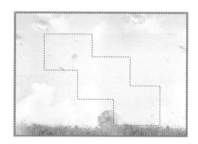
图3-36

3.3.4 取消选择与重新选择

（1）执行"选择 ➤ 取消选择"菜单命令或按【Ctrl+D】组合键，可以取消选区状态。

（2）如果要恢复被取消的选区，可以执行"选择 ➤ 重新选择"菜单命令。

3.3.5 选区形态轻松变——变换选区

图层内容可以进行自由变换，选区也可以！选区的变换方式与图形的变换方式非常相似。

（1）绘制一个选区，长方形的、圆形的都可以，如图3-37所示。执行"选择 ➤ 变换选区"菜单命令或按【Alt+S+T】组合键，可以对选区进行移动，如图3-38所示。

（2）在选区变换的状态下，在画布中单击鼠标右键，可以看到多种变换方式，如图3-39所示。接着进行变换，如图3-40所示。调整完成后，按下键盘上的【Enter】键即可，如图3-41所示。

图3-37

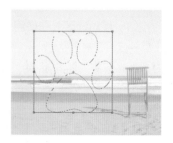
图3-38

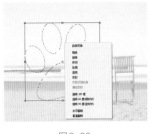

图3-39

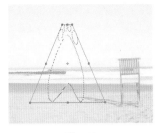

图3-40

图3-41

💡 提示　在缩放选区时，按住【Shift】键可以等比例缩放选区；按住【Shift+Alt】组合键可以以中心点为基准等比例缩放选区。

3.4　制作选区有诀窍，颜色差别很重要

选区除了通过绘制可以得到，还能够根据颜色的差异得到。在本节中就来讲解"磁性套索工具""快速选择工具""魔棒工具""色彩范围"的使用方法，这些工具和命令都可以通过颜色差别来得到选区。

使用这些功能可以自动识别颜色较为相似的区域，并以此创建选区，所谓制作选区有诀窍，颜色差别很重要！图 3-42 和图 3-43 所示为使用选区功能制作的优秀作品。

图3-42

图3-43

3.4.1　磁性套索

"磁性套索工具"🔲 有强大的吸附边缘的功能，可自动沿着图像边缘进行选择，特别适合快速选择与背景对比强烈且边缘复杂的对象。图 3-44 和图 3-45 所示为使用该工具进行抠图的图像。

单击工具箱中的"磁性套索工具"🔲 ，其选项栏如图 3-46 所示。

图3-44

图3-45

图3-46

◇　宽度："宽度"值决定了以光标中心为基准，其周围有多少个像素能够被"磁性套索工具"检测到。如果对象的边

缘比较清晰，可以设置较大的值；如果对象的边缘比较模糊，可以设置较小的值。

◇ 对比度：该选项主要用来控制"磁性套索工具"感应图像边缘的灵敏度。如果对象的边缘比较清晰，可以将该值设置得高一些；如果对象的边缘比较模糊，可以将该值设置得低一些。

◇ 频率：在使用"磁性套索工具"勾画选区时，Photoshop会生成很多锚点，"频率"选项用来设置锚点的数量。数值越高，生成的锚点越多，捕捉到的边缘越准确，但是可能会造成选区不够平滑。

（1）选择一张主体物与背景色差较大的图像，如图3-47所示。选择工具箱中的"磁性套索工具" ，在对象的边缘单击确定起点的位置，然后沿对象的边缘移动光标，磁性套索边界会自动对齐图像的边缘，同时生成很多锚点，如图3-48所示。

💡提示 此时将光标移动到锚点附近，按【Delete】键即可删除锚点。

（2）继续沿着边缘移动光标，当光标移动到起始锚点处时，光标变为 状，如图3-49所示。单击鼠标左键，即可得到选区，如图3-50所示。

图3-47

图3-48

图3-49

图3-50

3.4.2 快速选择

"快速选择工具" 可以通过识别颜色相近的区域，利用可调整的圆形笔尖迅速绘制出选区。当拖曳笔尖时，选取范围不但会向外扩张，而且还会自动寻找并沿着图像的边缘描绘边界。图3-51和图3-52所示为使用该工具进行抠图的图像。选择工具箱中的"快速选择工具" ，在选项栏中会出现"快速选择工具"选项，如图3-53所示。

图3-51

图3-52

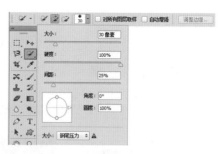
图3-53

◇ 选区运算按钮 ：激活"新选区"按钮 ，可以创建一个新的选区；激活"添加到选区"按钮 ，可以在原有选区的基础上添加新创建的选区；激活"从选区减去"按钮 ，可以在原有选区的基础上减去当前绘制的选区。

◇ "画笔"选择器 ：单击即可在弹出的"画笔"选择器中设置画笔的大小、硬度、间距、角度以及圆度。在绘制选区的过程中，可以按"]"键或"["键增大或减小画笔的大小。

◇ 对所有图层取样：如果勾选该选项，Photoshop会根据所有的图层建立选取范围，而不只是针对当前图层。

◇ 自动增强：降低选取范围边界的粗糙度与区块感。

（1）"快速选择工具"的使用方法非常简单，先找到一张前景与背景色差较大的图片，单击工具箱中的"快速选择工具" 按钮，在选项栏中设置"绘制模式"为添加到选区，设置合适的画笔大小，在画面背景部分按住鼠标左键拖曳，可以看到大面积的背景被选中了，如图3-54所示。在另一侧的背景中按住鼠标左键拖曳光标，如图3-55所示。

（2）若选区包含了不应选择的部分，这时单击选项栏中的"从选区中减去"按钮 ，然后在不需要选中的位置按住鼠标左键拖曳，可以发现被选中的部分选区的范围减

图3-54　　　　　　　　　　　　　　图3-55

小了，如图3-56所示。经过调整后，得到背景部分的选区，如图3-57所示。按一下键盘上的【Delete】键删除选区内的像素。再为其添加一个漂亮的背景，一个简单的合成就制作完成了，如图3-58所示。

图3-56　　　　　　　　　图3-57　　　　　　　　　图3-58

💡 提示　对于色差较小的像素，一不小心就会选中了不该选中的对象，这时可以将笔尖大小调小一些，这样就可以更加精细地进行选择了。

3.4.3　魔棒

"魔棒工具" 能够自动检测鼠标单击区域的颜色，并得到与之颜色相似区域的选区。图3-59和图3-60所示为使用该工具进行抠图的图像。

选择工具箱中的"魔棒工具"，如图3-61所示。使用"魔棒工具"在画面中轻轻一单击就能选中颜色差别在容差值范围之内的选区，其选项栏如图3-62所示。

图3-61

图3-59　　　　　　　　图3-60　　　　　　　　图3-62

◇　容差：决定所选像素之间的相似性或差异性。数值越低，像素的相似程度越高，所选的颜色范围就越小；数值越高，所选的颜色范围就越大。

◇ 连续：当勾选该选项时，只选择颜色连接的区域；当关闭该选项时，可以选择与所选像素颜色接近的所有区域。

◇ 对所有图层取样：如果文档中包含多个图层，当勾选该选项时，可以得到所有可见图层上颜色相近区域的选区。

（1）打开一张图片，单击工具箱中的"魔棒工具" ，在选项栏中设置选区模式为"添加到选区"，"容差值"为30，勾选"消除锯齿"和"连续"，然后在背景处单击鼠标左键，即可得到颜色相近区域的选区，如图3-63所示。因为选区模式为"添加到选区"，所以继续在背景的位置处单击选中背景，如图3-64所示。

图3-63

（2）如果选择了多余的选区，可以单击选项栏中的"从选区减去"按钮 ，然后适当降低"容差"数值，然后在多余的区域单击，减去选区，如图3-65所示。当背景被全部选中后，按一下【Delete】键进行删除，接着可以为其更换一个背景，这样一张海报就制作完成了，如图3-66所示。

图3-64

图3-65

图3-66

3.4.4　色彩范围

学了以上抠图方法，你的抠图技术也算小有提升了。但是面对抠稍微复杂的对象是不是就手足无措了呢？这时我们可以使用"色彩范围"进行抠图。"色彩范围"命令可根据图像的不同颜色范围创建不同的选区，而且该命令提供了更多的控制选项，因此选择精度也高了很多。图3-67和图3-68所示为使用色彩范围命令进行抠图的图像。

图3-67

（1）打开一张图片，如图3-69所示。我们要抠取这张图片树叶的部分，可以看到树叶边缘凌乱，背景颜色也不是纯色，此时就可以通过"色彩范围"来进行抠取。执行"选择 ➤ 色彩范围"菜单命令，在弹出的"色彩范围"窗口中设置"选择"为取样颜色，"容差"为20，如图3-70所示。

图3-68

图3-69

图3-70

◇ 选择：用来设置选区的创建方式。选择"取样颜色"选项时，光标会变成 ✎ 形状，将光标放置在画布中的图像上，或在"色彩范围"对话框中的预览图像上单击，可以对颜色进行取样；选择其他选项时，被选区域会自动切换为特定内容。

◇ 检测人脸：当"选择"设置为"肤色"时，启用"检测人脸"可以更加准确地查找皮肤部分的选区。

◇ 本地化颜色簇：勾选"本地化颜色簇"后，拖曳"范围"滑块可以控制要包含在蒙版中的颜色与取样点的最大和最小距离。

◇ 颜色容差：用来控制颜色的选择范围。数值越高，包含的颜色越多；数值越低，包含的颜色越少。

◇ 范围：当取样方式为"高光""中间调""阴影"时，可以通过调整范围数值，设置"高光""中间调""阴影"各个部分的大小。

◇ 选区预览图：选区预览图下面包含"选择范围"和"图像"两个选项。当勾选"选择范围"选项时，预览区域中的白色代表被选择的区域，黑色代表未选择的区域，灰色代表被部分选择的区域（即有羽化效果的区域）；当勾选"图像"选项时，预览区内会显示彩色图像。

◇ 选区预览：用来设置文档窗口中选区的预览方式。选择"无"选项时，表示不在窗口中显示选区；选择"灰度"选项时，可以按照选区在灰度通道中的外观来显示选区；选择"黑色杂边"选项时，可以在未选择的区域上覆盖一层黑色；选择"白色杂边"选项时，可以在未选择的区域上覆盖一层白色；选择"快速蒙版"选项时，可以显示选区在快速蒙版状态下的效果。

◇ 存储 / 载入：单击"存储"按钮，可以将当前的设置状态保存为选区预设；单击"载入"按钮，可以载入存储的选区预设文件。

◇ 添加到取样 ✎ / 从取样中减去 ✎：当选择"取样颜色"选项时，可以对取样颜色进行添加或减去。如果要添加取样颜色，可以单击"添加到取样"按钮，然后在预览图像上单击，以取样其他颜色。如果要减去取样颜色，可以单击"从取样中减去"按钮，然后在预览图像上单击，以减去其他取样颜色。

◇ 反向：将选区进行反转，即创建选区以后，相当于执行了"选择 ≥ 反向"菜单命令。

（2）将光标移动到画面中背景处，此时光标为 ✎ 状，单击鼠标左键进行颜色的取样。此时，在"色彩范围"窗口下方的缩览图中可以看到鼠标单击的位置变为了白色，如图 3-71 所示。在这个缩览图中，白色的地方表示选区选中的位置，黑色的地方表示非选区选中的位置。通过缩览图可以看到下半部还是黑色，这表示还有未被选中的位置，单击"添加到取样"按钮 ✎，继续在背景处单击添加取样，直到缩览图中的背景都变为白色，如图 3-72 所示。

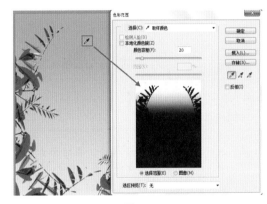

图3-71

（3）单击"确定"按钮即可得到背景的选区，再按【Delete】键将白色的背景删除，如图 3-73 所示。此时可以拿着抠完的图进行合成啦，如图 3-74 所示。

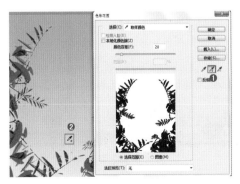

图3-72

图3-73

图3-74

课后练习1：使用磁性套索合成创意冰淇淋灯塔

案例文件	视频教学
3.4.4 课后练习：使用磁性套索合成创意冰淇淋灯塔.psd	3.4.4 课后练习：使用磁性套索合成创意冰淇淋灯塔.flv

难易指数	技术要点
★★★☆☆	磁性套索工具

案例效果

图3-75

操作步骤

01 执行"文件 ➤ 打开"命令，在打开窗口中选择背景素材"1.jpg"，单击打开按钮，如图3-76所示。下面我们要将灯塔选取出来，单击"工具箱"中的"磁性套索工具"按钮，将光标定位在灯塔边缘单击确定起点，如图3-77所示。

02 沿着灯塔拖曳光标，此时Photoshop会自动生成很多锚点，如图3-78所示。当勾画到灯塔底部时，可以手动单击添加锚点配合Photoshop自动生成的描点来使其更准确，如图3-79所示。

图3-76

图3-77

图3-78

03 当勾画到起点时，单击起点并松开光标自动形成闭合选区，如图3-80所示。使用快捷键【Ctrl+C】拷贝选区中的内容，再使用快捷键【Ctrl+V】复制选区内容。在图层面板中选择拷贝灯塔图层，使用自由变换组合键【Ctrl+T】调出界定框，将光标定位在一角的控制点上，按住【Shift】键并拖动，对其等比例放大，并放置到适当位置，按【Enter】键完成变换，如图3-81所示。

04 执行"文件▷置入"命令，在弹出的"置入"窗口中选择素材"2.png"，单击置入按钮，放到适当位置，按【Enter】键完成置入。接着执行"图层▷栅格化▷智能对象"命令，将该图层栅格为普通图层，如图3-82所示。

图3-79

图3-80

图3-81

图3-82

课后练习2：使用快速选择工具制作创意人像

案例文件	视频教学
3.4.4 课后练习：使用快速选择工具制作创意人像 .psd	3.4.4 课后练习：使用快速选择工具制作创意人像 .flv

难易指数	技术要点
★★★☆☆	快速选择工具

案例效果

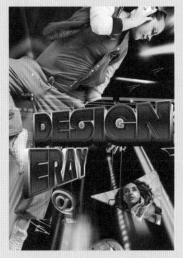

图3-83

操作步骤

01 执行"文件 ▷ 打开"命令，在打开窗口中选择背景素材"1.jpg"，单击打开按钮，如图3-84所示。执行"文件 ▷ 置入"命令，在弹出的"置入"窗口中选择素材"2.jpg"，单击置入按钮，并放到适当位置，按【Enter】键完成置入。接着执行"图层 ▷ 栅格化 ▷ 智能对象"命令，将该图层栅格为普通图层，如图3-85所示。

02 下面要将人物抠出，单击"工具箱"中的"快速选择工具"按钮，在"选项栏"中单击"添加到选区"按钮，在"画笔预设"面板中设置"大小"为50像素，将光标移动到画面背景区域，如图3-86所示。在人物右侧的位置按住鼠标左键拖曳得到背景部分的选区，如图3-87所示。

图3-84

图3-85

图3-86

图3-87

03 继续在画面人物右侧按住鼠标左键拖曳得到背景的选区，如图3-88所示。选取人物腿部左侧背景，继续使用"快速选择工具"，在人物腿部左侧位置按住鼠标左键拖曳得到背景的选区，如图3-89所示。

04 继续对其他位置进行选取，如图3-90所示。按【Delete】键删除选区中的像素，再使用组合键【Ctrl+D】取消选区，如图3-91所示。

05 最后添加文字素材，执行"文件 ▷ 置入"命令，在弹出的"置入"窗口中选择素材"2.png"，单击置入按钮，并放到适当位置，按【Enter】键完成置入，如图3-92所示。

图3-88

图3-89

图3-90

图3-91

图3-92

3.5 选区的其他操作

前面已经讲解了一些选区的基本操作，除此之外，选区还有一些其他意想不到的操作，例如它可以像数学一样进行"加""减""乘""除"的运算，还可进行边界选区、平滑选区、扩展选区、收缩选区等操作。此外，选区还可进行存储与载入。是不是觉得选区功能很强大呢？绝大多数设计作品的制作都会涉及选区的使用，图 3-93 和图 3-94 所示为使用选区功能制作的优秀作品。

图3-93

图3-94

3.5.1　选区的运算

选区的"运算"指将多个选区进行"相加""相减"以及"交叉"的操作而获得新的选区。如果当前图像中包含选区，在使用其他选区工具，例如"选框工具""套索工具"或"魔棒工具"创建选区时，选项栏中就会出现选区运算的相关工具，如图 3-95 所示。

图3-95

（1）选择工具箱中的"矩形选框工具"，单击选项栏中的"新选区"按钮，然后绘制一个矩形，如图 3-96 所示。以当前模式再绘制一个矩形，此时新创建的矩形代替了原来的选区，如图 3-97 所示。

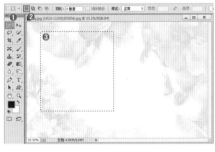

图3-96

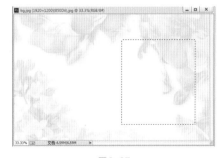

图3-97

（2）单击选项栏中的"添加到选区"按钮，然后绘制一个选区，新绘制的选区与之前的选区会同时显示，如图 3-98 所示。若在之前绘制的选区上绘制新选区，则会将当前创建的选区添加到原来的选区中，如图 3-99 所示。

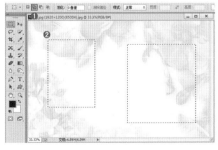

图3-98

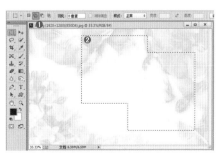

图3-99

（3）单击"从选区减去"按钮，在已有选区上绘制一个选区，如图3-100所示。这个操作可以将当前创建的选区从原来的选区中减去，如图3-101所示。

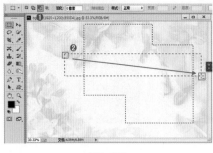 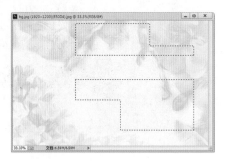

图3-100　　　　　　　　　　　　　图3-101

（4）单击选项栏中的"与选区交叉"按钮，然后在已有选区的上方绘制一个矩形，如图3-102所示。松开鼠标后新建选区时只保留原有选区与新创建的选区相交的部分，如图3-103所示。

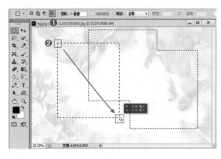 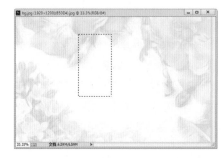

图3-102　　　　　　　　　　　　　图3-103

3.5.2　在选区中填充多种内容

在Photoshop中可以为选区填充纯色、渐变以及图案。在设计制图中最常用的是为选区填充单一颜色，单一颜色的填充也有多种方法，最简单的是通过前景色/背景色进行填充。在填充颜色之前，需要先设置好前景色与背景色。使用【Alt+Delete】组合键可以为选区内部填充前景色，如图3-104所示。使用【Ctrl+Delete】组合键可以为选区填充背景色，如图3-105所示。如果当前画面中没有选区，那么填充的将是整个画面。

图3-104　　　　　　　　　　　　　图3-105

除此之外，想要进行更多方式的填充，可以使用"填充"命令。"填充"命令可以在当前图层或选区内填充颜色或图案，同时也可以设置填充的不透明度和混合模式。首先需要绘制一个选区或者选择一个图层，如图3-106所示。执行"编辑 ➤ 填充"命令（快捷键：【Shift+F5】）打开"填充"窗口，单击"使用"后方的"倒三角"按钮，在下拉列表中有多种填充方式，如图 3-107 所示。图 3-108 所示为选择"前景色"进行填充的效果。

图3-106

图3-107

图3-108

◇ 使用：用来设置填充的内容，包含前景色、背景色、颜色、内容识别、图案、历史记录、黑色、50% 灰色和白色。
◇ 模式：用来设置填充内容的混合模式。
◇ 不透明度：用来设置填充内容的不透明度。
◇ 保留透明区域：勾选该选项以后，只填充图层中包含像素的区域，而透明区域不会被填充。

独家秘笈 **内容识别填充**

在"填充"窗口有很多填充方式，在以后的学习中，还会学到其他更简单的方法。"内容识别填充"与其他填充方法都不同，它可以识别选区内的像素，有选择地进行智能"填充"。对于去除画面中的杂物、瑕疵非常好用。与其说是一种填充方式，不如说是个很赞的瑕疵去除功能！

在图 3-109 中，若要将选区内的花瓣去除，可以先使用"套索工具"将其选中。接着执行"编辑 ➤ 填充"命令，在打开的"填充"窗口中设置"使用"为"内容识别"，然后单击"确定"按钮，如图 3-110 所示。此时选区内就被自动"识别"出于周边相似的像素所填充了，完美地实现了去除多余细节的目的，效果如图 3-111 所示。

图3-109

图3-110

图3-111

3.5.3 为选区的边界添加漂亮的描边吧

从视觉效果上来看，通常对图像进行描边可以使其整体效果更加突出。若想对对象进行描边，可以使用"描边"窗口。

绘制一个选区，如图 3-112 所示。执行"编辑 ➤ 描边"菜单命令，打开"描边"窗口，在该窗口中设置"宽度"为 5 像素，"颜色"为白色，"位置"为居外，设置完成后单击"确定"按钮，如图 3-113 所示。描边效果如图 3-114 所示。

图3-112

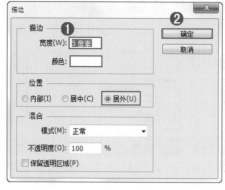
图3-113

图3-114

💡 提示　在有选区的状态下使用"描边"命令可以沿选区边缘进行描边，在没有选区状态下使用"描边"命令可以沿画面边缘进行描边。

◇ 描边宽度：数值主要控制描边的粗细，数值越大描边越粗。图3-115所示为对比效果。
◇ 描边颜色：单击色块即可设置描边的颜色，图3-116所示为对比效果。

图3-115

图3-116

◇ 位置：设置描边相对于选区的位置，包括"内部""居中""居外"3个选项，对比效果如图3-117所示。
◇ 混合：用来设置描边颜色的混合模式和不透明度。勾选"保留透明区域"选项，则只对包含像素的区域进行描边。

图3-117

3.5.4　选区的储存与调用

正常情况下，选区操作完毕后，进行其他操作之前需要取消该选区。关闭文档后，之前使用的选区也会消失。但如果有的选区在后面的操作中还需使用，能否将选区保留下来呢？能！选区并不一定是"一次性"的，它不仅可以进行载入，还可以进行储存。

1. 存储选区

（1）首先需要有一个选区，如图3-118所示。执行"窗口 ▶ 通道"命令打开通道面板，单击面板底部的"将选区储存为通道"按钮 ▣ ，可以将选区存储为Alpha通道，如图3-119所示。

图3-118

图3-119

提示 提到Alpha通道，什么是Alpha通道呢？Alpha通道是一个8位的灰度通道，该通道用256级灰度来记录图像中的透明度信息，定义透明、不透明和半透明区域，其中黑表示透明，白表示不透明，灰表示半透明。对于选区而言，白色为选区内部，黑色为选区外部，灰色为羽化的选区。所有新生成的普通通道都叫Alpha通道，不要被它奇怪的名字迷惑，它只是一个名字而已。当然，"通道"的知识在后续章节中我们还要学习。

（2）存储选区还有一种方法。执行"选择 ➤ 存储选区"菜单命令，在弹出的"存储选区"中设置合适的名称，然后单击"确定"按钮，即可将选区进行存储。在此窗口中可以设置储存选区的通道、名称以及与通道之间的运算，如图 3-120 所示。打开"通道"面板，在面板的底部就可以看到刚刚以 Alpha 通道的方式储存在通道中的选区了，如图 3-121 所示。

图3-120

图3-121

◇ 文档：选择保存选区的目标文件。默认情况下将选区保存在当前文档中，也可以将其保存在一个新建文档中。
◇ 通道：选择将选区保存到一个新建的通道中，或保存到其他 Alpha 通道中。
◇ 名称：设置选区的名称。
◇ 操作：选择选区运算的操作方式，包括4种方式。"新建通道"是将当前选区存储在新通道中；"添加到通道"是将选区添加到目标通道的现有选区中；"从通道中减去"是从目标通道中的现有选区中减去当前选区；"与通道交叉"是将当前选区与目标通道的选区交叉，并储存交叉区域的选区。

2. 载入选区

（1）如果要载入已有图层的选区，可以在按住【Ctrl】键的同时单击图层缩略图，如图 3-122 所示。即可载入该图层选区，如图 3-123 所示。

（2）如果要载入以通道形式进行储存的选区，执行"选择 ➤ 载入选区"菜单命令，在弹出的"载入选区"对话框中可以选择载入选区的文件以及通道，还可以设置载入的选区与之前选区的运算方式，如图 3-124 所示。也可在"通道"面板进行载入，按住【Ctrl】键的同时单击通道缩览图即可得到选区，如图 3-125 所示。

图3-122

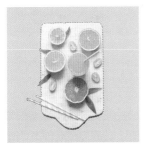

图3-123

图3-124

图3-125

3.5.5　修改选区

针对已有的选区，可以利用"选择"菜单中的"修改"命令对选区进行创建边界、平滑、扩展、收缩、羽化等操作。执行"选择 ➤ 修改"命令，在子菜单中可以看到多个选区编辑命令，如图 3-126 所示。

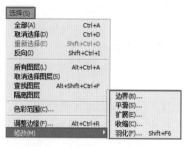

图 3-126

1. 创建边界选区

创建一个选区，如图 3-127 所示。执行"选择 ➤ 修改 ➤ 边界"菜单命令，在弹出的"边界选区"窗口中设置合适"宽度"，设置完成后单击"确定"按钮。扩展后的选区边界将与原来的选区边界形成新的选区，如图 3-128 所示。

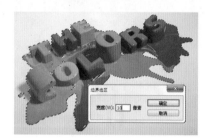

图 3-127

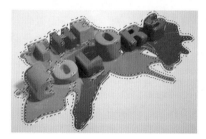

图 3-128

2. 平滑选区

"平滑"命令可以将选区进行平滑处理。例如对一个矩形选区执行"选择 ➤ 修改 ➤ 平滑"菜单命令，图 3-129 和图 3-130 所示分别是设置"取样半径"为 10 像素和 100 像素时的选区效果。

3. 扩展选区

"扩展"命令用于将选区向外进行扩展，得到较大的选区。创建选区，执行"选择 ➤ 修改 ➤ 扩展"菜单命令，在弹出的"扩展选区"窗口中通过设置"扩展量"控制扩展的范围，如图 3-131 所示。设置完成后单击"确定"按钮，扩展选区效果如图 3-132 所示。

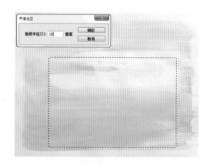

图 3-129

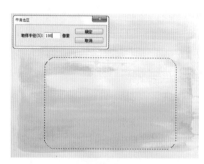

图 3-130

图 3-131

4. 收缩选区

"收缩"命令可以向内收缩选区。先绘制一个选区，如图 3-133 所示。执行"选择 ➤ 修改 ➤ 收缩"菜单命令，在弹出的"收缩选区"窗口中通过设置"收缩量"选项来控制选区收缩的大小，设置完成后单击"确定"按钮，收缩选区，效果如图 3-134 所示。

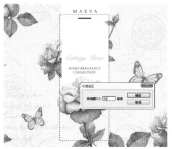

图3-132   图3-133   图3-134

5. 羽化选区

"羽化"命令用于将选区的边缘进行模糊化处理，从而得到柔和、朦胧边缘效果的选区。先绘制一个选区，执行"选择 ▶ 修改 ▶ 羽化"菜单命令（快捷键：【Shift+F6】），在弹出的"羽化选区"对话框中定义选区的"羽化半径"，如图3-135所示。设置完成后单击"确定"按钮，效果如图3-136所示。

6. 扩大选取

图3-135   图3-136

"扩大选取"命令可以将选区范围进行扩大，但扩大的区域是与选区内部分颜色相近的像素的选区。先创建一个选区，如图3-137所示。执行"选择 ▶ 扩大选取"菜单命令后，Photoshop会查找并选择那些与当前选区中像素色调相近的像素，从而扩大选择区域，如图3-138所示。

图3-137   图3-138

💡 提示　"扩大选取"命令是基于"魔棒工具"选项栏中指定的"容差"范围来决定选区的扩展范围的。

7. 选取相似

"选取相似"命令会自动选中与当前选区中颜色相似的范围的选区，即使与当前选区距离较远，也会被选中。"选取相似"命令也是基于"魔棒工具"选项栏中指定的"容差"范围来决定选区的扩展范围的，选择图像中的一部分，如图3-139所示。执行"选择 ▶ 选取相似"菜单命令后，Photoshop会查找并选择那些与当前选区中像素色调相近的像素，从而扩大选择区域，如图3-140所示。

图3-139   图3-140

3.5.6　大显身手的"调整边缘"命令

"调整边缘"命令可以对选区的半径、平滑度、羽化、对比度、边缘位置等属性进行调整，实现对选区边缘非常精细的调整。该命令适合于长发人像、小动物、茂盛的植物等边缘细密的对象选区的制作。图 3-141、图 3-142 和图 3-143 所示为使用该命令进行抠图制作的作品。

图3-141

图3-142

图3-143

（1）打开一张背景图片，如图 3-144 所示。将人物图片"置入"到文档内并将其栅格化。对头发、绒毛等细微内容进行抠图时，可以先使用魔棒工具、快速选择工具等来得到对象大致的选区，然后通过"调整边缘"命令对选区进行细化处理，如图 3-145 所示。

图3-144

图3-145

（2）单击工具箱中的"快速选择工具"，在人像区域单击并拖动光标，制作人物部分的大致选区，单击选项栏中的"调整边缘"按钮，如图 3-146 所示。在打开的"调整边缘"窗口中，单击视图按钮，在下拉菜单中选择"闪烁虚线"，如图 3-147 所示。

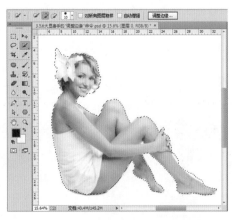

图3-146

图3-147

（3）调整"边缘检测"的半径数值，数值越大，选区越精细。这里设置"半径"为50像素，如图3-148所示。此时可以发现，人物的选区变得更加细腻了，如图3-149所示。

（4）接着选择"抹除调整工具" 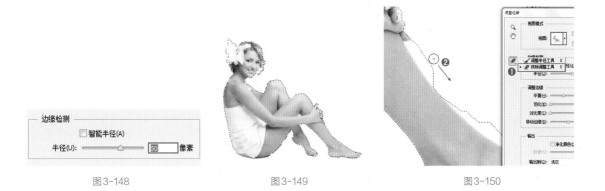，在多余的选区处涂抹，将其排除在选区之外，如图3-150所示。效果如图3-151所示。

图3-148 　　　　　　　　　　图3-149 　　　　　　　　　　图3-150

（5）继续进行选区的调整，调整完成后单击"确定"按钮，得到人物的选区，如图3-152所示。使用快捷键【Ctrl+Shift+I】将选区反选，得到背景部分的选区，按【Delete】键删除选区中的像素，效果如图3-153所示。

图3-151 　　　　　　　　　　图3-152 　　　　　　　　　　图3-153

实战项目：使用多种选区工具抠图并合成海报

扫码看视频

案例文件	视频教学
3.5.6 实战项目：使用多种选区工具抠图并合成 　　海报 .psd	3.5.6 实战项目：使用多种选区工具抠图并合成海 　　报 .flv

难易指数	技术要点
★ ★ ★ ☆ ☆	磁性套索、快速选择、魔棒工具

案例效果

图3-154

操作步骤

01 执行"文件 ➤ 打开"命令，在打开的窗口中选择背景素材"1.jpg"，单击打开按钮，如图3-155所示。执行"文件 ➤ 置入"命令，在弹出的"置入"窗口中选择素材"2.jpg"，单击置入按钮，并放到适当位置，按【Enter】键完成置入。执行"图层 ➤ 栅格化 ➤ 智能对象"命令，将该图层栅格为普通图层，如图3-156所示。

02 将素材中的人物抠出，单击"工具箱"中的"磁性套索工具"按钮，将光标定位在人物边缘单击，确定起点，如图3-157所示。沿着人物拖曳光标，

图3-155   图3-156

此时Photoshop会自动生成很多锚点，如图3-158所示。当勾画到起点时单击起点，松开光标自动形成闭合的选区，如图3-159所示。

图3-157   图3-158   图3-159

03 将光标定位在选区内，单击右键，在快捷菜单中单击"选择反向"，按【Delete】键删除选区内的像素，如图3-160所示。使用同样的方法在画面中人物手臂处绘制出选区并删除选区内像素，如图3-161所示。

04 执行"文件 ▶ 置入"命令，在弹出的"置入"窗口中选择素材"3.jpg"，单击置入按钮，并放到适当位置，按【Enter】键完成置入，接着执行"图层 ▶ 栅格化 ▶ 智能对象"命令，将该图层栅格为普通图层，如图3-162所示。此时需要去除画面中的蓝色背景，单击"工具箱"中的"魔棒工具"，在"选项栏"中单击"添加到选区"按钮，设置"容差"为50，勾选"消除锯齿"，勾选"连续"，移动光标在画面蓝色背景处单击添加选区，如图3-163所示。

| 图3-160 | 图3-161 | 图3-162 | 图3-163 |

05 将光标移动到画面中还未被选择的蓝色区域，在画面中可以看到光标变成了带有"+"的光标，如图3-164所示。单击进行加选，如图3-165所示。

06 接着在画面中没有被选择的区域进行加选，如图3-166所示。按【Delete】键删除选区中的像素，再使用组合键【Ctrl+D】取消选区，效果如图3-167所示。

| 图3-164 | 图3-165 | 图3-166 | 图3-167 |

07 执行"文件 ▶ 置入"命令，在弹出的"置入"窗口中选择素材"4.jpg"，单击置入按钮，并放到适当位置，按【Enter】键完成置入，接着执行"图层 ▶ 栅格化 ▶ 智能对象"命令，将该图层栅格为普通图层，如图3-168所示。将汽车从背景中抠除，单击"工具箱"中的"快速选择工具"按钮，在"选项栏"中单击"添加到选区"按钮，在"画笔预设"面板中设置"大小"为30像素，将画笔移动到画面背景区域，如图3-169所示。

08 接着在汽车顶部的位置按住鼠标左键拖曳得到背景选区，如图3-170所示。继续在汽车底部位置按住鼠标左键拖曳得到背景的选区，如图3-171所示。

图3-168

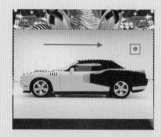

图3-169　　　　　　　　图3-170　　　　　　　　图3-171

09 在画面中可以看到汽车底部背景没有被选中，继续在汽车底部背景处进行选取，如图3-172所示。
现在我们可以看见画面中汽车的车窗位置选择过多，要将多选择的选区取消，在"选项栏"中单击
"从选区减去"按钮，将光标定位在车窗处，如图3-173所示。按住鼠标左键拖曳减去选区，效果
如图3-174所示。

图3-172　　　　　　　　图3-173　　　　　　　　图3-174

10 使用同样的方法对更多细节进行调整，最终得到完整的背景选区，如图3-175所示。按【Delete】键
删除选区中的像素，再使用组合键【Ctrl+D】取消选区，如图3-176所示。

图3-175　　　　　　　　　　　图3-176

11 添加文字素材。执行"文件➢置入"命令，在弹出的"置入"窗口中选择素材"5.png"，单击置
入按钮，并放到适当位置，按【Enter】键完成置入，接着执行"图层➢栅格化➢智能对象"命令，
将该图层栅格为普通图层，如图3-177所示。最后添加闪烁的光效素材，执行"文件➢置入"
命令，在弹出的"置入"窗口中选择素材"6.jpg"，单击置入按钮，并放到适当位置，按【Enter】
键完成置入，执行"图层➢栅格化➢智能对象"命令，将该图层栅格为普通图层，如图3-178
所示。

12 在图层面板中设置"混合模式"为"滤色"，如图3-179所示。效果如图3-180所示。

图3-177

图3-178

图3-179

图3-180

制作选区时的常见问题

◇ 明明只想移动选区的位置，但为什么移动选区时选区中的内容也随之移动？

这是因为选择了"选择工具" 才会这样，如图3-181所示。只有在选择了选框工具或套索工具的状态下，移动的才是选区，否则移动的就是选区中的图像内容。

◇ 使用"魔棒工具"时怎么一单击就选择了整个画面中的颜色相近的所有区域呢？

这是因为取消了勾选"连续"选项。如果要勾选"连续"选项，只会选择颜色相连接的区域，如图3-182所示。若不勾选"连续"，可以选择与鼠标单击颜色相近的所有区域，包括所有颜色相近的区域，如图3-183所示。

图3-181

图3-182

◇ 单击了一下Alpha通道，画板中的对象变为了黑白色，怎么办？

单击了Alpha通道，就意味着选择这个通道，在画布中就会显示这个通道的内容，如图3-184所示。如果要将画面显示回原来的样子，单击通道面板中最顶端的通道（复合通道），即可显示彩色的画面，如图3-185所示。

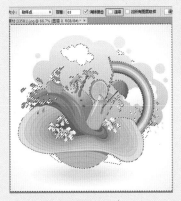
图3-183

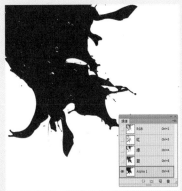
图3-184

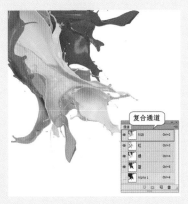
图3-185

3.6　本章小结

　　怎么样，选区的知识还是挺简单的吧！这么聪明的你一定都学会了。在这一节中，我们学会了绘制选区，也学会了选区的编辑与运算。想必你对于抠图肯定也不再陌生了吧，是不是选区、抠图 So easy 了呢！通过对本章内容的学习，我们可以进行简单的制图，并通过抠图与合成的操作为画面添加一些漂亮的元素了。

第 **4** 章

绘画 + 修瑕 = 画面瑕疵全消失

本章学习要点

- 熟练掌握画笔工具的使用方法
- 学会照片简单修饰和润色的方法
- 掌握橡皮擦工具的使用方法
- 掌握渐变工具的使用方法

本章内容简介

本章主要学习一些处理照片的过程中常见的去除瑕疵的工具，这些工具的使用方法简单，且效果出众，简单尝试一下就能掌握。当需要修照片，想要去斑、祛痘、去瑕疵时，就到了这些工具大显身手的时刻啦！在本章中，还会学习到画笔工具、橡皮擦工具、渐变工具等，这些工具既可以辅助修图，同时也是绘画的必备工具，爱好数字插画的朋友们千万不要忽视。这些工具都十分常用，一定要认真学习呦！

绘画需要颜料，设计中也不可缺少色彩。在Photoshop 中，设置颜色的方法有许多种，例如可以使用工具箱底部的颜色控制组件设置前景色和背景色，还可以使用"色板"面板或者"颜色"面板选择合适颜色，除此之外，还可以从画面中选择颜色使用。总之，设置颜色的方法有很多种，可以根据实际情况，选择适合自己操作习惯的方式。图 4-1和图 4-2 所示为优秀的设计作品。

图4-1　　　　　　　　　图4-2

4.1.1　首先我们需要认识一下前景色与背景色

Photoshop 为用户提供了两个可以设置的颜色："前景色"与"背景色"。"前景色"通常用于绘制图像、填充和描边选区等，"背景色"常用于生成渐变填充和填充图像中已抹除的区域，如图 4-3所示。一些特殊滤镜也需要使用前景色和背景色，例如"纤维"滤镜和"云彩"滤镜等，如图4-4所示。

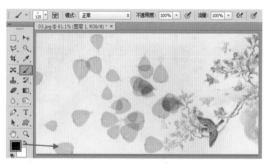

图4-3

在 Photoshop "工具箱"的底部有一组前景色和背景色设置按钮。默认情况下，前景色为黑色，背景色为白色，如图 4-5 所示。

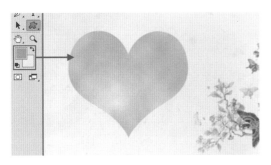

图4-4

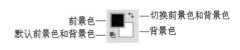

前景色—
默认前景色和背景色—
—切换前景色和背景色
—背景色

图4-5

◇ 前景色：单击前景色图标可在弹出的"拾色器"对话框中选取一种颜色作为前景色。
◇ 背景色：单击背景色图标可在弹出的"拾色器"对话框中选取一种颜色作为背景色。
◇ 切换前景色和背景色：单击 图标可以切换所设置的前景色和背景色（快捷键为【X】键），如图4-6所示。
◇ 默认前景色和背景色：单击 图标可以恢复默认的前景色和背景色（快捷键为【D】键），如图4-7所示。

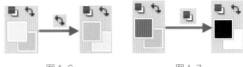

图4-6　　　　　　　　　　　图4-7

独家秘笈

拾色器窗口

在"拾色器"窗口中设置颜色是最常用的选择颜色的方法，单击前景色或背景色时会弹出"拾色器"窗口，在其他功能中需要设置颜色时，也经常会用到"拾色器"。例如单击文字颜色按钮，即会弹出"拾色器"窗口。

使用"拾色器"设置颜色非常简单，在拾色器中首先需要拖动"颜色滑块"，选中合适的色相，在左侧的"色域"中可以看到该色相的不同明度与纯度的颜色，在色域中某个区域单击，即可选中某一种颜色。用户也可以直接在右侧"颜色值"区域输入合适的数值来选择颜色。如图4-8所示。

◇ 色域/所选颜色：在色域中拖曳鼠标可以改变当前拾取的颜色。

◇ 新的/当前："新的"颜色块中显示的是当前所设置的颜色；"当前"颜色块中显示的是上一次使用过的颜色。

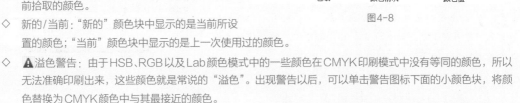

所选颜色　　溢色警告　非安全Web安全色警告

色域　　　颜色滑块　　　颜色值

图4-8

◇ 溢色警告：由于HSB、RGB以及Lab颜色模式中的一些颜色在CMYK印刷模式中没有等同的颜色，所以无法准确印刷出来，这些颜色就是常说的"溢色"。出现警告以后，可以单击警告图标下面的小颜色块，将颜色替换为CMYK颜色中与其最接近的颜色。

◇ 非Web安全色警告：这个警告图标表示当前所设置的颜色不能在网络上准确显示出来。单击警告图标下面的小颜色块，可以将颜色替换为与其最接近的Web安全颜色。

◇ 颜色滑块：拖曳颜色滑块可以更改当前可选的颜色范围。在使用色域和颜色滑块调整颜色时，对应的颜色数值会发生相应的变化。

◇ 颜色值：显示当前所设置颜色的数值。可以通过输入数值来设置精确的颜色。

◇ 只有Web颜色：勾选该选项以后，只在色域中显示Web安全色。

◇ 添加到色板：单击该按钮，可以将当前所设置的颜色添加到"色板"面板中。

◇ 颜色库：单击该按钮，可以打开"颜色库"对话框。

4.1.2 使用吸管可以轻松选取画面中的颜色

在 Photoshop 中有很多非常人性化的功能，"吸管工具"就是其中之一。使用"吸管工具"可以轻松拾取画板中的颜色，无需手动设置，能够方便又精准地选择某种颜色。

单击工具箱中的"吸管工具" ![吸管], 在画面中单击任意位置，即可吸取该位置的颜色作为前景色，如图 4-9 所示。按住【Alt】键单击拾取时，可将拾取的颜色作为背景色，如图 4-10 所示。

在"吸管工具"选项栏中可以进行取样大小、样本以及是否显示取样环的设置。

◇ 取样大小：控制吸管取样的范围大小。

◇ 样本：可以从"当前图层"或"所有图层"中采集颜色。

◇ 显示取样环：勾选该选项以后，可以在拾取颜色时显示取样环，如图 4-11 所示。

| 图4-9 | 图4-10 | 图4-11 |

4.1.3 使用"颜色"面板选择颜色

"颜色"面板同样能够设置颜色，它的一大特色是可以通过滑动颜色滑块进行直观的颜色设置。执行"窗口 ➤ 颜色"菜单命令，打开"颜色"面板。在"颜色"面板中首先需要单击"前景色"或"背景色"图标，以确定此时设置的是前景色还是背景色。接着在四色曲线图上单击拾取大致的一种颜色，然后拖曳颜色滑块，更加精细地调整出较为满意的色彩。或者可以在数值框内输入精确数值进行调整选择，如图 4-12 所示。

> 💡 提示　如果在四色曲线图上拾取颜色，单击即可，此时拾取的颜色将作为前景色。如果按住【Alt】键拾取，此时拾取的颜色将作为背景色。

图4-12

4.1.4 在色板面板选择已有颜色

默认情况下，"色板"面板中包含一些系统预设的颜色，用户可以从中选择颜色进行使用，也可以通过面板菜单找到其他可供调用的色板库进行颜色的选择。执行"窗口 ➤ 色板"菜单命令，打开"色板"面板。单击相应的颜色即可将其设置为前景色，如图 4-13 所示。

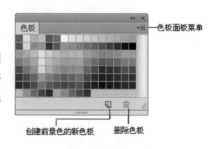

图4-13

单击"色板面板菜单"按钮，在菜单的下半部有很多色板名称，这些也是预设的颜色，如图4-14所示。选择相应的色板，在弹出的对话框中单击"确定"或"追加"，即可在"色板"面板中看到相应的颜色，如图4-15所示。

图4-14　　　　　　　　　　图4-15

4.2　简单实用的绘画工具

Photoshop 中绘图工具的类型虽然不是很多，但是其功能却是非常强大，不少插画设计师会连接手绘板使用 Photoshop 进行绘画。本节将要学习"画笔工具""铅笔工具""画笔"面板的使用方法，图4-16、图4-17、图4-18和图4-19所示为使用该功能制作的优秀作品。

图4-16　　　　　　图4-17　　　　　　图4-18　　　　　　图4-19

4.2.1　画笔工具

"画笔工具"可以当前的"前景色"为颜料，在画面中通过按住鼠标左键并拖动的方式，绘制出各种线条，此外，还可以使用不同形状的笔尖绘制出特殊效果。选择工具箱中的"画笔工具"，如图4-20所示。其选项栏如图4-21所示。

◇ 画笔预设选取器：单击该图标，可以打开"画笔预设选取器"，在这里面可以选择笔尖以及设置画笔的大小和硬度。

◇ 模式：设置绘画颜色与下面现有像素的混合方法。

◇ 不透明度：设置画笔绘制出来的颜色的不透明度。数值越大，笔迹的不透明度越高。

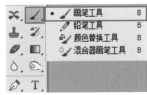

图4-20

◇ 流量：设置将光标移到某个区域上方时应用颜色的速率。在某个区域上方进行绘画时，如果一直按住鼠标左键，颜色量将根据流动速率增大，直至达到"不透明度"设置。

◇ 启用喷枪模式：激活该按钮以后，可以启用喷枪功能。Photoshop 会根据鼠标左键的单击程度来确定画笔笔迹的填充数量。例如，关闭喷枪功能时，每单击一次会绘制一个笔迹；而启用喷枪功能以后，按住鼠标左键不放，即可持续绘制笔迹。

◇ 绘图板压力控制大小：使用压感笔压力可以覆盖"画笔"面板中的"不透明度"和"大小"设置。

使用画笔工具的方式也非常简单，先设置合适的前景颜色，然后选择工具箱中的"画笔工具"，单击选项栏中的，在"画笔预设选取器"中先选择一个合适的笔尖，然后设置合适的"大小"和"硬度"，如图 4-22 所示。在画布中按住鼠标左键拖曳即可进行绘制，如图 4-23 所示。

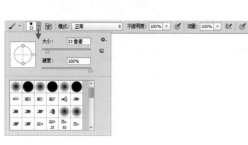

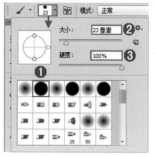

图4-21　　　　　　　　　　　　　图4-22　　　　　　　　　　　　　图4-23

◇ 大小：设置画笔笔尖的大小。

◇ 硬度：设置笔尖边缘的柔化程度，该选项只在使用圆形画笔时可以使用。

独家秘笈　　　　　　　　　　**载入预设画笔和外挂画笔**

画笔的笔尖有多种形态，有方的、圆的、树叶形状的……除去软件自带的画笔笔刷类型外，还可以将网络上下载的笔刷库文件载入到软件中，此外，还可以将选定的图像定义为画笔，因此，可以使用的画笔类型可以说是"无穷无尽"的。

（1）单击工具箱中的"画笔工具"，然后打开"画笔预设选取器"，单击右上角的 按钮，在菜单的下方可以看到预设的画笔库列表，如图 4-24 所示。执行相应的命令，在弹出的对话框中单击"确定"或"追加"按钮，如图 4-25 所示。接着在"画笔预设管理器"中就可看到刚刚载入的画笔，如图 4-26 所示。

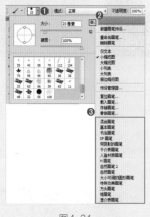

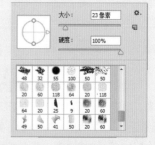

图4-24　　　　　　　　　　　　图4-25　　　　　　　　　　　　图4-26

（2）如果想要载入外挂的画笔库文件，可以单击"画笔预设选取器"中的 按钮，在菜单中执行"载入画笔"命令，如图 4-27 所示。在弹出的"载入"窗口中选择".abr"格式的笔刷文件，然后单击"载入"完成载入操作，如图 4-28 所示。选择载入的笔刷进行绘制，如图 4-29 所示。

图4-27

图4-28

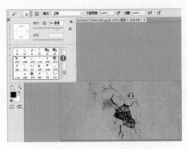
图4-29

💡 提示 进行添加或删除画笔操作后，在"画笔预设"面板菜单中执行"复位画笔"命令，可以将面板恢复到默认的画笔状态。

在"画笔预设选取器"中选择一个笔尖，然后单击"画笔预设选取器"中的 ⚙. 按钮，在菜单中执行"存储画笔"命令，然后在"存储"窗口中进行存储。

4.2.2 铅笔工具

"铅笔工具"主要用于绘制硬边的线条。选择工具箱中的"铅笔工具" 🖊，如图 4-30 所示。在选项栏中打开"画笔预设选取器"，在其中选择一个合适的笔尖，然后设置合适的"大小"，设置完成后在画面中按住鼠标左键拖曳进行绘制，如图 4-31 所示。仔细观察可以看到"铅笔工具"绘制出的笔触边缘处是像素点非常明显的"硬边"效果，如图 4-32 所示。

图4-30

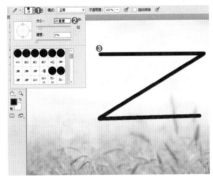
图4-31

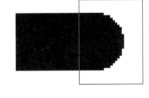
图4-32

如果把铅笔的大小设置为1像素，铅笔的笔触就会变成一个小方块，用这个小方块可以很方便地绘制一些像素图形。例如近年来比较流行的像素画以及像素游戏等，都可以使用铅笔工具进行绘制，如图 4-33 和图 4-34 所示。

图4-33

图4-34

4.2.3 画笔面板

与传统意义上的画笔不同，在 Photoshop 中通过调整画笔笔刷类型、画笔的动态、颜色的动态等参数，可以得到形态各异、颜色不同的笔触效果，利用这些功能可以得到意想不到的画面效果。也许你在生活中对画画一窍不通，但是你也可以尝试在 Photoshop 中开启你的绘画之路呢！

执行"窗口▶画笔"命令，打开"画笔"面板。在"画笔"面板左侧可以看到画笔设置的各项参数列表，单击相应名称，右侧即可显示相应的参数设置，如图 4-35 所示。下面我们逐一对各个选项的参数进行学习。

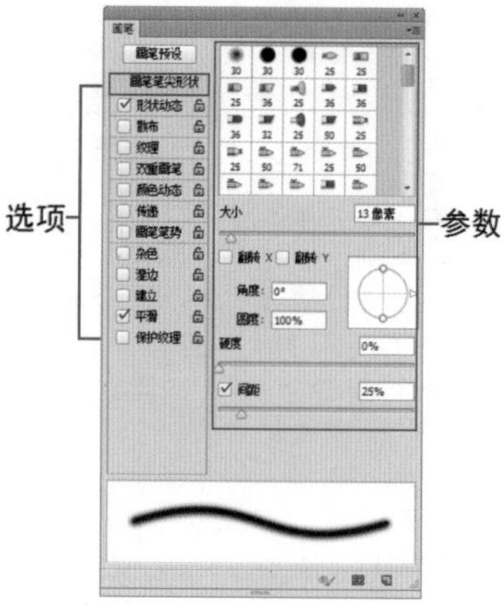

> 💡 提示　"画笔"面板的参数设置不仅可以应用于画笔工具，对于橡皮擦工具、加深工具、涂抹工具、锐化工具等同样适用。

图4-35

1. 笔尖形状设置

默认情况下，打开"画笔"面板，就会显示"画笔笔尖形状"页面，在"画笔笔尖形状"选项面板中可以对画笔的大小、形状等基本属性进行设置，如图 4-36 所示。

◇　大小：控制画笔的大小，可以直接输入像素值，也可以通过拖曳大小滑块来设置画笔大小。
◇　翻转 X/Y：将画笔笔尖在其 x 轴或 y 轴上进行翻转，如图 4-37 和图 4-38 所示。
◇　角度：指定椭圆画笔或样本画笔的长轴在水平方向旋转的角度，如图 4-39 所示。

图4-36

图4-37

图4-38

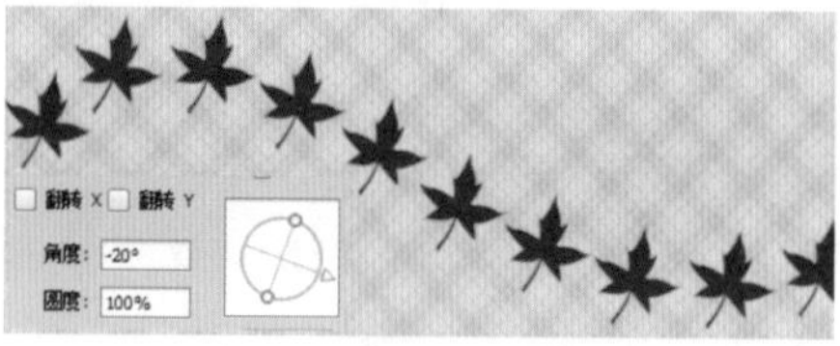

图4-39

◇　圆度：设置画笔短轴和长轴之间的比率。当"圆度"值为 100% 时，表示圆形画笔；当"圆度"值为 0% 时，表示线性画笔；介于 0%～100% 之间的"圆度"值，表示椭圆画笔（呈"压扁"状态），如图 4-40 所示。

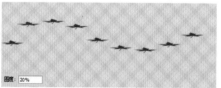

图4-40

◇　硬度：控制画笔硬度中心的大小，数值越小，画笔的柔和度越高，如图 4-41 和图 4-42 所示。

图4-41

图4-42

2. 形状动态

在"画笔"面板左侧列表中单击"形状动态"启用该选项，进入到"形状动态"的参数设置页面，如图4-43所示。在这里可以设置画笔大小、角度、圆角的抖动效果，通过参数设置可以得到大小不一、角度不同的笔触效果，画笔效果如图4-44所示。

◇ 大小抖动/控制：指定描边中画笔笔迹大小的改变方式。数值越低，图像轮廓越平滑；数值越高，图像轮廓越不规则。如图4-45和图4-46所示。

◇ 画笔笔迹：在"控制"下拉列表中可以设置"大小抖动"的方式，其中"关"选项表示不控制画笔笔迹的大小变换；"渐隐"选项是按照指定数量的步长在初始直径和最小直径之间渐隐画笔笔迹的大小，使笔迹产生逐渐淡出的效果。如果计算机配置有绘图板，可以选择"钢笔压力""钢笔斜度""光笔轮""旋转"选项，然后根据钢笔的压力、斜度、钢笔位置或旋转角度来改变初始直径和最小直径之间的画笔笔迹大小。图4-47为"渐隐"效果，图4-48所示为"钢笔压力"效果。

图4-43

图4-44

图4-45

图4-46

图4-47

图4-48

◇ 最小直径：当启用"大小抖动"选项以后，通过该选项可以设置画笔笔迹缩放的最小缩放百分比。数值越高，笔尖的直径变化越小，如图4-49和图4-50所示。

◇ 倾斜缩放比例：当"大小抖动"设置为"钢笔斜度"选项时，该选项用来设置在旋转前应用于画笔高度的比例因子。

◇ 角度抖动 / 控制：用来设置画笔笔迹的角度，如图所示。如果要设置"角度抖动"的方式，可以在下面的"控制"下拉列表中进行选择，如图 4-51 和图 4-52 所示。

图4-51　　　　　　　　　　　　　　　　图4-52

◇ 圆度抖动 / 控制 / 最小圆度：用来设置画笔笔迹的圆度在描边中的变化方式，如图所示。如果要设置"圆度抖动"的方式，可以在下面的"控制"下拉列表中进行选择。另外，"最小圆度"选项可以用来设置画笔笔迹的最小圆度，如图 4-53 和图 4-54 所示。

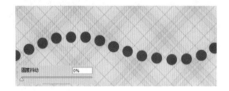

图4-53　　　　　　　　　　　　　　　　图4-54

◇ 翻转 X/Y 抖动：将画笔笔尖在其 x 轴或 y 轴上进行翻转。

3. 散布

在左侧列表中启用"散布"选项，在这里设置笔触与绘制路径之间的距离以及笔触的数目，使绘制效果呈现出不规则的扩散分布，如图 4-55 所示。效果如图 4-56 所示。

◇ 散布 / 两轴 / 控制：指定画笔笔迹在描边中的分散程度，该值越高，分散的范围越广。当勾选"两轴"选项时，画笔笔迹将以中心点为基准，向两侧分散。如果要设置画笔笔迹的分散方式，可以在下面的"控制"下拉列表中进行选择。图 4-57 所示为设置"散布"为 400%，未勾选"两轴"的效果；图 4-58 所示为设置"散布"为 400%，勾选"两轴"的效果。

◇ 数量：指定在每个间距间隔应用的画笔笔迹数量。数值越高，笔迹重复的数量越大，图 4-59 所示为"数量"为 2 时的效果，图 4-60 所示为"数量"为 5 时的效果。

图4-55

图4-56　　　　　　　图4-57　　　　　　　图4-58

图4-59　　　　　　　　　　　　　　　　图4-60

◇ 数量抖动 / 控制：指定画笔笔迹的数量如何针对各种间距间隔产生变化，如果要设置"数量抖动"的方式，可以在下面的"控制"下拉列表中进行选择。图 4-61 所示为设置"数量抖动"参数为 0% 的效果，图 4-62 所示为"数量抖动"参数为 100% 时的效果。

4. 纹理

在左侧列表中启用"纹理"选项，在这里可以通过设置使图案与笔触之间产生叠加效果，使绘制的笔触带有纹理感，如图 4-63 所示。效果如图 4-64 所示。

图4-61

图4-62

图4-63

◇ 设置纹理 / 反相：单击图案缩览图右侧的倒三角·图标，可以在弹出的"图案"拾色器中选择一个图案，并将其设置为纹理。如果勾选"反相"选项，则可以基于图案中的色调来反转纹理中的亮点和暗点，如图 4-65 和图 4-66 所示。

图4-64 　　　　　　　　　　　图4-65 　　　　　　　　　　　图4-66

◇ 缩放：设置图案的缩放比例。数值越小，纹理越多，如图 4-67 和图 4-68 所示。

图4-67 　　　　　　　　　　　图4-68

◇ 为每个笔尖设置纹理：将选定的纹理单独应用于画笔描边中的每个画笔笔迹，而不是作为整体应用于画笔描边。如果关闭"为每个笔尖设置纹理"选项，下面的"深度抖动"选项将不可用。
◇ 模式：设置用于组合画笔和图案的混合模式，图 4-69 所示和图 4-70 所示分别是"正片叠底"和"减去"模式。
◇ 深度：设置油彩渗入纹理的深度。数值越大，渗入的深度越大，如图 4-71 和图 4-72 所示。
◇ 最小深度：当"深度抖动"下面的"控制"选项设置为"渐隐""钢笔压力""钢笔斜度""光笔轮"选项，并且勾选了"为每个笔尖设置纹理"选项时，"最小深度"选项用来设置油彩可渗入纹理的最小深度。

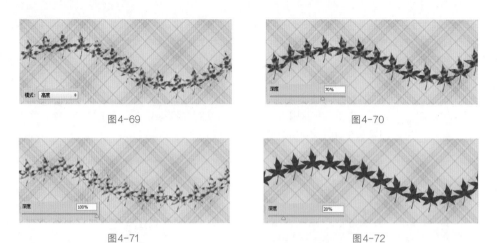

图4-69　　　　　　　　　　　　　图4-70

图4-71　　　　　　　　　　　　　图4-72

◇　**深度抖动 / 控制**：当勾选"为每个笔尖设置纹理"选项时，"深度抖动"选项用来设置深度的改变方式。如果要指定如何控制画笔笔迹的深度变化，可以从下面的"控制"下拉列表中进行选择，如图 4-73 和图 4-74 所示。

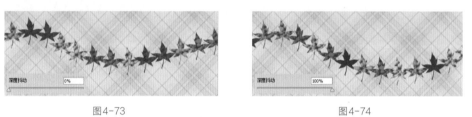

图4-73　　　　　　　　　　　　　图4-74

5. 双重画笔

在左侧列表中勾选"双重画笔"选项即可启用该功能，启用"双重画笔"选项可以使绘制的线条呈现出两种画笔的效果。在使用该功能之前，首先设置"画笔笔尖形状"主画笔参数属性，然后启用"双重画笔"选项，并从"双重画笔"选项中选择另外一个笔尖（即双重画笔），如图 4-75 所示。效果如图 4-76 所示。

6. 颜色动态

在左侧列表中勾选"颜色动态"选项，可以通过设置前背景颜色、色相、饱和度、亮度的抖动，在使用画笔绘制时一次性绘制出多种色彩，如图 4-77 所示。效果如图 4-78 所示。

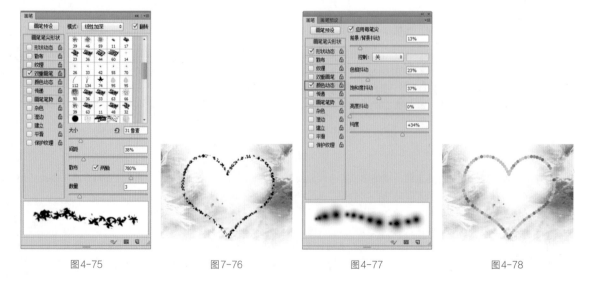

图4-75　　　　　　　图7-76　　　　　　　图4-77　　　　　　　图4-78

◇　前景/背景抖动/控制：用来指定前景色和背景色之间的油彩变化方式。数值越小，变化后的颜色越接近前景色，如图4-79所示。数值越大，变化后的颜色越接近背景色，如图4-80所示。

◇　色相抖动：设置颜色变化范围。数值越小，颜色越接近前景色，如图4-81所示。数值越大，色相变化越丰富，如图4-82所示。

◇　饱和度抖动：设置颜色的饱和度变化范围。数值越小，饱和度越接近前景色，如图4-83所示。数值越大，色彩的饱和度越高，如图4-84所示。

图4-79

 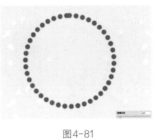 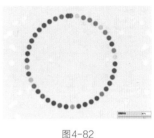

图4-80　　　　　　　　　　图4-81　　　　　　　　　　图4-82

◇　亮度抖动：设置颜色的亮度变化范围。数值越小，亮度越接近前景色，如图4-85所示。数值越大，颜色的亮度值越大。如图4-86所示。

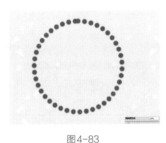 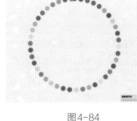 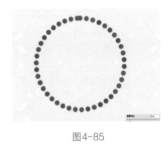

图4-83　　　　　　　　　　图4-84　　　　　　　　　　图4-85

◇　纯度：用来设置颜色的纯度。数值越小，笔迹的颜色越接近于黑白色，如图4-87所示。数值越大，颜色饱和度越高，如图4-88所示。

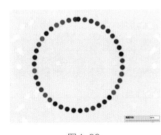  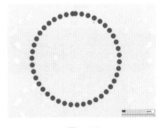

图4-86　　　　　　　　　　图4-87　　　　　　　　　　图4-88

7. 传递

在左侧列表中勾选"传递"选项，可以使画笔笔触随机地产生半透明效果，如图4-89所示。效果如图4-90所示。

◇　不透明度抖动/控制：指定画笔描边中油彩不透明度的变化方式，最高值是选项栏中指定的不透明度值。如果要指定如何控制画笔笔迹的不透明度变化，可以从下面的"控制"下拉列表中进行选择，如图4-91所示。

◇　流量抖动/控制：用来设置画笔笔迹中油彩流量的变化程度。

◇　湿度抖动/控制：用来控制画笔笔迹中油彩湿度的变化程度。

◇　混合抖动/控制：用来控制画笔笔迹中油彩混合的变化程度。

8. 画笔笔势

在左侧列表中勾选"画笔笔势"选项，这里可以对"毛刷画笔"的角度、压力的变化进行设置，图4-92所示为毛刷画笔，在选择毛刷画笔时画面左上角的位置有个小缩览图，如图4-93所示。设置"倾斜X"为-53%，"倾斜Y"为-63%，接着按住鼠标左键拖曳进行绘制，可以看到笔触随着转折发生变化，如图4-94所示。

图4-89

图4-90

图4-91

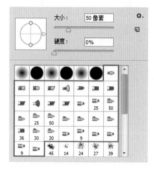

图4-92

图4-93

图4-94

◇　倾斜X/倾斜Y：使笔尖沿x轴或y轴倾斜。

◇　旋转：设置笔尖旋转效果。

◇　压力：压力数值越高，绘制速度越快，线条效果越粗犷。

9. 其他选项

在"画笔"面板左侧列表中还有"杂色""湿边""建立""平滑""保护纹理"这几个不需要进行参数设置的选项。单击勾选即可启用。

◇　杂色：可以为画笔增加随机的杂色效果。使用柔边画笔时，该选项最能出效果。图4-95和图4-96所示为未开启和开启的对比效果。

图4-95

图4-96

◇ 湿边：沿画笔描边的边缘增大油彩量，从而创建出水彩效果。图4-97和图4-98所示为未开启和开启的对比效果。

◇ 建立：将渐变色调应用于图像，同时模拟传统的喷枪技术。"画笔"面板中的"喷枪"选项与选项栏中的"喷枪"选项相对应。

◇ 平滑：在画笔描边中生成更平滑的曲线。当使用光笔进行快速绘画时，此选项最有效，但它在描边渲染中可能会产生轻微的滞后。

◇ 保护纹理：将相同图案和缩放比例应用于具有纹理的所有画笔预设。勾选该选项后，在使用多个纹理画笔绘画时，可以模拟出一致的画布纹理。

图4-97　　　　　　　　　图4-98

独家秘笈　　　　　　　**将图像定义为画笔**

在实际操作中，内置的画笔笔尖类型可能无法满足我们的制图需要，这时可以将普通图像定义为画笔。需要注意的是，新建的画笔会将图像转换为黑白模式，黑色部分为可以绘制出内容的部分，白色为无法绘制出的部分。

（1）先准备一个图像，如图4-99所示。执行"编辑▶定义画笔预设"菜单命令，在弹出的"画笔名称"对话框中为笔刷样式取一个名字，然后单击"确定"按钮，如图4-100所示。

（2）定义好画笔后，在画笔预设管理器的底部能看到刚刚定义的画笔，如图4-101所示。选择定义好的笔刷，然后进行绘制，效果如图4-102所示。

图4-99

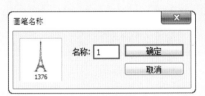

图4-100

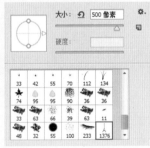

图4-101

图4-102

💡 **提示**　选择"画笔工具"以后，在画布中单击鼠标右键，也可以打开"画笔预设选取器"进行画笔笔尖的设置。

4.3　这些工具超好用，你知道吗

本节将学习16种工具，这些工具主要用于图像细节的修饰与润色，常用在数码照片的后期处理中。虽然工具种类比较多，但是使用方法都非常简单。同时也非常实用，例如人物面部瑕疵的去除、五官的美化、环境的修饰等，图4-103和图4-104所示为使用这些工具制作的作品。

图4-103　　　　　　　　　图4-104

4.3.1 污点修复画笔

"污点修复画笔工具" [图] 对于去除画面中较小的瑕疵非常在行，只需轻轻一单击，污点就不见啦！选择工具箱中的"污点修复画笔工具" [图]，将笔尖调整到能刚好覆盖住瑕疵的大小，然后在瑕疵处单击鼠标左键，如图 4-105 所示。松开鼠标后即可去除瑕疵，如图 4-106 所示。

图 4-105 图 4-106

◇ 模式：设置修复出的图像内容与原始图像之间的混合模式。除"正常""正片叠底"等常用模式以外，还有一个"替换"模式，该模式可以保留画笔描边的边缘处的杂色、胶片颗粒和纹理。
◇ 近似匹配：启用该选项可以使用选区边缘周围的像素来查找要用作选定区域修补的图像区域。
◇ 创建纹理：启用该选项可以使用选区中的所有像素创建一个用于修复该区域的纹理。
◇ 内容识别：启用该选项可以使用选区周围的像素进行修复。

4.3.2 修复画笔

（1）"修复画笔工具" [图] 是通过取样、覆盖的方式进行污点的修复的，操作方法非常简单。右键单击修复工具组，在弹出的工具列表中选择"修复画笔工具" [图]，其选项栏如图 4-107所示。

◇ 源：设置用于修复像素的源。选择"取样"选项时，可以使用当前图像的像素来修复图像；选择"图案"选项时，可以使用某个图案作为取样点。

图 4-107

◇ 对齐：勾选该选项以后，可以连续对像素进行取样，即使释放鼠标也不会丢失当前的取样点；关闭该选项以后，则会在每次停止并重新开始绘制时使用初始取样点中的样本像素。

（2）接着设置合适的笔尖大小，然后在瑕疵周围的位置按住【Alt】键进行取样，如图 4-108 所示。在需要修复的位置进行涂抹，涂抹的过程中软件会自动将取样的样本像素的纹理、光照、透明度和阴影与所修复的像素进行匹配，如图 4-109 所示。继续涂抹完成操作，多余的图像内容被去除，效果如图 4-110所示。

图 4-108 图 4-109 图 4-110

4.3.3　修补工具

使用"修补工具"可以利用图像中其他区域中的像素来修复选中的区域。

（1）选择工具箱中的"修补工具"，即可看到其选项栏，如图4-111所示。在需要修补的图形边缘按住鼠标左键拖曳绘制选区，如图4-112所示。

图4-111

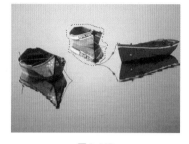

图4-112

◇　修补：创建选区以后，选择"源"选项，将选区拖曳到要修补的区域，松开鼠标左键则会以当前选区中的图像修补原来选中的内容；选择"目标"选项时，则会将选中的图像复制到目标区域。

◇　透明：勾选该选项以后，可以使修补的图像与原始图像产生透明的叠加效果，该选项适用于修补清晰分明的纯色背景或渐变背景。

◇　使用图案：使用"修补工具"创建选区以后，单击"使用图案"按钮，可以使用图案修补选区内的图像。

（2）将光标放在选区内，按住鼠标左键将鼠标拖曳至能替换掉选区内像素的位置，如图4-113所示。松开鼠标完成修补操作，效果如图4-114所示。

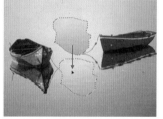

图4-113

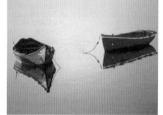

图4-114

4.3.4　内容感知移动工具

"内容感知移动工具"是一个很有意思的工具，使用这个工具可以将画面中的一部分内容"移动"到其他位置，而原位置的内容会被"智能"地填充好。

（1）选择工具箱中的"内容感知移动工具"，如图4-115所示。使用该工具在需要移动的对象边缘绘制选区，如图4-116所示。

（2）在选项栏中设置"模式"为移动，将光标放置在选区内部，按住鼠标左键拖曳选区，如图4-117所示。移动到相应位置后松开鼠标，Photoshop会自动将影像与四周的景物融合在一块，而原始的区域则会进行智能填充，如图4-118所示。如果在选项栏中设置"模式"为扩展，那么选择移动的对象将被移动并复制，如图4-119所示。

图4-115　　　　　　　　　　图4-116

图4-117　　　　　　　　　　图4-118　　　　　　　　　　图4-119

4.3.5　红眼工具

在光线较暗的环境中使用闪光灯进行拍照，经常会造成黑眼球变红的情况，也就是通常所说的"红眼"。在 Photoshop 里面，只需使用"红眼工具"一步，就可以轻松去除红眼。

单击工具箱中的"红眼工具" ，如图 4-120 所示。将光标移动到红眼处，如图 4-121 所示。然后单击鼠标左键，即可去除红眼，如图 4-122 所示。

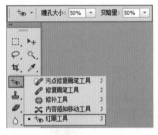

图4-120　　　　　　　　　　图4-121　　　　　　　　　　图4-122

◇　瞳孔大小：用于设置瞳孔的大小，数值越小，瞳孔越小。

◇　变暗亮：用于设置瞳孔的明暗程度，数值越大，瞳孔越黑。

4.3.6　仿制图章工具

"仿制图章工具"  是修复瑕疵的"神器"，使用这个工具之前也需要先进行"取样"，取样后在需要修复的区域进行涂抹，则取样的像素会完整地重现在被涂抹的区域。

图4-123

（1）选择工具箱中的"仿制图章工具"，如图 4-123 所示。调整合适的笔尖大小，按住【Alt】键在画面中单击取样，如图 4-124 所示。

（2）在需要修复的地方按住鼠标左键进行涂抹，涂抹操作可以将取样位置的像素覆盖在涂抹的位置上，如图 4-125 所示。继续进行涂抹，完成瑕疵的去除，效果如图 4-126 所示。

图4-124　　　　　　　　　　图4-125　　　　　　　　　　图4-126

4.3.7　图案图章

　　"图案图章工具"可以将指定的图案通过涂抹的方式填充到画面的局部。选择工具箱中的"图案图章工具"，如图 4-127 所示。在选项栏中设置合适的笔尖大小，设置"模式""不透明度""流量"，然后单击按钮，在下拉面板中选择一个合适的图案，之后在画面中进行涂抹，随着涂抹的进行，可以看到选中的图案填充在了画面中，如图 4-128 所示。

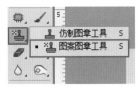

图4-127

图4-128

4.3.8　模糊工具

　　Photoshop 里面有很多种让图像变模糊的方法，但是"模糊工具"是唯一一个能通过手动涂抹的方式让图像局部变模糊的方法。"模糊工具"主要用于细节处的柔化，使锐利的边缘变柔和，并减少图像中的细节。

　　选择工具箱中的"模糊工具"，在选项栏中设置合适的笔尖大小、模式，通过设置"强度"选项设置模糊的强度，然后在需要进行模糊的位置按住鼠标左键进行涂抹，如图 4-129 所示。随着涂抹可以看到涂抹的位置变模糊了，效果如图 4-130 所示。

图4-129

图4-130

4.3.9　锐化工具

　　如果 Photoshop 里面有反义词这样的说法，那么"锐化工具"就是"模糊工具"的"反义词"。锐化工具能够通过涂抹的方式增加图像局部的清晰度。

　　选择工具箱中的"锐化工具"以及选项栏中的"强度"可以控制涂抹时画面锐化强度。勾选"保护细节选项"选项后，再进行锐化处理时将对图像的细节进行保护。在需要锐化的位置按住鼠标左键进行涂抹锐化，如图 4-131 所示。最终效果如图 4-132 所示。

图4-131

图4-132

4.3.10　涂抹工具

"涂抹工具" 可以模拟手指划过湿油漆时所产生的效果，一般用于图像局部的微调。

选择工具箱中的"涂抹工具"，在选项栏中通过设置"强度"数值来设置颜色展开的衰减程度，然后在画面中按住鼠标左键进行涂抹，效果如图 4-133 所示。若勾选"手指绘画"选项，则可以使用前景颜色进行涂抹绘制，效果如图 4-134 所示。

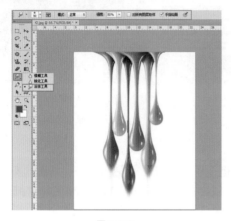

图4-133　　　　　　　　　　　　　　　图4-134

4.3.11　减淡工具

"减淡工具" 可以把图片中需要变亮或增强质感的部分的颜色加亮。选择工具箱中的"减淡工具"，在选项栏中通过设置"范围"选项设置调整的范围，然后设置合适的"曝光度"数值，如图 4-135 所示。在需要调整的位置进行涂抹，随着涂抹可以看到其颜色的亮度提高了，如图 4-136 所示。

◇ 范围：选择减淡操作针对的色调区域是"中间调""阴影"或是"高光"。如果选择范围阴影，那么减淡操作会更多地针对暗部区域进行，如果范围为高光，那么原本的亮部区域会变得更亮，而暗部区域受影响较小，图 4-137 和图 4-138

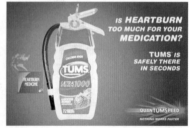

图4-135　　　　　　　　　　　　图4-136

所示分别为针对阴影区域以及高光区域减淡的效果对比。

◇ 曝光度：可用于控制颜色减淡的强度，数值越大，每次涂抹时变亮的程度越强，图 4-139 和图 4-140 所示为曝光度分别为 50% 和 100% 的效果对比。

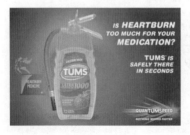
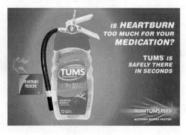
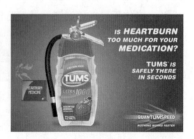

图4-137　　　　　　　　　　图4-138　　　　　　　　　　图4-139

◇ 保护色调：勾选"保护色调"可以在一定的程度上保护图像的色调不受过多的影响，图4-141和图4-142所示为勾选"保护色调"选项以及未勾选该选项的效果对比。

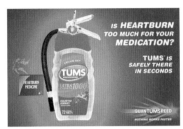 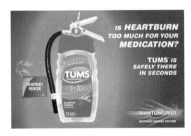 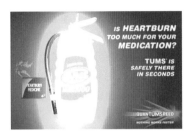

图4-140　　　　　　　　　　图4-141　　　　　　　　　　图4-142

4.3.12　加深工具

没错，既然能"减淡"就肯定能"加深"。Photoshop中的"加深工具" 可以通过在画面中涂抹的方式对图像局部进行加深处理。选择工具箱中的"加深工具" ，然后在属性栏中选择合适的"范围"和"曝光度"参数，如图4-143所示。在需要加深的位置进行涂抹，效果如图4-144所示。

4.3.13　海绵工具

"海绵工具" 用于增加或减少画面局部区域颜色的饱和度。选择工具箱中的

图4-143　　　　　　　　图4-144

"海绵工具"按钮，如图4-145所示。在选项栏中设置"模式"为"加色"选项时，可以增加色彩的饱和度，效果如图4-146所示。若选择"去色"选项，则可以降低色彩的饱和度，效果如图4-147所示。勾选"自然饱和度"选项可以在增加饱和度的同时防止颜色过度饱和而产生溢色的现象。

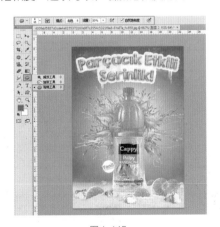  

图4-145　　　　　　　　图4-146　　　　　　　　图4-147

 如果是对灰度模式的图像进行处理，使用"海绵工具"则可以增加或降低画面的对比度。

4.3.14　颜色替换工具

"颜色替换工具" 主要用于更改图像局部的颜色，该工具是使用前景色以特定的颜色替换图像中指定的像素颜色。选择工具箱中的"颜色替换工具"，在选项栏中设置合适的"笔尖大小""模式""限制"以及"容差"，然后设置合适的前景色。接着将光标移动到需要替换颜色的区域进行涂抹，被涂抹的区域颜色发生了变化，如图 4-148 所示。效果如图 4-149 所示。

◇　模式：选择替换颜色的模式，包括"色相""饱和度""颜色""明度"。当选择"颜色"模式时，可以同时替换色相、饱和度和明度。

◇　取样：用来设置颜色的取样方式。激活"取样：连续"按钮 以后，在拖曳光标时，可以对颜色进行取样；激活"取样：一次"按钮 以后，只替换包含第1次单击的颜色区域中的目标颜色；激活"取样：背景色板"按钮 以后，只替换包含当前背景色的区域。

◇　限制：当选择"不连续"选项时，可以替换出现在光标下任何位置的样本颜色；当选择"连续"选项时，只替换与光标下的颜色接近的颜色；当选择"查找边缘"选项时，可以替换包含样本颜色的连接区域，同时保留形状边缘的锐化程度。

◇　容差：用来设置"颜色替换工具"的容差，图 4-150 和图 4-151 所示分别是"容差"为 20% 和 100% 时的颜色替换效果对比。

图 4-148　　　　图 4-149　　　　图 4-150　　　　图 4-151

4.3.15　混合器画笔

"混合器画笔" 可以将图像中的像素进行混合，让不懂绘画的人轻易"画出"漂亮的图画，有美术功底的人使用"混合器画笔"可以说是如虎添翼。选择工具箱中的"混合器画笔工具" ，在选项栏中设置相应的参数，如图 4-152 所示。设置完毕后在画面中进行涂抹，即可使画面产生手绘感的效果，如图 4-153 所示。

◇　"每次描边后载入画笔"和"每次描边后清理画笔"：控制了每一笔涂抹结束后对画笔是否进行更新和清理。类似于画家在绘画时一笔过后是否将画笔在水中清洗的选项。

图 4-152　　　　　　　　　　图 4-153

◇　潮湿：控制画笔从画布拾取的油彩量。较高的设置会产生较长的绘画条痕，图 4-154 和图 4-155 所示分别是"潮湿"为 100% 和 0% 时的条痕效果对比。

◇ 载入：设置画笔上的油彩量。载入速率较低时，
　　绘画描边干燥的速度会更快。
◇ 混合：控制画布油彩量同与画笔上的油彩量的
　　比例。当混合比例为100%时，所有油彩将从
　　画布中拾取；当混合比例为0%时，所有油彩
　　都来自储槽。

图4-154　　　　　　　　图4-155

4.3.16　历史记录艺术画笔

　　"历史记录艺术画笔工具" 和"历史记录画笔工具" 是一家人，不同的是"历史记录艺术画笔工具"
能在使用原始数据的同时，还可以为图像创建不同的颜色和艺术风格。

　　选中工具箱中的"历史记录艺术画笔工具"，在
选项栏中设置相应的参数，如图4-156所示。在画面
中进行涂抹，效果如图4-157所示。

> 💡 提示 "历史记录艺术画笔工具"在实际制图中的使
> 用频率并不高。它的操作过程基本是随意地进行涂抹，
> 很难产生规整的绘画效果，不过它提供了一种全新的创
> 作思维方式，可以创作出一些独特的效果。

图4-156

◇ 样式：选择一个选项来控制绘画描边的形状，包括
　　"绷紧短""绷紧中""绷紧长"等，图4-158和图4-159
　　所示分别是"绷紧短"和"松散卷曲长"效果。

图4-157　　　　　　　　图4-158　　　　　　　　图4-159

◇ 区域：用来设置绘画描边所覆盖的区域。数值越高，覆盖的区域越大，描边的数量也越多。
◇ 容差：限定可应用绘画描边的区域。低容差可以用于在图像中的任何地方绘制无数条描边；高容差会将绘画描边限
　　定在与源状态或快照中的颜色明显不同的区域。

课后练习：人物面部的简单修饰

扫码看视频

案例文件	视频教学
4.3.16 课后练习：人物面部的简单修饰 .psd	4.3.16 课后练习：人物面部的简单修饰 .flv
难易指数	技术要点
★★★☆☆	污点修复工具、仿制图章工具、模糊工具

案例效果

图4-160

图4-161

操作步骤

01 执行"文件 ➤ 打开"命令, 在打开窗口中选择素材"1.jpg", 单击打开按钮, 如图4-162所示。在画面中我们可以看到人物的眼袋、鱼尾纹、法令纹都非常明显, 而且鼻子上的高光也不均匀, 下面我们对这几个问题进行处理, 如图4-163所示。

图4-162

图4-163

02 首先我们修正眼睛周围的细纹, 单击工具箱中的"污点修复画笔工具", 如图4-164所示。将光标定位在眼袋处, 调整画笔大小为刚好覆盖皱纹的尺寸, 在细纹上按住鼠标左键拖曳, 如图4-165所示。松开光标后, 细纹被去除, 效果如图4-166所示。

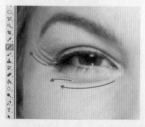

图4-164

图4-165

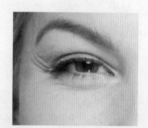

图4-166

03 将光标移动到另一条眼纹处, 按住鼠标左键拖曳, 在眼纹上进行绘制, 如图4-167所示。松开光标, 效果如图4-168所示。

04 将光标移动到眼尾处, 按住鼠标左键拖曳绘制, 如图4-169所示。使用同样的方法修补另一条眼纹, 如图4-170所示。继续修补眼角处的皱纹, 如图4-171所示。眼角效果如图4-172所示。

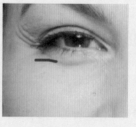

图4-167

图4-168

05 然后我们继续使用"污点修复画笔工具"修正嘴部左侧周围的皱纹, 如图4-173所示。将光标定位在嘴边的皱纹处, 按住鼠标左键拖曳绘制, 如图4-174所示。松开光标, 效果如图4-175所示。

图4-169　　　　　　　　图4-170　　　　　　　　图4-171　　　　　　　　图4-172

 继续在嘴部周围的皱纹上按住鼠标左键拖曳绘制，如图4-176所示。用同样的方法继续绘制，如图4-177所示。修复后如图4-178所示。

图4-173　　　　　　　　图4-174　　　　　　　　图4-175　　　　　　　　图4-176

07 修正嘴部右侧周围的皱纹，使用同样的方法继续绘制，如图4-179所示。效果如图4-180所示。

图4-177　　　　　　　　图4-178　　　　　　　　图4-179　　　　　　　　图4-180

08 下面开始修复左侧颧骨下面的法令纹，单击"工具箱"中的"仿制图章工具"，在"选项栏"中单击"画笔预设"按钮，在下拉面板中设置"大小"为100像素，"硬度"为0%，"不透明度"为20%，接着将光标定位在颧骨上部位置，按住【Alt】键并单击鼠标左键，在光滑的皮肤处取样，如图4-181所示。接着将光标定位在颧骨下的法令纹处，按住鼠标左键拖曳涂抹，如图4-182所示。松开光标，效果如图4-183所示。

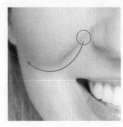

图4-181　　　　　　　　　图4-182　　　　　　　　图4-183

09 修复右侧法令纹，使用同样的方法在嘴边选取光滑皮肤，在法令纹处涂抹，如图4-184所示。效果如图4-185所示。

10 仔细观察面部各个部分，可以看到仍有一些小细纹以及斑点需要处理，如图4-186所示。可以使用仿制图章、修复画笔等工具对其进行处理，效果如图4-187所示。

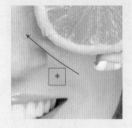   

图4-184   图4-185   图4-186   图4-187

11 下面我们要使人物的眼睛变大些，鼻梁高挺些，脸颊瘦一些。执行"滤镜 ➤ 液化"命令，在弹出的液化窗口中，单击"向前变形工具"，在窗口右侧设置"画笔大小"为400，"画笔密度"为50，"画笔压力"为100。在眼部向外按住鼠标左键拖曳，使眼睛变大。将光标定位在鼻翼周围，向内按住鼠标左键拖曳。将光标定位在脸颊边缘，按住鼠标左键向内拖曳，使脸颊向内收，调整之后单击确定按钮完成设置，如图4-188所示。效果如图4-189所示。

图4-188

12 接着对皮肤进行光滑处理，单击"工具箱"中的"模糊工具"，在画面中的人物皮肤处按住鼠标左键拖曳进行涂抹，使肌肤变光滑，如图4-190所示。

13 最后增强人物的线条感，在图层面板中选择人物图层，单击右键执行"复制图层"命令。选择拷贝图层，执行"滤镜 ➤ 其他 ➤ 高反差保留"命令，在弹出的"高反差保留"窗口中设置"半径"为13像素，单击确定按钮完成设置，如图4-191所示。效果如图4-192所示。

  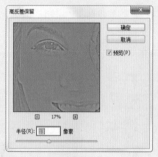 

图4-189   图4-190   图4-191   图4-192

14 接着执行"图像 ➤ 调整 ➤ 去色"命令，如图4-193所示。

15 最后在图层面板中设置该图层"混合模式"为"柔光"，如图4-194所示。最终效果如图4-195所示。

图4-193　　　　　　　　　　　图4-194　　　　　　　　　　　图4-195

4.4　简单却超好用的橡皮擦

使用"橡皮擦工具"可以擦除不需要的像素，Photoshop 的橡皮擦有"橡皮擦工具""背景橡皮擦""魔术橡皮擦"3 种。这 3 种工具不仅可以用于擦除局部，对于简单的抠图操作也非常适用！它们位于一个工具组中，如图 4-196 所示。这些橡皮擦工具常用于画面局部的擦除、抠图、去背景。图 4-197 和图 4-198 所示为使用此类工具制作的优秀作品。

图4-196　　　　　　　　　　图4-197　　　　　　　　　　图4-198

4.4.1　橡皮擦——轻松简单随便擦

"橡皮擦工具" 通过涂抹的方式将光标移动过的区域像素更改为背景色或透明。

选择工具箱中的"橡皮擦工具"，在属性栏中设置合适的参数，然后在画面中按住鼠标左键涂抹进行擦除。若选择的是背景图层或已锁定透明度的图层，那么被擦除的区域将更改为背景色，如图 4-199 所示。若选择的是普通图层，那么光标经过位置的像素则变为透明，如图 4-200 所示。

◇　模式：选择橡皮擦的种类。选择"画笔"选项时，可以创建柔边擦除效果；选择"铅笔"选项时，可以创建硬边擦除效果；选择"块"选项时，擦除的效果为块状。

◇　不透明度：用来设置"橡皮擦工具"的擦除强度。当设置为 100% 时，可以完全擦除像素。若将"模式"设置为"块"，该选项将不可用。

◇　流量：用来设置"橡皮擦工具"的涂抹速度，图 4-201 和图 4-202 所示分别为设置"流量"为 20% 和 100% 的擦除效果。

◇　抹掉历史记录：勾选该选项以后，"橡皮擦工具"的作用相当于"历史记录画笔工具"。

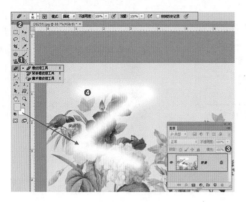

图4-199

图4-200

图4-201

图4-202

4.4.2　背景橡皮擦——有选择地智能擦除

　　"背景橡皮擦工具"也是一个抠图神器,它能够有选择地"智能"擦除像素。它的工作原理是通过自动采集画笔中心的色样,同时删除在画笔内出现的该色样的颜色,使擦除区域成为透明区域。

　　选择工具箱中的"背景橡皮擦工具" ,在选项栏中进行设置,将光标移动至背景处,按住鼠标左键进行涂抹,即可进行擦除,如图 4-203 所示。抠图效果如图 4-204 所示。

图4-203

图4-204

> 💡 提示　在使用"背景橡皮擦工具"时,光标会呈现中心带有"十字" ➕ 的圆形效果,圆形表示当前工具的作用范围,而圆形中心的"十字" ➕ 则表示在擦除过程中自动采集颜色的位置,在涂抹过程中会自动擦除圆形画笔范围内出现的相近颜色的区域。

◇ 取样：用来设置取样的方式。激活"取样：连续"按钮 ，可以擦除鼠标移动的所有区域，如图4-205所示；激活"取样：一次"按钮 ，只擦除包含鼠标第1次单击处颜色的图像，如图4-206所示；激活"取样：背景色板"按钮 ，只擦除包含背景色的图像，如图4-207所示。

图4-205　　　　　　　　　　　图4-206　　　　　　　　　　　图4-207

◇ 限制：设置擦除图像时的限制模式。"不连续"擦除出现在画笔下面任何位置的样本颜色。"连续"擦除包含样本颜色并且相互连接的区域。"查找边缘"擦除包含样本颜色的连接区域，同时更好地保留形状边缘的锐化程度。

◇ 保护前景色：勾选该项以后，可以防止擦除与前景色匹配的区域。

4.4.3　魔术橡皮擦——相同颜色区域全擦除

"魔术橡皮擦工具" 与"魔棒工具"有异曲同工之妙，只不过使用"魔术橡皮擦工具"能够将颜色相近的区域直接擦除掉。

选择工具箱中的"魔术橡皮擦工具" ，在选项栏中设置合适的笔尖大小，然后通过设置"容差"控制颜色的差值，并在画面中单击，如图4-208所示。随即可以看到颜色相近的像素被擦除了，效果如图4-209所示。

图4-208　　　　　　　　　　　　　　　图4-209

提示　勾选"连续"选项时，只擦除与单击点像素邻近的像素。关闭该选项时，可以擦除图像中所有相似的像素。

课后练习：使用橡皮擦工具擦出涂抹画效果

扫码看视频

案例文件	视频教学
4.4.3 课后练习：使用橡皮擦工具擦出涂抹画效果 .psd	4.4.3 课后练习：使用橡皮擦工具擦出涂抹画效果 .flv

难易指数	技术要点
★ ★ ☆ ☆ ☆	橡皮擦工具

案例效果

图4-210

操作步骤

01 执行"文件▷打开"命令，在弹出的"打开"窗口中选择素材"1.jpg"，如图 4-211 所示。按住【Alt】键双击背景图层将其转换为普通图层，如图 4-212 所示。

02 然后使用橡皮擦制作特殊的擦除效果。单击"工具箱"中的"橡皮擦工具"，在"选项栏"中单击"画笔预设"下拉按钮，在下拉面板中设置"大小"为 150 像素，"硬度"为 0，在下面的笔刷栏中选择一个散落的笔刷。将光标定位在画面中，按住鼠标左键涂抹擦除，如图 4-213 所示。使用同样的方法多次涂抹画面四周，效果如图 4-214 所示。

图4-211

图4-212

图4-213

图4-214

03 新建图层，设置"前景色"为白色，使用快捷键【Alt+Delete】填充，如图4-215所示。在图层面板中将白色图层拖曳移动至人物图层下，如图4-216所示。

04 最后添加文字，单击"工具箱"中的"横排文字工具"，在"选项栏"设置合适的"字体""字号"，设置"填充"为白色，并选择"右对齐文本"按钮，在画面中单击输入文字，按【Enter】键到下一行继续输入文字，如图4-217所示。

图4-215

图4-216

图4-217

4.5　使用渐变、纯色、图案填充画面

　　注意了！这一节就要学习"渐变工具"了，"渐变工具"是非常常用的颜色填充工具，能够为整个画面或者画面局部填充多种颜色的过渡效果。本节还将学习一种既能填充纯色又能填充图案的工具："油漆桶工具" ，这两种工具在同一个工具组中。掌握了这两个工具，那么无论是填充纯色、渐变色或者图案都难不倒我们了！如图4-218所示。图4-219、图4-220和图4-221所示为使用不同方式填充的优秀作品。

图4-218

图4-219

图4-220

图4-221

4.5.1　渐变工具

　　"渐变工具" 用于创建多种颜色间的过渡效果。不仅可以制作线性的渐变过渡效果，还可以制作径向渐变、对称渐变等样式的渐变效果，图4-222、图4-223和图4-224所示为包含不同样式的渐变作品。

　　使用"渐变工具"不仅能够填充图层，还能填充图层蒙版、快速蒙版和通道。此外，调整图层和填充图层也会用到渐变。这

图4-222

图4-223

一节要学习的内容比较多，而且非常重要，要认真喽！选择工具箱中的"渐变工具" 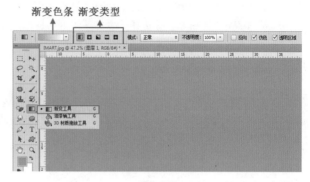，其选项栏如图4-225所示。

图4-224

图4-225

◇ 渐变色条 ▭▾：单击渐变色条会打开"渐变编辑器"，如图4-226所示。单击后方的倒三角按钮▾，可以打开渐变预设下拉面板，如图4-227所示。

◇ 渐变类型：激活"线性渐变"按钮▭，可以直线方式创建从起点到终点的渐变；激活"径向渐变"按钮▭，可以圆形方式创建从起点到终点的渐变；激活"角度渐变"按钮▭，可以创建围绕起点逆时针扫描的渐变；激活"对称渐变"按钮▭，可以使用均衡的线性渐变在起点的任意一侧创建渐变；激活"菱形渐变"按钮▭，可以菱形方式从起点向外产生渐变，终点定义菱形的一个角，如图4-228所示。

图4-226

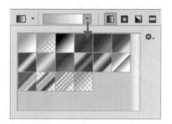

图4-227

图4-228

◇ 模式：用来设置应用渐变的混合模式。

◇ 不透明度：用来设计渐变效果的不透明度。

◇ 反向：转换渐变中的颜色顺序，得到反方向的渐变结果。

◇ 仿色：勾选该选项时，可以使渐变效果更加平滑。主要用于防止打印时出现条带化现象，但在计算机屏幕上并不能明显地体现出来。

◇ 透明区域：勾选该选项，可以创建包含透明像素的渐变。

要学习使用渐变工具，就必须学会如何编辑渐变颜色，渐变颜色需要在"渐变编辑器"中进行编辑。下面将学习如何编辑渐变颜色并进行填充。

（1）单击选项栏中的"渐变色条"打开渐变编辑器，如图4-229所示。双击渐变色条下方的色标▮，在弹出的"拾色器"中设置一个合适的颜色，单击"确定"按钮，即可更改色标颜色，如图4-230所示。

图4-229

（2）默认情况下为双色渐变，如果想要增加颜色的数量，可以将光标移动到渐变色条的下方，光标变为🖐状后单击即可添加色标，如图4-231所示。然后更改色标的颜色为其他颜色，如图4-232所示。

图4-230 图4-231

（3）渐变色条上方的色标用来控制颜色的透明度，它叫作"不透明度色标"。在"不透明度色标"上单击选中该色标，然后在下方"不透明度"中设置其不透明度，即可编辑半透明的渐变颜色，如图4-233所示。在色条上方单击也可以添加不透明度色标，如图4-234所示。

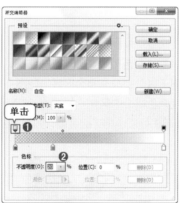

图4-232 图4-233 图4-234

（4）拖曳颜色滑块即可调整渐变效果，如图4-235和图4-236所示。

（5）拖曳渐变色条上的◇可以调整两种颜色的过渡效果，如图4-237和图4-238所示。

图4-235 图4-236 图4-237

> 💡 提示　渐变类型选项在下拉列表中包含"实底"与"杂色"两种渐变。"实底"渐变是默认的渐变色;"杂色"
> 渐变包含在指定范围内随机分布的颜色,其颜色变化效果更加丰富。

（6）渐变编辑完成后,单击"确定"按钮完成操作。在画面中按住鼠标左键拖曳,如图 4-239 所示。松
开鼠标即可为图层或选区填充渐变颜色,效果如图 4-240 所示。

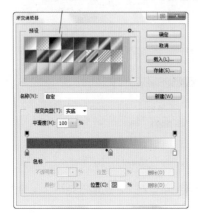

图4-238

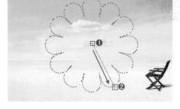

图4-239

图4-240

4.5.2　油漆桶工具

"油漆桶工具" 🪣 可以在图像中填充前景色或图案。"油漆桶工具"对填充范围的选择比较有趣,如果当
前选择的是一个空图层,使用"油漆桶工具"会填充整个区域,如图 4-241 所示;如果选择的是一个有内容
的图层,那么填充的就是与鼠标单击处颜色相近的区域,如图 4-242 所示;如果是针对一个有内容且有选区
的图层,那么填充的就是选区中与鼠标单击处颜色相近的区域,如图 4-243 所示。

图4-241

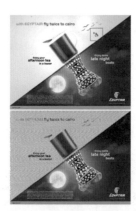

图4-242

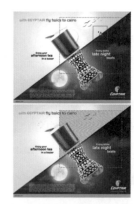

图4-243

选择工具箱中的"油漆桶工具" 🪣 ,在选项栏中设置"填充模式"为前景,设置合适的前景色,在画面
中单击即可将选中的图层填充为前景色,如图 4-244 所示。接着设置"填充模式"为图案,再单击鼠标左键
进行填充,与光标颜色相似的区域会被填充为所选图案,效果如图 4-245 所示。

◇　填充模式:选择填充的模式,包含"前景"和"图案"两种模式。

◇　模式:用来设置填充内容的混合模式。

◇　不透明度:用来设置填充内容的不透明度。

◇　容差:用来定义必须填充的像素的颜色的相似程度。设置较低的"容差"值,则会填充颜色范围内与鼠标单击处像

素非常相似的像素；设置较高的"容差"值则会填充更大范围的像素。

◇　消除锯齿：平滑填充选区的边缘。

◇　连续的：勾选该选项后，只填充图像中处于连续范围内的区域；关闭该选项后，可以填充图像中的所有相似像素。

◇　所有图层：勾选该选项后，可以对所有可见图层中的合并颜色数据填充像素；关闭该选项后，仅填充当前选择的图层。

图4-244

图4-245

实战项目：使用多种填充工具制作插图

扫码看视频

案例文件	视频教学
4.5.2 实战项目：使用多种填充工具制作插图 .psd	4.5.2 实战项目：使用多种填充工具制作插图 .flv

难易指数	技术要点
★★★☆☆	渐变工具、油漆桶工具

案例效果

图4-246

操作步骤

01 执行"文件 ➤ 新建"命令，在弹出的新建窗口中设置"宽度"
为1800像素，"高度"为1306像素，"分辨率"为72像素，
"颜色模式"为RGB模式，"背景内容"为透明，单击"确定"
按钮完成新建。单击"工具箱"中的"渐变工具"，在"选项
栏"中编辑一个蓝色系的渐变，设置"渐变类型"为线性渐变，
将光标定位在画面左上角，按住鼠标左键向右下角拖曳，填
充渐变，效果如图4-247所示。制作大气泡，单击"工具箱"
中的"钢笔工具"，在"选项栏"中设置"绘制模式"为路径，

图4-247

接着将光标定位在画面右侧，单击确定起点，继续单击并按住鼠标左键拖曳调整路径弧度，继续绘
制，最后单击起点形成闭合路径，如图4-248所示。

02 使用组合键【Ctrl+Enter】将路径转化为选区，如图4-249所示。新建图层，设置"前景色"为白色，
使用组合键【Alt+Delete】填充选区，再使用组合键【Ctrl+D】取消选区，如图4-250所示。

图4-248

图4-249

图4-250

03 执行"文件 ➤ 置入"命令，在弹出的"置入"窗口中选择素材"1.png"，单击置入按钮，并放到
适当位置，按【Enter】键完成置入。接着执行"图层 ➤ 栅格化 ➤ 智能对象"命令，将该图层栅格
为普通图层，如图4-251所示。单击"工具箱"中的"多边形套索工具"，将光标定位在箱子底部，
单击确定起点，继续单击绘制，最后单击起点形成闭合选区，如图4-252所示。

04 为箱子底部赋予特殊图案。先将特殊的图案载入，执行"编辑 ➤ 预设 ➤ 预设管理器"命令，在弹
出的"预设管理器"窗口中单击"预设类型"下拉按钮，在下拉面板中选择"图案"，单击载入，
如图4-253所示。在载入窗口中选择"2.pat"，单击"载入"按钮，如图4-254所示。在预设管理
器中可以看到载入的图案，单击"完成"按钮完成载入，如图4-255所示。

图4-251

图4-252

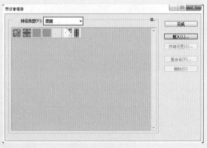
图4-253

05 新建图层，单击"工具箱"中的"油漆桶工具"，在"选项栏"中设置填充类型为"图案"，单击"图
案拾色器"下拉按钮，在下拉面板中选择我们载入的图案。设置"容差"为32，在画面中选区内单

击填充选区，如图 4-256 所示。使用组合键【Ctrl+D】取消选区，并在图层面板中设置"混合模式"为叠加，如图 4-257 所示。效果如图 4-258 所示。

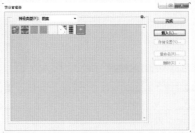

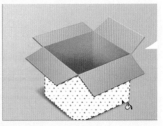

| 图4-254 | 图4-255 | 图4-256 |

06 添加装饰素材，单击"工具箱"中的"自定形状工具"，在"选项栏"中设置"绘制模式"为形状，"填充"为白色，"描边"为无，单击"形状"下拉按钮，在下拉面板中选择一个形状，在画面中箱子周围按住鼠标左键拖曳绘制，如图 4-259 所示。使用同样的方法绘制更多自定形状，如图 4-260 所示。

| 图4-257 | 图4-258 | 图4-259 |

07 单击"工具箱"中的"横排文字工具"，在"选项栏"设置合适的"字体""字号""填充"，在画面中单击输入文字，如图 4-261 所示。使用同样的方法制作其他文字，如图 4-262 所示。

| 图4-260 | 图4-261 | 图4-262 |

新手充电站

有趣的杂色渐变

"渐变"工具不仅可以制作出常见的几种颜色之间的过渡效果，还可以制作复杂且随机的颜色过渡，叫作"杂色渐变"。打开"渐变编辑器"，设置"渐变类型"为杂色。然后拖曳 RGB 的滑块调整渐变效果，如图 4-263 所示。效果如图 4-264 所示。

图4-263   图4-264

也可以单击"随机化"按钮设置随机化的杂色渐变，如图4-265所示。效果如图4-266所示。

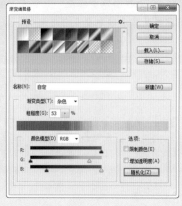

图4-265   图4-266

制作同心圆效果的径向渐变

制作同心圆也可以借助"渐变工具"。先在"渐变编辑器"中编辑两种颜色相间的渐变。这种渐变需要添加多个色标，两个颜色交界处需要添加两个颜色的色标，并且这两个色标要紧贴在一起，如图4-267所示。在拖曳填充径向渐变时，拖曳的距离是径向填充的半径。也就是说在填充的范围内，从中心处向外拖曳即可填充同心圆效果的径向渐变，如图4-268和图4-269所示。

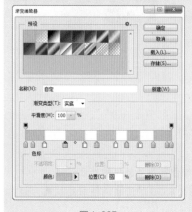

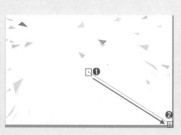

图4-267   图4-268   图4-269

"吸管工具"光标的形态怎么不一样了？

正常情况下，在使用"吸管工具"时光标形态为 ✐ 状，如图 4-270 所示。当在英文大写状态下时光标变为 ✥，如图 4-271 所示。按【Caps Lock】键可以自由进行切换。

图4-270

图4-271

4.6　本章小结

不知不觉已经学习了 4 个章节了，学完本章就可以为自己的照片进行简单的修饰和润色，或者制作一些简单的设计作品了。本章我们还学习了 3 种不同的橡皮擦工具，每一种橡皮擦的使用方法都不相同，但是它们都可以用来抠图。好啦，这一节的内容虽然多，但都非常实用，你都学会了吗？

第 **5** 章

在画面中添加一些文字吧

5.1　首先你得先认识文字工具

在设计作品中文字的地位是相当重要的，所以在 Photoshop 里面也提供了多种用于制作与编辑文字的工具和命令。图 5-1 和图 5-2 所示为使用文字功能制作的作品。

图5-1　　　　　　　图5-2

单击工具箱中的文字工具组，可以看到"横排文字工具" T、"直排文字工具" IT、"横排文字蒙版工具" T和"直排文字蒙版工具" IT四种工具，如图 5-3 所示。

图5-3

5.1.1　文字工具的使用方法

选择工具箱中的"横排文字工具" T，然后在选项栏中设置合适的参数。在画面中单击，画面中会出现闪烁的光标，如图 5-4 所示。然后键入文字，文字输入完成后，单击选项栏中的"提交所有当前编辑"按钮 ✔，完成文字的输入，如图 5-5 所示。

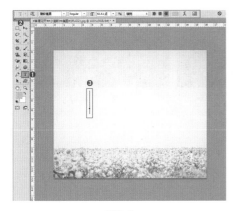

图5-4

本章内容简介

在平面设计中，文字有着举足轻重的地位。画面中的文字不仅承载着传达信息的功能，更多时候还起到了美化画面的作用。在 Photoshop 中创建文字很简单，只需使用"横排文字工具 / 直排文字工具"在画面中单击插入光标，就可以键入文字了。然而，仅仅是输入文字就完了？并不是！在 Photoshop 里可以创建好多种不同类型的文字，例如段落文字、路径文字、变形文字等。创建出的文字还可以进行字体、字号、间距等属性的编辑，方便在各种版面中应用。快点来学习吧，学会了就可以为画面添加文字了！

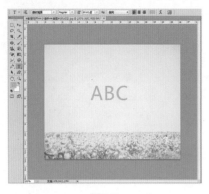

图5-5

💡 提示　通过使用"横排文字工具"在画面中直接单击所创建出的文字为点文字，点文字无法自动换行，若要开始第二行文字的输入需要手动按下键盘上的【Enter】键，否则，文字会一直沿当前行向后排列，过多文字会超出画外。

独家秘笈　　　　　　　**文字工具选项栏**

在文字工具选项栏中可以对文字的字体、字号、颜色等属性进行设置，这些参数能够满足最基本的参数设置。选择工具箱中的"横排文字工具"或"直排文字工具"，即可看到其选项栏，如图5-6所示。

图5-6

◇ ⬛更改文本方向：用来更改文本的朝向。如果当前文字为横排文字，单击该按钮可将其转换为直排文字；如果是直排文字，则可将转换为横排文字。图5-7和图5-8所示为更改方向的对比效果。

◇ 设置字体：用来设置文本字体。单击后侧的 ▾ 按钮，在下拉列表中选择一种字体。图5-9和图5-10所示为不同字体的对比效果。

图5-7

图5-8

图5-9

图5-10

◇ 字体样式：字体样式是单个字体的变形，包括Regular（规则的）、Italic（斜体）、Bold（粗体）、Bold Italic（粗斜体）等。该选项只对部分英文字体有效，如图5-11、图5-12、图5-13和图5-14所示。

◇ 字体大小：可以设置文字的大小，也可以直接输入数值并按下【Enter】键来进行调整。若要改变部分字符的大小，则需要选中需要更改的字符后进行设置。图5-15和图5-16所示为不同字体大小的画面对比效果。

图5-11　　　　　　　　　　　图5-12　　　　　　　　　　　图5-13

◇ 设置消除锯齿的方法：文字的边缘会产生锯齿，为文字选择一种消除锯齿的方法后，Photoshop 会填充文字边缘的像素，使其混合到背景中，这样就看不到锯齿了。

◇ 设置文本对齐方式：根据输入文字时鼠标单击点的位置来对齐文本，包括左对齐文本■、居中对齐文本■和右对齐文本■，如图5-17、图5-18和图5-19所示。

图5-14　　　　　　　图5-15　　　　　　　图5-16　　　　　　　图5-17

◇ 设置文本颜色：单击颜色色块，可以打开"拾色器"设置文字的颜色。图5-20和图5-21所示为不同颜色的文字对比效果。

图5-18　　　　　　　图5-19　　　　　　　图5-20　　　　　　　图5-21

◇ 文字变形■：单击该按钮即可打开"变形文字"窗口，为文字添加变形效果。

◇ 显/隐字符和段落面板■：单击该按钮，可以显示或隐藏字符和段落面板。

5.1.2　使用文字蒙版制作文字选区

"横排文字蒙版工具"■和"竖排文字蒙版工具"■用于创建文字选区。文字蒙版工具很有趣，使用方法与文字工具相同，但是创建出的对象却是"空心"的选区，有了选区就可对选区填充渐变，或者利用选区进行一系列的编辑。

（1）选择工具箱中的"横排文字蒙版工具" 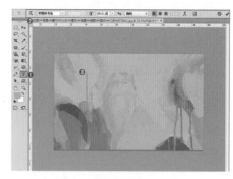 或"竖排文字蒙版工具"，在选项栏中设置合适的参数，然后在画面中单击，此时画面变为了半透明的红色并有闪烁的光标，如图 5-22 所示。接着键入文字，单击选项栏中的"提交所有当前编辑"按钮，如图 5-23 所示。

（2）此时得到文字的选区，如图 5-24 所示。对选区可以进行填充、描边等操作，如图 5-25 所示。

图5-22

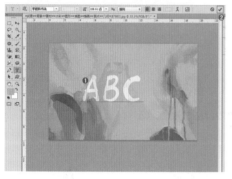

图5-23

图5-24

图5-25

课后练习：使用文字蒙版工具制作奢华感汽车广告

扫码看视频

案例文件	视频教学
5.1.2 课后练习：使用文字蒙版工具制作奢华感汽车广告 .psd	5.1.2 课后练习：使用文字蒙版工具制作奢华感汽车广告 .flv
难易指数	技术要点
★★★☆☆	横排文字蒙版工具

案例效果

图5-26

操作步骤

01 执行"文件 ▷ 打开"命令，在打开窗口中选择背景素材
"1.jpg"，单击打开按钮，如图5-27所示。

02 新建图层，设置"前景色"为黑色，使用组合键【Alt+Delete】
填充，如图5-28所示。在图层面板中设置"不透明度"
为60%，如图5-29所示。效果如图5-30所示。

图5-27

图5-28

图5-29

图5-30

03 在图层面板中选择汽车图层，执行"复制图层"命令，选择拷贝图层将其移动至顶层。单击"工具箱"
中的"横排文字蒙版工具"，在选项栏中设置合适的"字体""字号"，在画面中间位置单击输入文字。按
【Enter】键切换到下
一行，更改"字号"
继续输入，如图5-31
所示。输入完成后，
在选项栏中单击"提
交所有当前编辑"按
钮，如图5-32所示。

图5-31

图5-32

04 单击图层面板底部的"添加图层蒙版"按钮，如图5-33所示。

05 下面对文字调色使汽车突出，执行"图层 ▷ 新建调整图层 ▷ 曲线"命令，在弹出的属性面板中调
整曲线的形态，并单击"此调整剪切到此图层"按钮，如图5-34所示。效果如图5-35所示。

图5-33

图5-34

图5-35

06 执行"图层 ▷ 新建调整图层 ▷ 自然饱和度"命令，在弹出的属性面板中设置"自然饱和度"为
+100，"饱和度"为+100，并单击"此调整剪切到此图层"按钮，如图5-36所示。效果如图5-37
所示。

07 最后添加边框素材，执行"文件 ▷ 置入"命令，在弹出的"置入"窗口中选择素材"2.png"，单击置入按钮，并放到适当位置，按【Enter】键完成置入，执行"图层 ▷ 栅格化 ▷ 智能对象"命令，将该图层栅格为普通图层，如图5-38所示。

图5-36   图5-37   图5-38

5.1.3 编辑文本

要进行文字的编辑首先要选择需要编辑的文字。如果要对文字图层中的所有文字进行编辑，那么在图层面板中单击需要编辑的图层即可。若要更改单个的字符或多个字符，就需要先选中文字图层，然后使用"文字工具"，在需要选中字符的左侧或右侧单击插入光标，如图5-39所示。按住鼠标左键拖曳选择字符，被选中的文字将会高亮显示，如图5-40所示。

图5-39

图5-40

💡 **提示** 双击文字图层的缩览图即可选中该文字图层中的所有文字，如图5-41所示。

图5-41

1. 更改文本方向

选择文字图层，单击文字选项栏中的"切换文本取向"按钮 🖳，如图5-42所示。此时文本的方向发生改变，如图5-43所示。

图5-42

图5-43

选择文字，执行"类型➤文本排列方向"命令也可以更改文字排列的方向。

2. 更改字体

要更改文字的字体，首先选择文字图层，然后单击文字选项栏中"设置字体" 按钮，在下拉菜单中选择一种合适的字体，即可更改文字的字体，如图5-44所示。在保持字体被选中时，在字体处滚动鼠标中轮，可以快速地切换字体样式，同时文字也会发生实时的变化，更加方便选择合适的字体样式，如图5-45所示。

图5-44

图5-45

3. 设置字体样式

输入字符后，可以在选项栏中设置字体的样式，但是字体样式只针对部分英文字体有效，包含Regular(规则的)、Italic(斜体)、Bold(粗体)、Bold Italic(粗斜体)4种，如图5-46所示。

图5-46

独家秘笈

文字的艺术

字体是文字的表现形式，不同的字体给人的视觉感受和心理感受不同，这就说明字体具有强烈的感情性格，设计者要充分利用字体的这一特性，选择准确的字体，准确的字体有助于主题内容的表达。所以，在选择字体时，一定要注意字体的"风格"与画面主题是否匹配。下面来感受一下设计大咖们的作品中是如何选择字体的吧！如图5-47、图5-48和图5-49所示。

图5-47

图5-48

图5-49

4. 设置字体大小

调整文字大小的方法有很多种，可以"简单、粗暴"地直接进行自由变换的缩放操作，也可以在文字工具选项栏中进行调整。无论使用哪种方法，适合自己就可以了。

（1）选中文字图层，使用自由变换快捷键【Ctrl+T】调出定界框，拖曳控制点即可进行缩放，缩放完成后按一下【Enter】键确定缩放操作，如图 5-50 和图 5-51 所示。

图5-50

（2）选择文字图层，在文字工具选项栏中的"字体大小"数值框内输入合适的字号，按一下【Enter】键即可更改文字大小，如图 5-52 所示。也可单击"字体大小"后侧的倒三角按钮，在下拉菜单中选择字号，也能调整文字的大小，如图 5-53 所示。

图5-51

图5-52

图5-53

独家秘笈

文字与排版

文字大小在版式设计中起到非常重要的作用，如大的文字或大的首字母文字会有非常大的视觉吸引力，常用在广告、杂志、包装等设计中。而大面积文字的正文则适合使用较为规则的字体，以较小的字号进行编排。另外，文字类型比较多，如印刷字体、装饰字体、书法字体、英文字体等，图5-54、图5-55和图5-56所示为佳作欣赏。

图5-54

图5-55

图5-56

5. 消除锯齿

Photoshop 中的文字使用 PostScript 信息从数学上定义的直线或曲线来表示，所以在文字的边缘会留下硬边或锯齿。文字工具选项栏中为用户提供了四种消除锯齿的方法，单击选项栏中的消除锯齿按钮，在下拉列表中选择一个消除锯齿的方法，如图 5-57 所示。图 5-58 所示

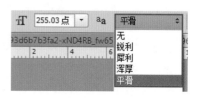

图5-57

为不同的消除锯齿的文字效果。

◇ 选择"无"方式时，Photoshop 不会应用消除锯齿。

◇ 选择"锐利"方式时，文字的边缘最为锐利。

◇ 选择"犀利"方式时，文字的边缘比较锐利。

◇ 选择"浑厚"方式时，文字会变粗一些。

◇ 选择"平滑"方式时，文字的边缘会非常平滑。

图5-58

💡 **提示** 选择"无"时文字会带有很大的锯齿，其他的集中消除锯齿方式产生的效果略有不同，书中印刷效果可能无法准确显示这些微小的变化，建议读者在电脑上亲自尝试不同的消除锯齿的方法。

6. 设置文本对齐

文本对齐方式是根据输入字符时光标的位置来设置的。文字工具的选项栏中提供了 3 种设置文本段落对齐方式的按钮。选择文字图层或选中需要进行对齐的文字，单击选项栏中的"左对齐文本" 、"居中对齐文本" 和"右对齐文本" 即可进行文本对齐，相应效果如图 5-59、图 5-60 和图 5-61 所示。

图5-59   图5-60   图5-61

7. 设置文本颜色

选择文字图层，单击文字工具选项栏中的 ■■ 按钮，如图 5-62 所示。在弹出的"拾色器"窗口中选择一个颜色，单击"确定"按钮，完成文本颜色的更改，如图 5-63 所示。

图5-62

图5-63

5.2 创建多种类型的文字

在 Photoshop 里面可不是只能制作一种文字哦，之前我们尝试过在画面中单击然后输入文字，这种文字叫作"点文字"，除此之外，还有段落文字、路径文字、区域文字和变形文字。不同类型的文字适合于不同的使用情况，接下来就逐一进行学习吧！

5.2.1 "一根筋"的点文字

"点文字"有点"一根筋"，在画面中使用文字工具单击后即可输入文字，在需要换行时需要按一下【Enter】键。如果不手动换行那么文字就会"一根筋"地往后排列，甚至超出图像边界，也不会自动换行。

点文字适合在创建较少文字时使用。选择工具箱中的"横排文字工具" T或"直排文字工具" IT，在画面中单击插入光标然后键入文字，文字输入完成后，单击一下空白区域即可完成文字的输入，如图5-64所示。用这种方法输入的文字即是点文字。图5-64所示为横排文字，图5-65所示为直排文字。

图5-64　　　　　　　　　　　　　图5-65

5.2.2 大段文字必备的段落文字

学会了键入段落文字，就不用每次换行都要敲一下【Enter】键了！段落文字由于具有自动换行、可调整文字区域大小等优势，所以常用在大量的文本排版中，如海报、画册等。图5-66和图5-67所示为使用该功能制作的作品。

（1）选择工具箱中的"横排文字工具" T，在选项栏中设置合适的参数，然后在画面中按住鼠标左键拖曳绘制文本框，如图5-68所示。松开鼠标后，在文本框内有闪烁的光标。在文本框内键入文字，当文字输入到文本框的边缘处时，不需要按【Enter】键，文字会自动进行换行，如图5-69所示。

图5-66　　　　　　　　　　　图5-67

（2）在文字输入的过程中，可以看到文本框周围有多个控制点，它的使用方法和自由变换的"定界框"是一样的。当文本框更改形状后，文本框中的文字排列也会发生变化，如图5-70所示。当文本框右下角出现 时，表示当前文本框过小，部分文字无法在文本框中完全显示，如图5-71所示。

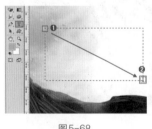

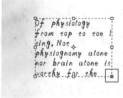

图5-68　　　　　　图5-69　　　　　　图5-70　　　　　　图5-71

（3）如果要完成对文本的编辑操作，可以单击工具选项栏中的 按钮或者使用【Ctrl+Enter】组合键。如果要放弃对文字的修改，可以单击工具选项栏中的 按钮或者按下【Esc】键。

5.2.3 好玩的路径文字

路径文字是一种依附于路径并且可以按路径走向排列的文字行，常用于制作不在一条直线上排列的文字。图5-72和图5-73所示为使用该功能制作的作品。

要创建路径文字，需要先绘制一段用于沿着其排列的路径。然后选择工具箱中的"横排文字工具" T.，接着将光标移动到路径上方，当光标变为 状后单击即可插入光标，如图 5-74 所示。接着键入文字，文字会沿着路径排列，如图 5-75 所示。当改变路径形状时，文字的排列方式也会随之发生改变，如图 5-76 所示。

图5-72　　　　　　　图5-73　　　　　　　图5-74　　　　　　　图5-75　　　　　　　图5-76

> **提示** 在第6章中将学习路径相关的知识，若要绘制路径，可以选择工具箱中的"自由钢笔工具" ，如图 5-77 所示。然后按住鼠标左键拖曳，松开鼠标后即绘制了一段路径，如图 5-78 所示。

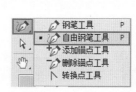

图5-77　　　　　　　　　图5-78

5.2.4　文字也能成图形——区域文字

翻看杂志、报纸时，会发现有些文字排列成不规则的图形，很漂亮，是怎么做的？带着这个疑问，我们一起来学习区域文字吧！图 5-79、图 5-80 所示为使用该功能制作的作品。

区域文字也是依赖于路径存在的，但需要是闭合的路径，输入的文字才能存在于闭合的路径之内。先绘制一个闭合的路径，然后选择工具箱中的"横排文字工具"，在选项栏中设置合适的参数，将光标移动到路径之内，光标此时会变为

图5-79　　　　　　　　　图5-80

 状，如图 5-81 所示。单击鼠标左键插入光标然后键入文字，文字自动在路径范围内部排列，这样区域文字就制作完成了，如图 5-82 所示。如果调整路径的形状，文字的排列也会发生变化，如图 5-83 所示。

图5-81　　　　　　　　　　图5-82　　　　　　　　　　图5-83

5.2.5 呀！文字变形了

在 Photoshop 里面有一种方法能够使文字发生变形，例如鱼形、贝壳形、扇形等等，这个功能叫作"变形文字"，通过使用这一功能可以轻松制作形态各异的文字效果。来吧，一起试试做个创意文字吧！图 5-84 和图 5-85 所示为使用该功能制作的作品。

图5-84　　　　　　　　　图5-85

（1）使用"横排文字工具"输入一段文字，如图 5-86 所示。选择文字，单击文字工具选项栏中的"创建文字变形"按钮 ，或执行"类型 ➤ 文字变形"命令，即可打开"变形文字"窗口。单击"样式"选项后侧的 ▾ 按钮，即可看到多种变形样式，如图 5-87 所示。

（2）选择合适的"样式"，进行参数的设置，单击"确定"按钮，如图 5-88 所示。文字效果如图 5-89 所示。

图5-86

图5-87

图5-88

◇ 水平 / 垂直：选择"水平"选项时，文本扭曲的方向为水平方向，如图 5-90 所示；选择"垂直"选项时，文本扭曲的方向为垂直方向，如图 5-91 所示。

图5-89

图5-90

图5-91

◇ 弯曲：用来设置文本的弯曲程度，图 5-92 和图 5-93 所示分别是"弯曲"为 -50% 和 100% 时的效果。
◇ 水平扭曲：设置水平方向的透视扭曲变形的程度，图 5-94 和图 5-95 所示分别是"水平扭曲"为 -100% 和 100% 时的扭曲效果。

图5-92

图5-93

图5-94

◇ 垂直扭曲：用来设置垂直方向的透视扭曲变形的程度，图5-96和图5-97所示分别是"垂直扭曲"为 -100% 和 100% 时的扭曲效果。

图5-95

图5-96

图5-97

 提示 对带有"仿粗体"样式的文字进行变形时，会弹出如下窗口，单击"确定"按钮将去除文字的"仿粗体"样式，并且经过变形操作的文字不能够添加"仿粗体"样式，如图5-98所示。

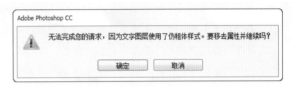

图5-98

课后练习：创建点文字和段落文字制作文字版式

扫码看视频

案例文件

5.2.5 课后练习：创建点文字和段落文字制作文字版式 .psd

视频教学

5.2.5 课后练习：创建点文字和段落文字制作文字版式 .flv

难易指数

★★★☆☆

技术要点

横排文字工具

案例效果

图5-99

操作步骤

01 执行"文件▶新建"命令，新建空白文件，设置"前景色"为黑色，使用组合键【Alt+Delete】填充，如图5-100所示。执行"文件▶置入"命令，在弹出的"置入"窗口中选择素材"1.jpg"，单击"置入"按钮，并放到适当位置，按【Enter】键完成置入，接着执行"图层▶栅格化▶智能对象"命令，将该图层栅格为普通图层，如图5-101所示。

图5-100

02 单击"工具箱"中的"钢笔工具"，在选项栏中设置"绘制模式"为路径，在画面左侧单击确定路径起点，移动光标继续单击并按住鼠标左键拖曳控制杆，继续移到其他位置绘制，最后单击起点形成闭合路径，如图5-102所示。使用组合键【Ctrl+Enter】将路径转化为选区，如图5-103所示。

图5-101

图5-102

图5-103

03 执行"选择▶反向"命令，然后选择该图层，单击图层面板底部的"添加图层蒙版"按钮，如图5-104所示。

04 下面制作翻开的效果，单击"工具箱"中的"矩形选框工具"，在选项栏中单击"新选区"按钮，接着在画面右侧按住鼠标左键拖曳绘制矩形选区，使选区占画面的一半，如图5-105所示。单击"工具箱"中的"渐变工具"，在选项栏中单击"渐变色条"，在弹出的"渐变编辑器"中编辑一个黑色到透明的渐变，"渐变方式"为线性渐变，"不透明度"为50%。接着将光标定位在选区左侧，按住鼠标左键向内拖曳填充渐变，如图5-106所示。

图5-104

图5-105

图5-106

05 在图层面板中设置"混合模式"为正片叠底，"不透明度"为10%，如图5-107所示。效果如图5-108所示。

06 下面需要为画面添加文字。先添加用作标题的点文字，单击"工具箱"中的"横排文字工具"，在选项栏中设置合适的"字体""字号"，设置"填充"为红色，将光标定位在画面右侧，单击输入文字，如图5-109所示。使用同样的方式输入另外一段稍小字号的点文字，在需要换行时按下【Enter】键换行，如图5-110所示。

图5-107

图5-108

图5-109

07 现在制作段落文字，单击"工具箱"中的"横排文字工具"，在选项栏中设置合适的"字体""字号"，颜色为深红色，在画面中单击并按住鼠标向右拖曳，如图5-111所示。在其中输入文字，输入文字后选择该文字图层，打开"段落"面板，单击"最后一行左对齐"按钮，如图5-112所示。效果如图5-113所示。

图5-110

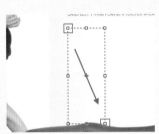
图5-111

图5-112

08 使用同样的方法制作另一个段落文字，如图5-114所示。继续使用同样的方法制作段落文字，如图5-115所示。

图5-113

图5-114

图5-115

5.3　编辑文字很方便

　　选中文字后，可以在工具选项栏中进行简单的文字参数的编辑，但是稍微复杂些的文字参数就无法在选项栏中进行设置了，这时就到了"字符"面板和"段落"面板大显身手的时刻。"字符"面板和"段落"面板可以非常方便地对文字的各种属性进行编辑，是不是很方便呢？图5-116和图5-117所示为使用文字功能制作的作品。

图5-116

图5-117

5.3.1　字符面板

对于大量文字属性的编辑，文字工具选项栏中的选项已经不能满足我们的需要了，这时就轮到"字符"面板出场了！"字符"面板中提供了比文字工具选项栏更全面的选项参数。在"字符"面板中，除了包括常见的字体系列、字体样式、字体大小、文字颜色和消除锯齿等设置，还包括行距、字距等常见设置。

执行"窗口 ▶ 字符"命令，或者单击选项栏中的 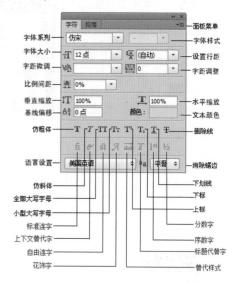 按钮，即可打开"字符"面板，如图5-118所示。

图5-118

◇ 　设置字体大小：在下拉列表中选择预设数值，或者键入自定义数值即可更改字符大小。

◇ 　设置行距 ：行距就是上一行文字基线与下一行文字基线之间的距离。选择需要调整的文字图层，然后在"设置行距"数值框中输入行距数值或在其下拉列表中选择预设的行距值，接着按【Enter】键即可，图5-119和图5-120所示分别是行距值为40点和80点时的文字效果。

◇ 　字距微调 ：用于设置两个字符之间的字距微调。在设置时先要将光标插入到需要进行字距微调的两个字符之间，然后在数值框中输入所需的字距微调数量。输入正值时，字距会扩大；输入负值时，字距会缩小。图5-121所示为插入光标，图5-122所示为字距微调为 −1000 的效果。

图5-119

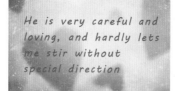

图5-120

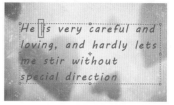

图5-121

◇ 　字距调整 ：字距用于设置文字的字符间距。输入正值时，字距会扩大；输入负值时，字距会缩小，图5-123和图5-124所示分别为正字距与负字距的效果。

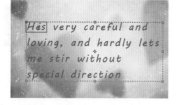

图5-122

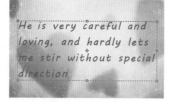

图5-123

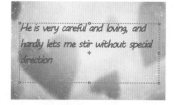

图5-124

◇ 　比例间距 ：比例间距是指按指定的百分比来减少字符周围的空间。但是，字符本身并不会被伸展或挤压，是字符之间的间距被伸展或挤压了，图5-125和图5-126所示是比例间距分别为0%和100%时的字符效果。

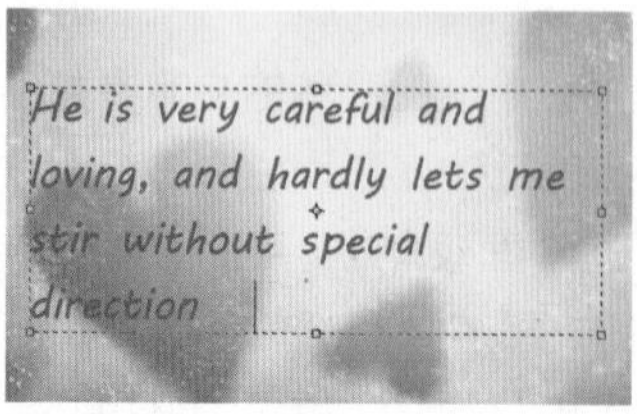

◇ 　垂直缩放 ／水平缩放 ：用于设置文字的垂直或水平缩放比例，以调整文字的

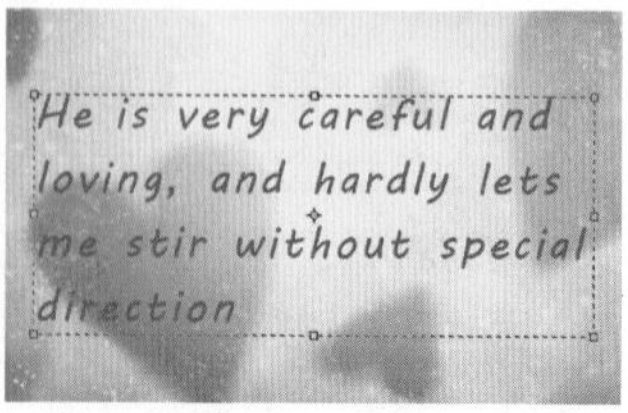

图5-125

图5-126

高度或宽度。图 5-127 所示为"垂直缩放"为 180% 时的效果，图 5-128 所示为"水平缩放"为 120% 时的效果。

◇ 基线偏移 ^{A₂}：基线偏移用来设置文字与文字基线之间的距离。输入正值时，文字会上移；输入负值时，文字会下移，图 5-129 和图 5-130 所示分别为基线偏移 100 点与 -100 点的效果。

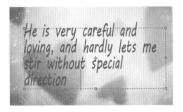

图 5-127

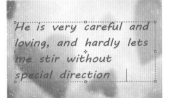

图 5-128

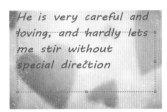

图 5-129

◇ 颜色：单击色块，即可在弹出的拾色器中选取字符的颜色。

◇ **T** *T* TT Tr T¹ T₁ T̶ T̲ 文字样式：设置文字的效果，共有仿粗体、仿斜体、全部大写字母、小型大写字母、上标、下标、下划线和删除线 9 种，如图 5-131 所示。

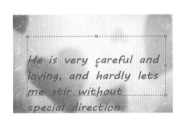

图 5-130

图 5-131

◇ fi ℴ st 𝒜 aa T 1ˢᵗ ½ Open Type 功能：标准连字 fi、上下文替代字 ℴ、自由连字 st、花饰字 𝒜、文体替代字 aa、标题替代字 T、序数字 1ˢᵗ、分数字 ½。

◇ 语言设置：用于设置文本连字符和拼写的语言类型。

◇ 消除锯齿方式：输入文字以后，可以在选项栏中为文字指定一种消除锯齿的方式。

5.3.2 段落面板

当编辑大段文字时，不免需要进行对齐方式、缩进方式的设置，这时就需要调出"段落"面板了。执行"窗口 ➤ 段落"命令，打开"段落"面板，如图 5-132 所示。

◇ 左对齐文本 ▤：文字左对齐，段落右端参差不齐，如图 5-133 所示。

◇ 居中对齐文本 ▤：文字居中对齐，段落两端参差不齐，如图 5-134 所示。

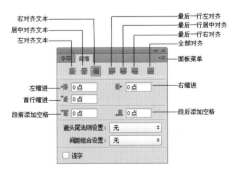

图 5-132

图 5-133

图 5-134

◇ 右对齐文本▉：文字右对齐，段落左端参差不齐，如图 5-135 所示。

◇ 最后一行左对齐▉：最后一行左对齐，其他行左右两端强制对齐，如图 5-136 所示。

◇ 最后一行居中对齐▉：最后一行居中对齐，其他行左右两端强制对齐，如图 5-137 所示。

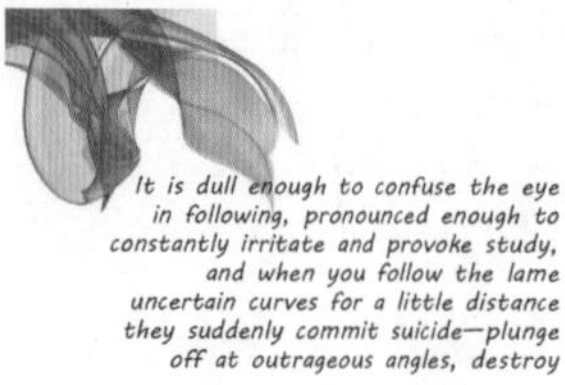

图 5-135 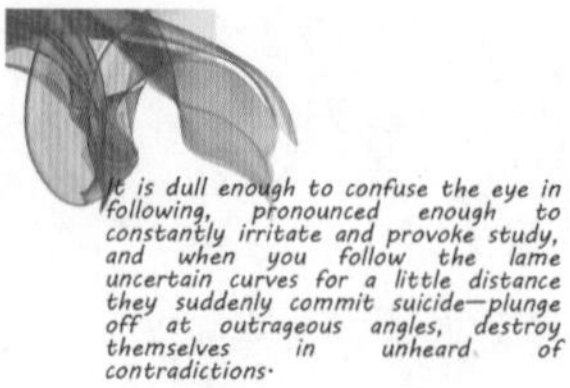   图 5-136 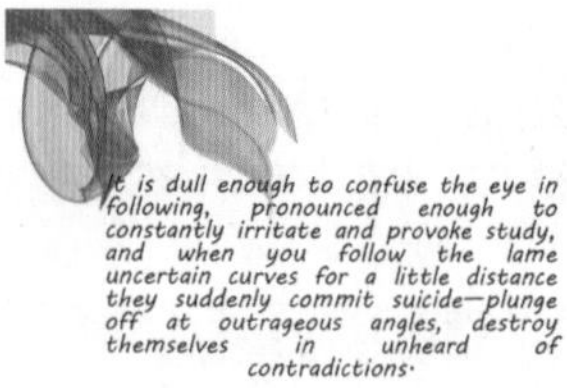   图 5-137

◇ 最后一行右对齐▉：最后一行右对齐，其他行左右两端强制对齐，如图 5-138 所示。

◇ 全部对齐▉：在字符间添加额外的间距，使文本左右两端强制对齐，如图 5-139 所示。

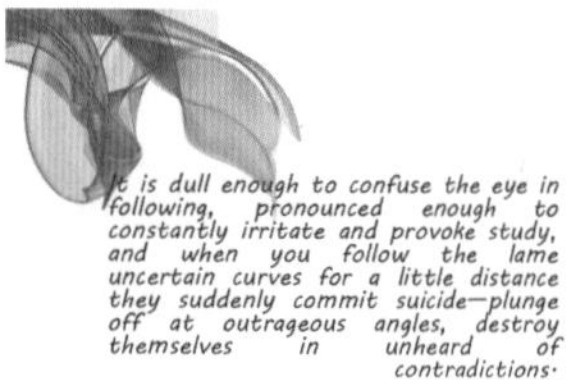

💡 提示　当文字为直排列方式时，"对齐"按钮会发生一些变化，如图 5-140 所示。

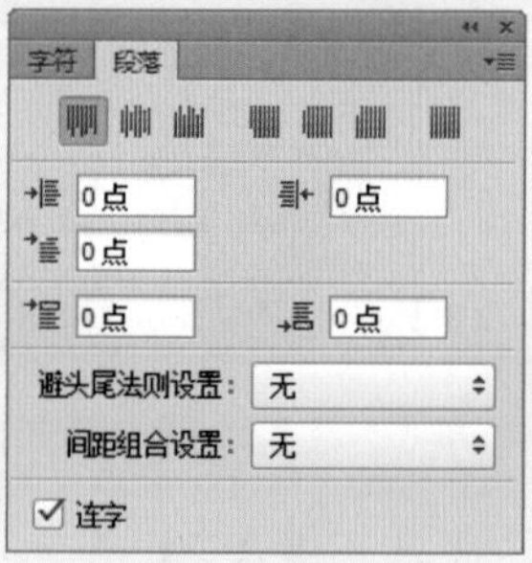

图 5-138   图 5-139

图 5-140

◇ 左缩进▉：用于设置段落文本向右（横排文字）或向下（直排文字）的缩进量，图 5-141 所示是设置"左缩进"为 50 点时的段落效果。

◇ 右缩进▉：用于设置段落文本向左（横排文字）或向上（直排文字）的缩进量，图 5-142 所示是设置"右缩进"为 100 点时的段落效果。

◇ 首行缩进▉：用于设置段落文本中每个段落的第 1 行向右（横排文字）或第 1 列文字向下（直排文字）的缩进量，图 5-143 所示是设置"首行缩进"为 50 点时的段落效果。

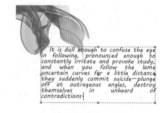

图 5-141 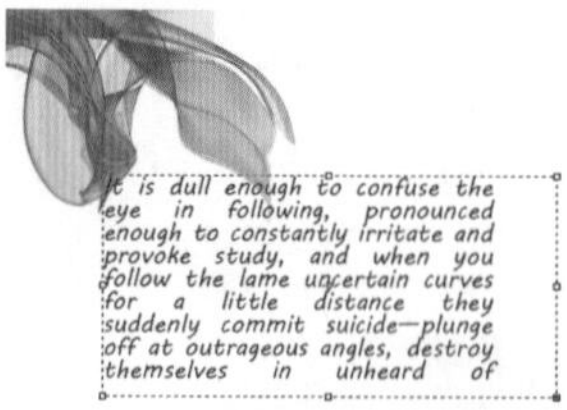   图 5-142   图 5-143

◇ 段前添加空格▉：设置光标所在段落与前一个段落之间的间隔距离，图 5-144 所示是设置"段前添加空格"为 30 时的段落效果。

◇ 段后添加空格▉：设置当前段落与后一个段落之间的间隔距离，图 5-145 所示是设置"段后添加空格"为 10 点时的段落效果。

◇ 避头尾法则设置：不能出现在一行的开头或结尾的字符称为避头尾字符，Photoshop提供了基于标准 JIS 的宽松和严格的避头尾集，宽松的避头尾设置忽略长元音字符和小平假名字符。选择"JIS 宽松"或"JIS严格"选项，可以防止在一行的开头或结尾出现不能使用的字母。

◇ 间距组合设置：间距组合用于设置日语字符、罗马字符、标点和特殊字符在行

图5-144　　　　　　　　　　　　　图5-145

开头、行结尾和数字的间距文本编排方式。选择"间距组合 1"选项，可以对标点使用半角间距；选择"间距组合 2"选项，可以对行中除最后一个字符外的大多数字符使用全角间距；选择"间距组合 3"选项，可以对行中的大多数字符和最后一个字符使用全角间距；选择"间距组合 4"选项，可以对所有字符使用全角间距。

◇ 连字：勾选"连字"选项以后，在输入英文单词时，如果段落文本框的宽度不够，英文单词将自动换行，并在单词之间用连字符连接起来。

5.3.3　转换文字图层

文字对象在 Photoshop 中属于一种矢量图形，在放大或缩小时调整的是字号，所以不会因为大小的改变而变得模糊。但是文字图层无法进行滤镜、涂抹等操作，那么就需要将文字转换为可编辑的对象，例如普通图层、形状图层、工作路径等。图 5-146 和图 5-147 所示为通过将文字转换为可编辑形态的对象后进行编辑制作的作品。

1. 将文字图层转化为普通图层

默认情况下，我们输入文字后会自动生成一个图层，这个图层就是文字图层。在 Photoshop 中，文字图层可以保留文字的属性，例如字体、字号、颜色等，可以随时进行更改。但是文字图层不能直接应用滤镜或进行涂抹绘制等变换操作，若要对文本应用这些滤镜，就需要将其转换为普通图层。

选择文字图层，然后在图层名称上单击鼠标右键，在弹出的菜单中执行"栅格化文字"命令，如图 5-148所示。这样就可以将文字图层转换为普通图层，如图 5-149 所示。

图5-146

图5-147

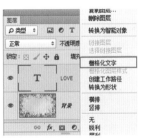

图5-148

图5-149

💡 提示　将文字图层转换为普通图层后，文字属性就消失了，就不能再更换字体、更改字号了，所以一定要做好备份工作。

2. 将文字图层转化为形状图层

文字图层还可转换为矢量的形状图层。选择文字图层，在图层名称上单击鼠标右键，在弹出的菜单中选择"转换为形状"命令，如图 5-150 所示。执行"转换为形状"命令以后不会保留原始文字属性，如图 5-151 所示。

提示 将文字图层转换为形状图层后，使用"直接选择工具" 拖曳锚点即可对文字进行变形。通常使用这种方法来制作创意文字，如图 5-152 所示。

图 5-150　　　　　　图 5-151　　　　　　　　图 5-152

3. 创建文字的工作路径

"创建工作路径"命令可以按照文字的轮廓创建出工作路径，原始文字图层不会发生变化。选中文字图层，执行"文字 ➢ 创建工作路径"菜单命令，或在文字图层上单击右键执行"创建工作路径"，如图 5-153 所示。然后将文字图层隐藏，就可以看见创建的工作路径，如图 5-154 所示。

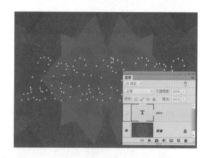

图 5-153　　　　　　　　　　图 5-154

实战项目：书籍版式设计

扫码看视频

案例文件	视频教学
5.3.3 实战项目：书籍版式设计 .psd	5.3.3 实战项目：书籍版式设计 .flv

难易指数	技术要点
★★★★☆	横排文字工具、字符面板

案例效果

图5-155

操作步骤

01 创建新文档。执行"文件 ➤ 新建"命令，创建一个新文档。创建一条纵向的辅助线将画面分割为两个部分，如图 5-156 所示。

02 执行"文件 ➤ 置入"命令，选择素材"1.jpg"置入到画面中，调整大小，并摆在合适位置，按下【Enter】键确定此操作，如图 5-157 所示。执行"编辑 ➤ 变换 ➤ 水平翻转"命令，并摆到右侧位置，如图 5-158 所示。

图5-156

图5-157

图5-158

03 将素材栅格化。执行"窗口 ➤ 图层"命令，打开图层面板，选择素材图层，单击鼠标右键选择"栅格化图层"，将图片栅格化，如图 5-159 所示。

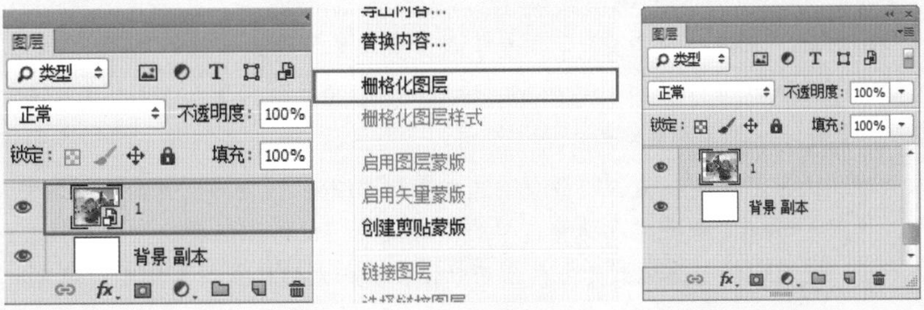

图5-159

04 裁剪素材。单击工具箱中"矩形选框工具"按钮，在画面中
按住鼠标左键拖曳使图片的一小部分变为选区，如图5-160所
示。按下【Delete】键删除所选部分，使用"取消选区"快捷键
【Ctrl+D】取消选区，效果如图5-161所示。

05 键入画面中文字部分。单击工具箱中"横排文字工具" **T** 按
钮，按住鼠标左键拖曳绘制一个文本框，在选项栏中设置合适
的"字体样式"，"字体大小"设置为4点，选择"左对齐文本"，
设置"字体颜色"为黑色，键入文字，如图5-162所示。继续
使用"横排文字工具"，选中刚才键入文字的一小部分，更改为
合适的"字体大小"和"字体颜色"，效果如图5-163所示。

图5-160

图5-161 　　　　　　　　　　　图5-162 　　　　　　　　　　　图5-163

06 继续使用"横排文字工具"，按住鼠标左键绘制文本框，在选项栏中设置合适的"字体样式""字体
大小"，设置"字体颜色"为黑色，键入一段文字，如图5-164所示。使用同样方法键入其他文字，
如图5-165所示。

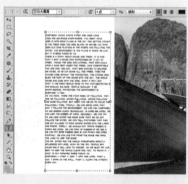
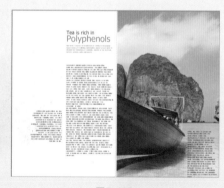

图5-164 　　　　　　　　　　　　　　　图5-165

07 设置段落文字的首字下沉。选中刚刚键入的段落文本中的第一个字母，单击选项栏中"切换字符和
段落面板" 按钮，在弹出的"字符"面板中设置合适的"垂直缩放""水平缩放""基线偏移"，
设置合适的"字体颜色"，如图5-166所示。将第二行、第三行文字左侧的位置添加一些空格，使
文字不会产生重叠的问题，效果如图5-167所示。

08 再次置入素材。执行"文件▷置入"命令，选择素材"1.jpg"，置入到画面中，调整大小并摆放在
合适位置，按下【Enter】键确定此操作，单击右键选择"栅格化图层"命令，将素材栅格化，如
图5-168所示。使用"矩形选框工具"在画面中按住鼠标左键拖曳，选择素材图片中的一小部分，
如图5-169所示。

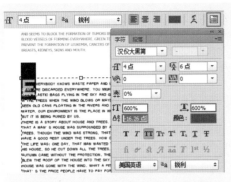

图5-166　　　　　　　图5-167　　　　　　　图5-168

09　裁剪素材。使用"反向选择"快捷键【Ctrl+Shift+I】选择矩形选框以外的素材，如图5-170所示。按下键盘上的【Delete】键，将选区内的部分删除，然后使用"取消选区"快捷键【Ctrl+D】来取消选区，效果如图5-171所示。

图5-169　　　　　　　　　图5-170　　　　　　　　　图5-171

10　使用上述方法将素材再次置入到画面中，选择图片所在图层，单击右键选择"栅格化图层"，将素材栅格化，使用"矩形选框工具"，删除素材多余部分，效果如图5-172所示。版式的平面效果如图5-173所示。

11　置入立体素材，在"图层"面板下方单击"创建新图层"按钮，创建一个新图层，将工具箱中"前景色"设置为白色，使用"填充前景色"快捷键【Alt+Delete】将图层填充为白色，如图5-174所示。执行"文件 ➢ 置入"命令，选择素材"2.png"，将其置入，缩放大小并摆在合适位置，如图5-175所示。

图5-172

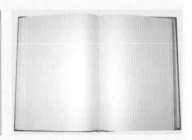

图5-173　　　　　　　　　图5-174　　　　　　　　　图5-175

12 执行"图层➤图层样式➤投影"命令，设置"混合模式"为正片叠底，"不透明度"为75%，"角度"为120度，设置"距离"为21像素，"大小"为21像素，如图5-176所示。单击"确定"按钮，效果如图5-177所示。

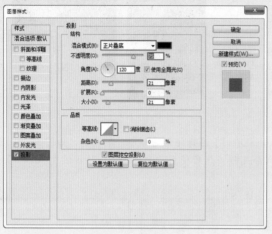

图5-176   图5-177

13 按住【Shift】键将绘制的版面平面的所有图层全部选中，然后单击鼠标右键选择"合并图层"，如图5-178所示。将合并后的图层放在图层顶部，如图5-179所示。

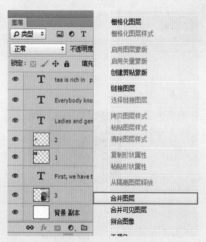

图5-178   图5-179

14 单击工具箱中"矩形选框工具"按钮，按住鼠标左键拖曳选中右半部分，剪切并粘贴为单独图层。然后执行"编辑➤自由变换"命令，将图片转变为自由变换编辑状态，如图5-180所示。在右半部分单击鼠标右键，选择"变形"，效果如图5-181所示。

15 在左上方的控制点处按住鼠标左键向下拖曳，如图5-182所示。使用同样的方法，调整其他控制点，调整完成后按下【Enter】键确定此操作，效果如图5-183所示。

16 继续对左侧页面执行"编辑➤自由变换"命令，将图片转换为自由变换状态，单击右键选择"变形"，对左半部分进行调整，效果如图5-184所示。

图5-180

图5-181

图5-182

图5-183

图5-184

17 单击"图层"面板底部的"创建新图层"按钮，单击工具箱中"画笔工具"按钮，设置"前景色"为白色。选择一款圆形画笔，设置"画笔大小"为315像素，设置"硬度"为0，"不透明度"为32%，在画面中按住鼠标左键绘制高光，如图5-185所示。使用同样的方法绘制阴影，如图5-186所示。

18 将绘制的高光和阴影所在的图层全部选中，单击右键选择"从图层建立组"，如图5-187所示。在弹出的"从图层建立组"对话框中设置"名称"为left，单击"确定"按钮，效果如图5-188所示。

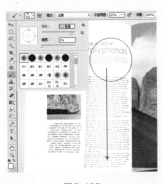
图5-185

图5-186

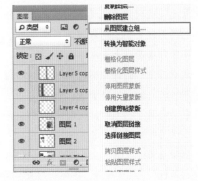
图5-187

19 在图层中选中"left组"，载入左侧页面的选区，如图5-189所示。以当前选区为"left组"，单击"图层"面板中的"添加图层蒙版"按钮，效果如图5-190所示。

图5-188

图5-189

图5-190

20 使用上述方法将右半部分的高光和阴影绘制出来，效果如图 5-191 所示。用同样的方法为右半部分添加暗部和高光，效果如图 5-192 所示。

图5-191

图5-192

在电脑中安装其他字体的方法

在实际工作中，为了配合画面效果经常需要使用各种各样的字体，系统自带的字体有时无法满足我们的需要，这时用户就需要自己安装额外的字体。我们知道 PhotoShop 中所使用的字体其实是调用操作系统中的系统字体，所以用户只需要把字体文件安装在操作系统的字体文件夹下即可。目前比较常用的字体安装方法基本上有以下几种。

光盘安装：打开光驱，放入字体光盘，光盘会自动运行安装字体程序，选中所需安装的字体，按照提示即可安装到指定目录下。

自动安装：很多时候我们使用到的字体文件是 EXE 格式的可执行文件，这种字库文件安装比较简单，双击运行并按照提示进行操作即可。

手动安装：当遇到没有自动安装程序的字体文件时，需要执行"开始➤设置➤控制面板"命令，打开"控制面板"，然后双击"字体"项目，再将外部的字体复制到打开的"字体"文件夹中。

安装好字体以后，重新启动 Photoshop 就可以在选项栏中的字体系列中查找到安装的字体。

"文字"首选项设置详解

对于 Photoshop 中的文字功能，如果想要进行设置，可以执行"编辑➤首选项➤文字"菜单命令或按

【Ctrl+K】组合键，打开"首选项"对话框，在"文字"页面
中进行设置，如图5-193所示。

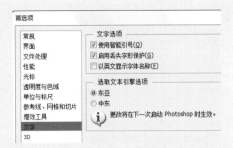

图5-193

◇　使用智能引号：设置在 Photoshop 是否显示智能引号。

◇　启用丢失字形保护：设置是否启用丢失字形保护。勾选该选
　　项以后，如果文件中丢失了某种字体，Photoshop 会弹出警告
　　提示。

◇　以英文显示字体名称：勾选该选项以后，在字体列表中
　　只能以英文的方式来显示字体名称。

◇　选取文本引擎选项：在"东亚"和"中东"两个选项中选
　　择文本引擎。

如何在输入文字时移动文字

在文字输入的过程中，如果要移动文字的位置，可以将光标移
动到文字的附近，光标变为 状后，按住鼠标左键拖曳即可调
整文字的位置，如图5-194所示。

图5-194

一个平面设计作品中，怎么能少了文字？学会了文字创建与编辑的方法，就可以随心所欲地在画面中添
加文字了。但是我们仍旧需要多学习一些关于版式设计的知识哟，这样才能设计出令人满意的作品。

第 **6** 章

矢量绘图必学工具

6.1　了解绘图模式

　　这一节我们先做一下热身运动，了解一下绘图模式以及设置填充和描边的方法。使用"钢笔工具"或形状工具绘制的图形有 3 种绘制模式可供选择，分别是"路径""形状""像素"，每种绘制模式都有特定的使用场合，如"路径"模式用于抠图和绘制复杂图形。"形状"或"像素"则是用于矢量绘图。用户可以根据需要进行选择，图 6-1 和图 6-2 所示为使用矢量工具制作的作品。

图6-1　　　　　　　　图6-2

6.1.1　了解绘图模式

　　要学习钢笔工具、形状工具，先要了解绘图模式。选择工具箱中的"钢笔工具"或某个形状工具，单击工具属性栏中的"绘图模式"按钮，即可看到"形状""路径""像素"3 种绘图模式，如图 6-3 所示。"钢笔工具"只可以使用"形状"与"路径"两种方式，使用形状工具可以使用全部的绘图模式，图 6-4 所示为 3 种不同绘制模式绘制的图形效果。

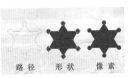

图6-3　　　　　　　　图6-4

　◇　形状：选择该选项后，可在单独的形状图层中创建形状。形状图层由填充区域和形状两部分组成，填充区域定义了形状的颜色、图案和图层的不透明度，形状则是一个矢量图形，它同时出现在"路径"面板中。

　◇　路径：选择该选项可以创建工作路径，路径可以转换为选区或创建矢量蒙版，还可以填充和描边。

　◇　像素：选择该选项后，可以在当前图层上绘制栅格化的图形。

本章学习要点

- 了解绘图模式
- 掌握形状填充与描边的设置方法
- 熟练掌握钢笔工具的使用方法
- 了解路径的编辑操作
- 掌握形状工具的使用方法

本章内容简介

这一章就要学习矢量绘图工具的使用了，Photoshop 的矢量工具包括"钢笔工具"和"形状工具"两大类。学习"钢笔工具"的操作是这一章的重点也是难点，钢笔工具主要用于绘制各种不规则的复杂图形，也就是想画什么就画什么；而形状工具则是通过选取内置的图形样式绘制较为规则的图形。这一章 Photoshop 要向你放大招了哦，你准备好了吗？

6.1.2 设置填充

当设置绘制模式为"形状"后，就需要在选项栏中设置其填充。单击选项栏中的"填充"按钮，在下拉面板中可以看到设置填充的选项，如图6-5所示。

◇ 无填充 ：单击该按钮可以设置填充为无颜色。

◇ 用纯色填充 ■：单击该按钮，可以在面板下方选择一种颜色进行填充，如图6-6和图6-7所示。

◇ 用渐变填充 ■：单击该按钮，可以在面板的下方编辑渐变颜色，使用方法和"渐变编辑器"一样，如图6-8和图6-9所示。

◇ 用图案填充 ▨：单击该按钮，可以在面板下方选择一种图案进行填充，如图6-10和图6-11所示。

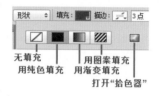

图6-5

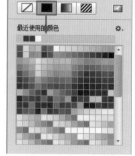

图6-6

◇ 拾色器 □：单击该按钮可以打开"拾色器"窗口，如图6-12所示。

图6-7

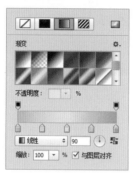

图6-8

图6-9

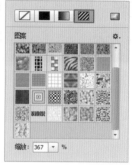

图6-10

图6-11

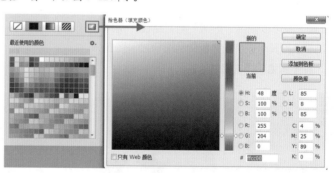

图6-12

6.1.3 设置描边

矢量对象的"描边"通俗来讲就是在边缘加上一圈"边"。这个"边"可以是单一颜色、渐变或者图案。在选项栏中可以对描边的颜色、宽度和描边的样式进行设置，如图6-13所示。

（1）单击属性栏中的"描边"按钮，在下拉面板中可以对描边的颜色进行调整，其使用方法和设置填充的方法一样，如图6-14和图6-15所示。

（2）在设置描边宽度数值框内输入参数，然后按一下【Enter】键设置描

图6-13

边宽度，如图 6-16 所示。或者单击 按钮，在下拉面板中滑动滑块也可以轻松调整描边的宽度，向左滑动减小描边宽度，向右滑动增大描边宽度，如图 6-17 所示。

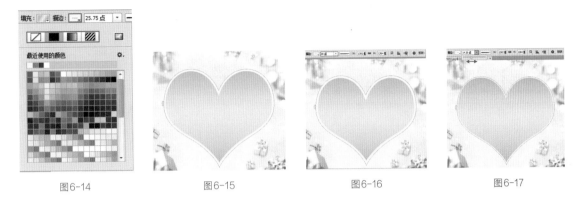

图6-14　　　　　　　图6-15　　　　　　　图6-16　　　　　　　图6-17

（3）单击"描边选项"按钮，在下拉面板中可以设置描边的样式，使连续的描边变为虚线描边。在这里还可以进行描边的对齐方式、端点以及角点的形态设置，如图 6-18 和图 6-19 所示。

◇　描边样式：在这里可以选择用实线、虚线或者圆点来进行描边，如图 6-20 和图 6-21 所示。

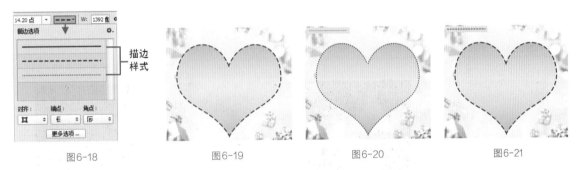

图6-18　　　　　　　图6-19　　　　　　　图6-20　　　　　　　图6-21

◇　对齐：单击对齐按钮，可以在下拉菜单中选择描边与路径的对齐方式，包括内部、居中、外部，如图 6-22 和图 6-23 所示。

◇　端点：单击端点按钮，可以在下拉面板中选择路径端点的样式，包括端面、圆形和方形三种，如图 6-24 和图 6-25 所示。

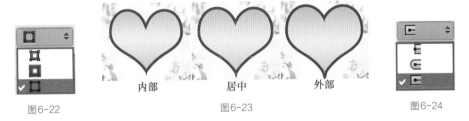

图6-22　　　　内部　　　居中　　　外部　　　图6-24

◇　角点：单击角点按钮，在下拉菜单中选择路径转角处的转折样式，包括斜接、圆形和斜面三部，如图 6-26 和图 6-27 所示。

端面　　　圆形　　　方形

图6-25　　　　　　　　　　　　　图6-26

◇　更多选项：单击该按钮，可以打开"描边"窗口，在该窗口中除包含之前的选项设置外，还可以调整虚线间距，制作间距不同的虚线效果，如图6-28所示。

斜接　　　　圆形　　　　斜面

图6-27

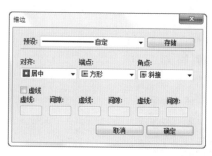

图6-28

6.2　既能绘图又能抠图的钢笔

　　对于"PS新手"来说，学会"钢笔工具"的使用是晋升"高手"的第一步。"钢笔工具"属于矢量绘图工具，它主要有两个用途：一是绘制矢量图形，第二是用于抠图。作为绘图工具的钢笔，可以轻松绘制出各种复杂的形态，还可以配合描边与填充颜色的设置得到完整的图形。在作为抠图工具使用时，钢笔可以精准、平滑地绘制复杂路径，然后将路径转换为选区，从而选择相应的对象。图6-29、图6-30、图6-31和图6-32所示为使用钢笔工具制作的作品。

图6-29

图6-30

图6-31

图6-32

6.2.1　钢笔工具

　　这一节就来学习如何使用"钢笔工具"，"钢笔工具" ![钢笔] 是最基本、最常用的路径绘制工具。最初使用时会感到很难控制，因此要多加练习。一旦掌握了钢笔工具的使用技巧，绘图的精准度会迈上一个新的台阶！下面我们就来学习使用"钢笔工具"绘制各种形状的方法吧。

1.　使用"钢笔工具"绘制直线

　　绘制直线是使用"钢笔工具"的基础，也是最简单的。

　　（1）选择工具箱中的"钢笔工具" ![钢笔]，如图6-33所示。在选项栏中设置"绘制模式"为路径，将光标移至画面中，单击创建一个锚点，如图6-34所示。

图6-33

　　（2）松开鼠标，将光标移至下一处位置单击创建第二个锚点，两个锚点会连接成一条由角点定义的直线路径，如图6-35所示。继续将光标移动到其他位置，同样进行单击，创建第三个锚点，现在我们得到了一条折线，如图6-36所示。

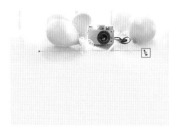

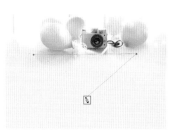

图6-34　　　　　　　　　　　　　图6-35　　　　　　　　　　　　　图6-36

（3）将光标放在路径的起点，当光标变为 ◎状时，单击即可闭合路径，如图 6-37 和图 6-38 所示。

（4）如果要结束一段开放式路径的绘制，可以按住【Ctrl】键并在画面的空白处单击，此外，按下【Esc】键也可以结束路径的绘制，如图 6-39 所示。

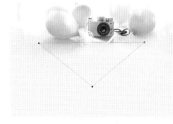

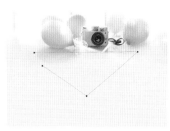

图6-37　　　　　　　　　　　　　图6-38　　　　　　　　　　　　　图6-39

2. 使用"钢笔工具"绘制曲线路径

> **提示** 在使用"钢笔工具"绘图时，按住【Shift】键可以绘制水平、垂直或以 45° 角为增量的直线。

曲线的绘制稍有难度，想要绘制曲线路径，就需要使路径上出现带有"方向线"的带有弧度的曲线锚点，锚点上"方向线"的长短和角度都会影响曲线的弧度。在绘制过程中，光标的移动位置会影响方向线的位置以及长短。所以最初绘制时可能很难保证绘制的精准度，绘制出的曲线可能会发生弧度"很奇怪"的情况。这就需要通过大量的练习，摸清钢笔工具的绘图规律，才能熟练绘制出精确的图形。当然绘制的路径也可以在绘制完成后进行进一步的形态调整。

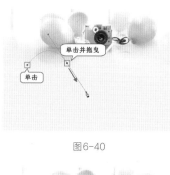

图6-40

（1）选择工具箱中的"钢笔工具" ✍，在选项栏中设置绘制模式为"路径"，然后在画面中单击创建起始锚点，按住鼠标左键并拖曳，创建一个平滑点，如图 6-40 所示。将光标放置在下一个位置，然后同样按住鼠标左键并拖曳光标，创建第 2 个平滑点，注意要控制好曲线的走向，如图 6-41 所示。

（2）继续按照上述方法绘制其他平滑点，如图 6-42 所示。如果路径形态不准确，可以使用"直接选择工具" ▶，选择各个平滑点，调节其"方向线"，使其生成平滑的曲线，如图 6-43 所示。

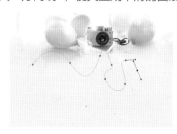

图6-41　　　　　　　　　　　　　图6-42　　　　　　　　　　　　　图6-43

6.2.2　自由钢笔工具

　　怎么？"钢笔工具"用不惯？那就先用"自由钢笔工具"过把瘾吧！使用"自由工具"可以无拘无束地绘制随意的路径或形状对象。

　　（1）选择工具箱中的"自由钢笔工具" 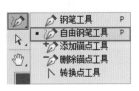，如图6-44所示。单击属性栏中的 ⚙ 按钮，在下拉菜单中对磁性钢笔的"曲线拟合"数值进行设置，该数值用于控制绘制路径的精度。数值越大，路径越平滑，路径越不精确。数值越小，路径越复杂且越贴近绘制的路径，路径也越不平滑，如图6-45所示。

　　（2）设置完成后，在画面中按住鼠标左键并拖动光标，即可绘制出自由随意的路径，如图6-46所示。松开鼠标后即可看到锚点，如图6-47所示。

| 图6-44 | 图6-45 | 图6-46 | 图6-47 |

独家秘笈　　　　有趣的"磁性钢笔"

　　"磁性钢笔工具"和"磁性套索工具"非常像，"磁性钢笔工具"可以贴在颜色差异的边缘处创建路径，创建完成后还可以调整路径的形态。相信你使用起来会感到非常方便的。

　　（1）选择工具箱中的"自由钢笔工具" 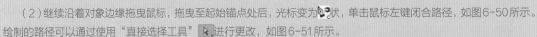，单击属性栏中的 ⚙ 按钮，在下拉面板中勾选"磁性的"，或者直接勾选选项栏中的"磁性的"选项，如图6-48所示。此时光标变为 状，在画面中单击，确定路径的第一个锚点的位置，然后沿着对象的边缘拖曳光标（此时不需要按住鼠标左键）。随着鼠标的拖动，锚点会自动贴紧对象边缘轮廓生成路径，如图6-49所示。

　　◇　宽度：用于设置磁性钢笔工具的检测范围，数值越高，检测的范围越广。

　　◇　对比：用于设置工具对于图像边缘的敏感程度，如果图像的边缘与背景的色调比较接近，可将该数值设置稍大一些。

图6-48

　　◇　频率：用于设置锚点的密度，数值越高锚点的密度越大。

　　（2）继续沿着对象边缘拖曳鼠标，拖曳至起始锚点处后，光标变为 状，单击鼠标左键闭合路径，如图6-50所示。绘制的路径可以通过使用"直接选择工具" 进行更改，如图6-51所示。

| 图6-49 | 图6-50 | 图6-51 |

6.2.3　锚点不够多？添加锚点

　　如果路径的形态与预期有所差距，就需要进一步进行调整。如果路径上的锚点不够多，就需要添加一些锚点。使用"添加锚点工具" 可以直接在路径上添加锚点。选择工具箱中的"添加锚点工具" ，如图 6-52 所示。将光标移动至路径上方单击即可添加新锚点，如图 6-53 和图 6-54 所示。

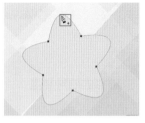
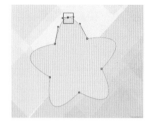

图6-52　　　　　　　　　　　图6-53　　　　　　　　　　　图6-54

6.2.4　有多余的锚点？删除

　　使用"删除锚点工具" 可以删除路径上的锚点。选择工具箱中的"删除锚点工具" ，如图 6-55 所示。将光标放在锚点上，单击鼠标左键即可删除锚点，如图 6-56 和图 6-57 所示。

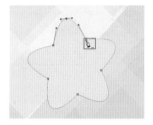

图6-55　　　　　　　　　　　图6-56　　　　　　　　　　　图6-57

6.2.5　转换锚点类型

　　路径上的锚点有两大种类：尖角的角点和圆角的平滑点。"转换为点工具" 可以用来转换锚点的类型。

　　（1）选择工具箱中的"转换为点工具" ，如图 6-58 所示。将光标移动至角点处，如图 6-59 所示。按住鼠标左键拖曳，即可将角点转换为平滑点，如图 6-60 所示。

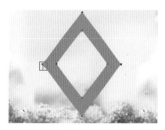

图6-58　　　　　　　　　　　图6-59

（2）将平滑点转换为角点也很简单。将光标移动至平滑点处，如图6-61所示。单击鼠标左键即可将平滑点转换为角点，如图6-62所示。

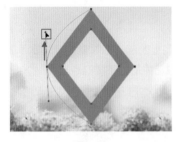

图6-60

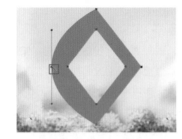

图6-61

图6-62

独家秘笈 锚点的四种类型

锚点分为两大类：角点和平滑点。但是根据锚点上方向线的特征，可以将锚点分为以下四种类型。

直线锚点：直线锚点（角点）没有方向线，如图6-63所示。

平滑锚点：平滑锚点有两个方向线，方向线在一条直线上，如图6-64所示。

拐角锚点：拐角锚点有两个方向线，方向线不在一条直线上，如图6-65所示。

复合锚点：复合锚点只有一个方向线，如图6-66所示。

图6-63

图6-64

图6-65

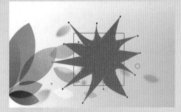

图6-66

课后练习：双色画册内页版面

扫码看视频

案例文件

6.2.5 课后练习：双色画册内页版面 .psd

视频教学

6.2.5 课后练习：双色画册内页版面 .flv

难易指数

★★★☆☆

技术要点

钢笔工具、椭圆工具、渐变工具

案例效果

图6-67

操作步骤

01 在菜单栏中执行"文件 ➢ 新建"命令，设置大小合适的文档。选择工具箱中的"矩形选框工具"按钮，在画面中绘制矩形选区。将"前景色"设置为孔雀绿，并使用前景色填充快捷键【Alt+Delete】进行填充，完成后按下【Ctrl+D】组合键取消选区，此时画面如图6-68所示。然后执行"文件 ➢ 置入"命令，置入素材"1.jpg"，如图6-69所示。

图6-68

图6-69

02 将风景图片按下【Ctrl+T】组合键进行自由变换，适当收缩其宽度，然后按一下【Enter】键确定置入操作。在该图层上方单击鼠标右键执行"栅格化图层"命令将其转换为普通图层，如图6-70所示。在图层面板下方单击"添加图层蒙版"按钮▢，选择图层蒙版，在图片右下角位置绘制三角形选区，并填充黑色，将背景孔雀绿显示出来，此时蒙版效果如图6-71所示，画面效果如图6-72所示。

图6-70

图6-71

图6-72

03 单击工具箱中的“多边形套索”工具，绘制不规则的选区。新建图层，将前景色填充为橙色，并使用前景色进行画面填充，如图 6–73 所示。取消选区后，在图层面板中将“混合模式”设置为叠加，并适当调整“不透明度”，如图 6–74 所示，此时画面呈现出夕阳效果，如图 6–75 所示。

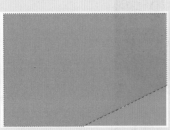

图6–73

图层
类型
叠加
不透明度: 80%
锁定:
填充: 100%
图层 4
1
图层 2
图层 0

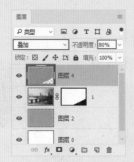

图6–74

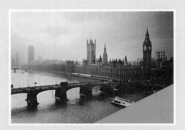

图6–75

04 在画面中绘制图形增添画面感染力。新建图层，单击工具箱中的“钢笔工具”按钮，在画面中绘制不规则四边形路径，如图 6–76 所示。接着使用快捷键【Ctrl+Enter】将路径转换为选区，将前景色设置为橙色，使用前景色进行填充，填充完成后使用【Ctrl+D】取消选区，如图 6–77 所示。

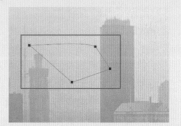

图6–76

05 复制该多边形图层，载入选区，将颜色填充为孔雀绿色，与背景相呼应，调整其角度，放在画面中合适的位置，如图 6–78 所示。

选择工具箱中的“椭圆工具”，在选项栏中将“工具模式”选择为形状并填充为橙色，接下来使用“椭圆工具”与“钢笔工具”配合绘制“气泡”图形，如图 6–79 所示。

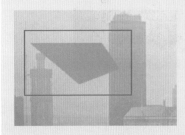

图6–77

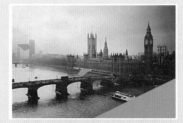

图6–78

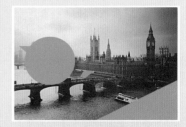

图6–79

06 复制该图层并进行等比例缩小和变色，与橙色圆叠放，突出层次感，此时效果如图 6–80 所示。

07 绘制虚线空心圆。单击工具箱中的“椭圆工具”，在选项栏中设置绘制模式为“形状”，将“填充”设置为无，并选择白色作为描边颜色，适当调整描边像素的大小，如图 6–81 所示。单击“设置形状描边类型”，在弹出的窗口中选择第三种虚线的描边形式，如图 6–82 所示。

08 设置完成后将光标放置在孔雀绿色的圆内，继续进行中心等比例绘制，如图 6–83 所示。按照同样的方法继续绘制多个虚线空心圆边框，并设置图层的“混合模式”为柔光，画面效果如图 6–84 所示。

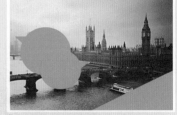

图6–80

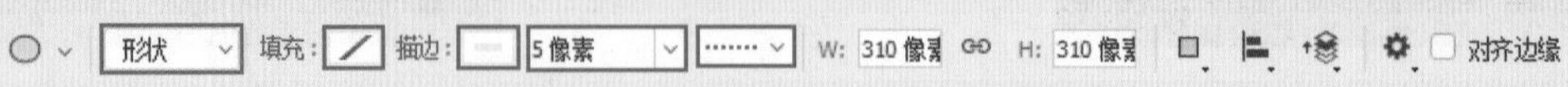

形状
填充:
描边:
5 像素
W: 310 像素
H: 310 像素
对齐边缘

图6–81

图6-82

图6-83

图6-84

09 接下来在图片右下方输入文字。选择工具箱中的"横排文字工具"，单击选项栏中的"切换字符和段落面板"按钮，打开"字符"面板。在"字符"面板中设置合适的字体和文字参数，并将颜色设置为白色，如图6-85所示。在画面中单击插入光标，键入文字，效果如图6-86所示。

图6-85

图6-86

10 由于该文字过于突出，使画面略显僵硬。可以在图层面板中选中该图层，将"不透明度"调整为50%，如图6-87所示，此时画面效果如图6-88所示。按照同样的方法继续使用横排文字工具调整字体类型和大小，在画面的相应位置输入文字，效果如图6-89所示。

图6-87

图6-88

图6-89

11 用渐变工具塑造画册页面的立体效果。新建图层，使用"矩形选框工具"框选画面左侧部分，然后选择工具箱中的"渐变工具" ，单击选项栏中的渐变色条，打开"渐变编辑器"窗口。编辑一个黑白色系的渐变颜色，渐变编辑完成后设置"渐变类型"为线性渐变，如图6-90所示。接着在画面中，按住【Shift】键将光标由左向右进行水平拖动，如图6-91所示。释放鼠标后完成渐变填充的操作，效果如图6-92所示。

图6-90

图6-91

12 在图层面板中设置该渐变图层的"混合模式"为正片叠底，调整合适的不透明度，如图 6-93 所示。画面最终效果如图 6-94 所示。

图6-92　　　　　　　　　图6-93　　　　　　　　　图6-94

6.3　路径对象的编辑操作

　　路径是一种虚拟的对象，无法打印输出。但是路径也可以像其他对象一样进行选择、移动、变换等常规操作。可以通过将路径建立选区、转换为形状、进行描边或填充等操作，使之变为可以输出的对象。路径还可以像选区运算一样进行相加相减的"运算"。通过对路径进行编辑可以制作出各种各样的图形效果，图 6-95、图 6-96、图 6-97 和图 6-98 所示为使用矢量工具制作的作品。

图6-95　　　　　　　　图6-96　　　　　　　　图6-97　　　　　　　　图6-98

6.3.1　选择路径和锚点

　　要对路径进行移动、变换等编辑，先需要选中路径。在 Photoshop 中分别提供了用于选择路径和选择锚点的工具。使用"路径选择工具"可以选择路径，使用"直接选择工具"可以选择锚点，如图 6-99 所示。

◇　路径运算：选择两个或多个路径时，在工具选项栏中单击运算按钮，会产生相应的交叉结果。

◇　路径对齐方式：设置路径对齐与分布的选项。

◇　路径排列：设置路径的层级排列关系。

　　（1）选择工具箱中的"路径选择工具"，在路径或形状对象上可以选择单个的路径，如图 6-100 所示。按住鼠标左键拖曳即可移动选中的路径，如图 6-101 所示。

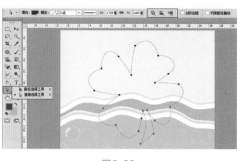
图6-99

图6-100

图6-101

（2）选择工具箱中的"直接选择工具" ，在锚点上单击即可选中锚点，如图6-102所示。拖曳锚点即可调整路径的形状，如图6-103所示。

图6-102

图6-103

> 提示　在使用"路径选择工具" 时，按住【Ctrl】键可以切换到"直接选择工具" ，同样的，在使用"直接选择工具" 时，按住【Ctrl】键可以切换到"路径选择工具" 。

6.3.2 加加减减——路径运算

选区可以运算，路径也可以进行运算。先绘制一个路径或形状，如图6-104所示。在选项栏中单击路径运算按钮，在下拉菜单中选择一个运算方式，如图6-105所示。然后继续绘制一个形状，即可得到运算结果，图6-106所示为"合并形状"的效果。路径的运算与形状对象的运算结果是一样的，这里采用带有填充颜色的形状对象进行演示，效果更加明显。

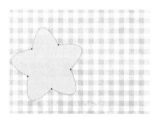
图6-104

图6-105

图6-106

◇　合并形状 ：单击该按钮，新绘制的图形将添加到原有的图形中，如图6-107所示。
◇　减去顶层形状 ：单击该按钮，可以从原有的图形中减去新绘制的图形，如图6-108所示。
◇　与形状区域相交 ：单击该按钮，可以得到新图形与原有图形的交叉区域，如图6-109所示。
◇　排除重叠形状 ：单击该按钮，可以得到新图形与原有图形重叠部分以外的区域，如图6-110所示。

图6-107

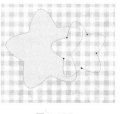
图6-108

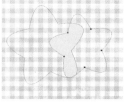
图6-109

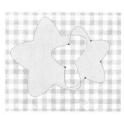
图6-110

6.3.3　路径的自由变换

之前我们学过了图层的自由变换，还记得吧？如果还记得，那变换路径你就无师自通了！因为变换路径与变换图像的操作是一样的。选择路径，然后执行"编辑 ➤ 变换路径"菜单下的命令即可对其进行相应的变换，此外也可以使用快捷键【Ctrl+T】调出定界框进行路径的变换，单击右键就可以看到与自由变换相同的命令，如图6-111所示。

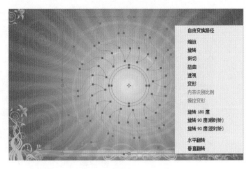

图6-111

6.3.4　路径的对齐与分布

与多个图层的对齐与分布的操作相同，要对路径进行对齐分布的操作，也需要使用"路径选择工具" ，选择多个路径，然后在选项栏中单击"路径对齐方式"按钮，在弹出的菜单中对所选路径进行对齐、分布的设置，如图6-112所示。图6-113所示为对齐并均匀分布的效果。

当文件中包含多个路径时，路径的上下顺序也会对画面效果产生影响。要调整路径的堆叠顺序，先需要选择路径，单击属性栏中的"路径排列方法"按钮 ，在下拉列表中单击并执行相关命令，即可以将选中的路径的层级关系进行相应的排列，如图6-114所示。

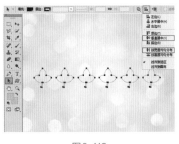

图6-112

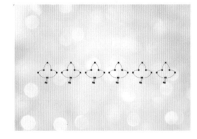

图6-113

图6-114

6.3.5　删除路径

删除路径非常简单，使用"路径选择工具" 选中路径，按一下【Delete】键将其删除。

执行"窗口 ➤ 路径"命令打开路径面板，在面板中可以看到文档中的路径，选择某个路径，将其拖曳到面板底部的"删除当前路径"按钮 上，即可将其删除，如图6-115所示。

图6-115

6.3.6　创建可随时调用的自定形状

在Photoshop中可以将已经绘制好的路径创建为可以储存在Photoshop中的"自定义形状"，要使用时可以使用"自定形状工具" ，在列表中找到该图形，非常方便。

（1）选择需要定义的路径，如图6-116所示。执行"编辑 ➤ 定义自定形状"命令，在弹出的"形状名称"窗口中设置一个合适的名称，单击"确定"按钮，如图6-117所示。

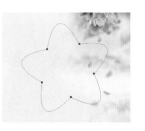

图6-116

（2）定义完成后，单击工具箱中的"自定形状工具" 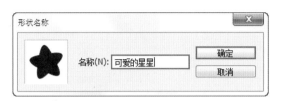 按钮，在选项栏中单击形状按钮，在下拉面板的底部即可看到刚刚定义的形状，如图6-118所示。

图6-117

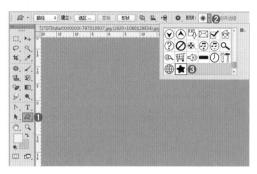

图6-118

6.3.7　想抠图？别忘了将路径转换为选区

不是说使用"钢笔工具"工具可以进行抠图么？那绘制完路径之后该怎么操作呢？如果要进行抠图，那么就需要先将路径转换为选区，有了选区自然可以将选区中的图像提取出来，也就完成了抠图的操作。这一步非常重要，操作起来也不难！

（1）先准备一个闭合的路径，如图6-119所示。然后按转换为选区快捷键【Ctrl+Enter】将路径转换为选区，如图6-120所示。

（2）或者执行"窗口 ➤ 路径"命令，在打开的"路径"窗口中单击"将路径作为选区载入"按钮 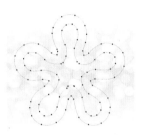，如图6-121所示。即可将路径转换为选区，如图6-122所示。

图6-119

图6-120

图6-121

图6-122

（3）在路径上单击鼠标右键，执行"建立选区"命令，如图6-123所示。在弹出的"建立选区"窗口中可以设置新建的选区的羽化半径，还可以将新建立的选区与原始包含的选区进行运算，如图6-124所示。

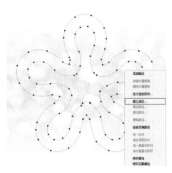

图6-123

图6-124

6.3.8 填充路径

在不将路径转换为选区的情况下，也能为路径填充颜色和图案哦！

（1）在使用"钢笔工具"或形状工具（自定义形状工具除外）的状态下，在绘制完成的路径上单击鼠标右键，执行"填充路径"命令，如图6-125所示。在打开的"填充路径"窗口中可以对填充内容进行设置，这里包含多种类型的填充内容并且可以设置当前填充内容的混合模式以及不透明度等属性，如图6-126所示。

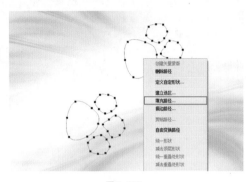

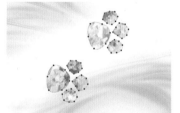

图6-125   图6-126

（2）需要注意的是，此时的填充需要在一个普通图层中进行，可以创建新的空白图层，然后尝试使用"颜色"与"图案"填充路径，效果如图6-127和图6-128所示。

6.3.9 描边路径

之前我们学习过选区的描边，这一节我们来学习路径的描边。描边路径和描边选区是有区别的，路径的描边不仅仅可以是粗细相同的彩色边线，还可以是粗细不同的边线甚至是各种图形。因为路径描边的原理是模拟利用"画笔工具""铅笔工具""橡皮擦工具""仿制图章"等多种工具沿着路径的走向进行操作，从而产生各种各样的描边效果的。例如，我们设置好一种分散的花朵画笔样式，那么我们描边得到的效果就是一圈围绕在路径周围的花朵，如图6-129所示。如果我们是使用橡皮擦进行描边，那么得到的效果就是沿着路径的走向对所选图层进行擦除，如图6-130所示。

（1）在进行描边路径之前，需要先设置好用于描边的工具的参数，才能得到相应的描边效果，如先设置好画笔的属性，如图6-131所示。绘制一个路径，然后在使用钢笔工具的状态下单击鼠标右键，在快捷菜单中执行"描边路径"命令，如图6-132所示。

图6-127   图6-128

图6-129   图6-130   图6-131

（2）在打开的"描边路径"窗口中单击"工具"倒三角按钮，可以选择描边的工具，如图6-133所示。设置完成后单击"确定"按钮完成操作，效果如图6-134所示。

图6-132　　　　　　　　　　　图6-133　　　　　　　　　　　图6-134

💡 **提示** 勾选"模拟压力"选项可以模拟手绘般的带有逐渐消隐的描边效果，如图6-135所示。取消选中此选项，描边为线性、均匀的效果，如图6-136所示。

图6-135　　　　　　　　　　　　　　　图6-136

6.4　使用形状工具

在形状工具组中"装"了六大类形状绘制工具，分别是矩形工具、圆角矩形工具、椭圆工具、多边形工具、直线工具、自定形状工具，如图6-137所示。使用这六大类形状工具可以绘制出各种各样的基本形状，如图6-138所示。

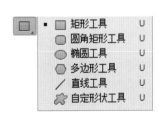

图6-137　　　　　　　　　　　　图6-138

通过这些形状工具的使用可以制作出多种常见的几何图形，在平面设计中十分常用，图6-139、

图6-140、图6-141和图6-142所示为使用这些工具制作的作品。

图6-139 　　　　　图6-140 　　　　　图6-141 　　　　　图6-142

6.4.1　矩形工具

"矩形工具" 是矢量绘图工具，可以绘制正方形 / 长方形的路径、形状或像素对象，如图6-143所示。"矩形工具"的使用方法与"矩形选框工具"类似，在画面中按住鼠标左键并拖动即可，绘制时按住【Shift】键可以绘制出正方形；按住【Alt】键可以以鼠标单击点为中心绘制矩形；按住【Shift+Alt】组合键可以以鼠标单击点为中心绘制正方形。在绘制之前不要忘了在选项栏中设置绘制模式哟！

图6-143

选择工具箱中的"矩形工具"，如图6-144所示。单击选项栏中的 按钮，在下拉面板中可以设置矩形的约束比例和大小，如图6-145所示。按住鼠标左键在画面中拖曳绘制矩形，如图6-146所示。

图6-144 　　　　　　　图6-145 　　　　　　　图6-146

◇ 　不受约束：勾选该选项，可以绘制出任意大小的矩形。

◇ 　方形：勾选该选项，可以绘制出任意大小的正方形。

◇ 　固定大小：勾选该选项后，可以在其后面的数值输入框中输入宽度（W）和高度（H），在图像上单击即可创建出相应的矩形，如图6-147所示。

◇ 　比例：勾选该选项后，可以在其后面的数值输入框中输入宽度（W）和高度（H）比例，创建的矩形将始终保持这个比例，如图6-148所示。

◇ 　从中心：勾选该选项，以任何方式创建矩形时，鼠标单击点即为矩形的中心。

图6-147 　　　　　　　　　　图6-148

6.4.2　圆角矩形工具

"圆角矩形工具"可以创建四角带有圆角的正方形或长方形。选择工具箱中的"圆角矩形工具",在选项栏中通过设置"半径"选项控制圆角的半径,数值越大,圆角越大,如图 6-149 所示。绘制完成后,会弹出"属性"面板,在属性面板中单击🔗按钮将其取消链接,然后可以对单独的圆角半径进行调整,如图 6-150 所示。效果如图 6-151 所示。

图6-149

图6-150

图6-151

6.4.3　椭圆工具

使用"椭圆工具"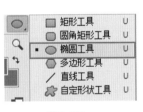可以创建椭圆和正圆形状。"椭圆工具"设置选项与矩形工具相似,选择工具箱中的"椭圆工具",如图 6-152 所示。然后在画面中按住鼠标左键拖曳即可绘制椭圆,如图 6-153 所示。按住【Shift】键可以绘制圆,如图 6-154 所示。

图6-152

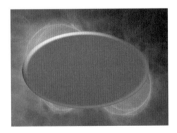

图6-153

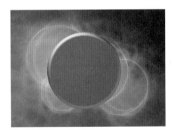

图6-154

6.4.4　多边形工具

跟我一起唱"一闪一闪亮晶晶,多边形工具能画小星星"。没错,使用"多边形工具"🔘不仅可以创建出各种边数的多边形(最少为 3 条边),还能创建出各种角数的星形。

选择工具箱中的"多边形工具",如图 6-155 所示。在选项栏中可以设置"边"数,单击⚙按钮,在下拉面板中可以设置半径、平滑拐点、星形等参数,如图 6-156 所示。设置完成后按住鼠标左键拖曳进行绘制,如图 6-157 所示。

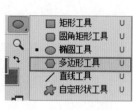

图6-155 图6-156 图6-157

◇ 边：设置多边形的边数，设置为3时，可以绘制出正三角形；设置为4时，可以绘制出正方形；设置为5时，可以绘制出正五边形，如图6-158所示。

◇ 半径：用于设置多边形或星形的半径长度，设置好半径以后，在画面中拖曳鼠标即可创建出相应半径的多边形或星形。

◇ 平滑拐角：勾选该选项以后，可以创建出具有平滑拐角效果的多边形或星形，如图6-159所示。

◇ 星形：勾选该选项后，可以创建星形，下面的"缩进边依据"选项主要用来设置星形边缘向中心缩进的百分比，数值越高，缩进量越大，图6-160所示分别是缩进为20%、50%和70%的效果。

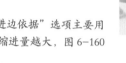

图6-158

◇ 平滑缩进：勾选该选项后，可以使星形的每条边向中心平滑缩进，如图6-161所示。

图6-159 图6-160 图6-161

6.4.5 直线工具

顾名思义，"直线工具"可以绘制各种角度的直线，除此之外，在Photoshop中还能给直线的两端添加箭头。选择工具箱中的"直线工具" ，如图6-162所示。在选项栏中可以设置直线的粗细，单击 按钮，在下拉面板中可以设置箭头选项，如图6-163所示。设置完成后按住鼠标左键拖曳进行绘制，如图6-164所示。

◇ 粗细：设置直线或箭头线的粗细，单位为"像素"，如图6-165所示。

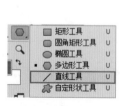

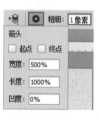

图6-162 图6-163 图6-164 图6-165

◇ 起点/终点：勾选"起点"选项，可以在直线的起点处添加箭头；勾选"终点"选项，可以在直线的终点处添加箭头；勾选"起点"和"终点"选项，则可以在两点处都添加箭头，如图6-166所示。

◇　宽度：用来设置箭头宽度与直线宽度的百分比，范围为 10% ～ 1000%，图 6-167 所示分别为使用 200%、800% 和
　　1000% 的比例创建的箭头效果。

◇　长度：用来设置箭头长度与直线宽度的百分比，范围为 10% ～ 5000%，图 6-168 所示分别为使用 500% 和 1000% 的
　　比例创建的箭头效果。

◇　凹度：用来设置箭头的凹陷程度，范围为 –50% ～ 50%。值为 0% 时，箭头尾部平齐；值大于 0% 时，箭头尾部向内
　　凹陷；值小于 0% 时，箭头尾部向外凸出，如图 6-169 所示。

图6-166

图6-167

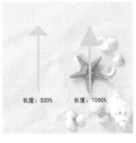

图6-168

图6-169

6.4.6　自定形状工具

悄悄告诉你，在 Photoshop 中还"藏了"一些有趣的图形，使用"自定形状工具" 可以将这些图形
轻松绘制出来。

（1）选择工具组中的"自定形状工具" ，如图所 6-170 示。单击选项栏中的形状按钮，在下拉面板中
选择一个形状，如图 6-171 所示。按住鼠标左键在画面中拖曳进行绘制，效果如图 6-172 所示。

图6-170

图6-171

图6-172

（2）在 Photoshop 中还有很多的预设形状，单击形状下拉面板右上角的 按钮，菜单的下半部分显
示了多种形状，执行相应的命令，如图 6-173 所示。在弹出的对话框中单击"确定"或"追加"按钮，如
图 6-174 所示。将相应的形状载入到"形状"下拉面板中，如图 6-175 所示。

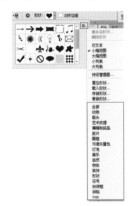

图6-173

图6-174

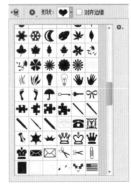

图6-175

提示 单击"确定"按钮可以将载入的形状替换面板中原有的形状；单击"追加"按钮可以在原有形状的基础上添加载入的形状。

课后练习：移动客户端软件统计页面

扫码看视频

案例文件

6.4.6 课后练习：移动客户端软件统计页面 .psd

难易指数

★★★☆☆

视频教学

6.4.6 课后练习：移动客户端软件统计页面 .flv

技术要点

矩形工具、圆角矩形工具、图层样式

案例效果

图6-176

操作步骤

01 执行"文件▶新建"命令，创建空白文档。先制作页面顶部的内容。单击工具箱中的"矩形工具" ▢ ，在选项栏中设置"工具模式"为形状，"填充"为淡紫色，"描边"为无，如图 6-177 所示。然后将光标移到画面上部，按住鼠标左键并拖曳，绘制一个长条矩形，如图 6-178 所示。

02 接着将填充颜色切换为白色，在淡紫色矩形下方绘制白色矩形，如图 6-179 所示。

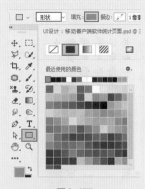

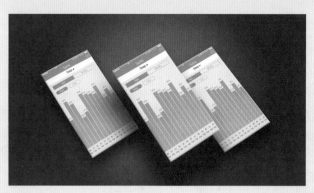

图6-177   图6-178   图6-179

03 在工具箱中单击"圆角矩形工具"，并在选项栏中设置合适的颜色及圆角半径，如图6-180所示。然后在画面中进行绘制，绘制效果如图6-181所示。在选项栏中适量增大半径数值，继续绘制圆角矩形，如图6-182所示。

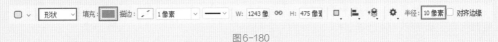

图6-180

04 接下来在选项栏中将"填充"设置为无颜色，"描边"设置为淡紫色，"形状描边"宽度为4点，设置合适的半径，如图6-183所示。在画面中按住鼠标左键并绘制，如图6-184所示。此时顶部信息的背景部分绘制完成。

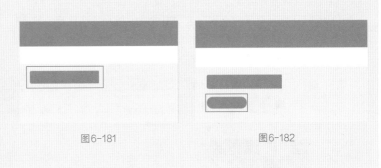

图6-181　　　　　　　图6-182

图6-183

05 在顶部输入信息。选择工具箱中的"横排文字工具"，单击选项栏中的"切换字符和段落面板"按钮▤，打开"字符"面板，在"字符"面板中设置合适的字体、字号及颜色，如图6-185所示。然后在画面中单击插入光标键入文字，如图6-186所示。

06 按照此方法，继续键入其他文字，如图6-187所示。

图6-184

图6-185

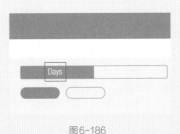

图6-186

图6-187

07 绘制顶部小图标。先选择工具箱中的"椭圆工具"，在选项栏中设置合适的数值，将鼠标置在图片右上方，按住【Shift】键绘制一个淡紫色的空心圆。接着在工具箱中切换"钢笔工具"，将选项栏中的"工具模式"切换为路径，"填充"设置为无颜色，"描边"为白色，"描边宽度"为4点，设置完成后在淡紫色空心圆内绘制白色对号，此时效果如图6-188所示。然后将"描边"设置为无颜色，"填充"设置为黑色，在黑色文字右侧绘制一个三角形指示标，如图6-189所示。此时上部信息绘制完毕。

08 绘制直方图部分。单击"矩形工具"，在选项栏中设置"绘制模式"为形状，设置"填充颜色"为紫色系的渐变填充，如图 6-190 所示。在画面中绘制矩形形状，如图 6-191 所示。

图6-188　　　　　　　图6-189

09 多次复制该矩形图层，并使用快捷键【Ctrl+T】调整数据的长短，直方图效果如图 6-192 所示。然后针对每个条形数据添加月份和数字信息，单击工具箱中"横排文字工具"按钮，设置合适的字体后键入光标，逐一输入数据，此时画面更加充实紧凑，如图 6-193 所示。

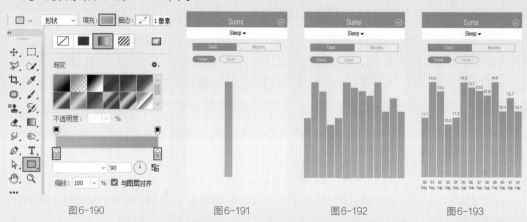

图6-190　　　　　　图6-191　　　　　　图6-192　　　　　　图6-193

10 执行"文件▷置入"命令置入素材"1.png"，如图 6-194 所示。将素材拖动至画面顶部，按一下【Enter】键确定置入，并按下【Ctrl+Shift+Alt+E】组合键进行盖印，画面效果如图 6-195 所示。

11 执行"文件▷新建"命令，打开"新建文档"窗口，新建一个空白文档。选择工具箱中的"渐变工具" 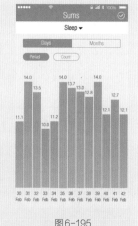，在选项栏中单击渐变色条，打开"渐变编辑器"窗口，编辑一个紫色系的渐变颜色。渐变编辑完成后，设置渐变类型为"径向渐变"，如图 6-196 所示。然后在画面中，按住鼠标由中心向两边进行拖动，如图 6-197 所示。释放鼠标后完成渐变填充的操作，效果如图 6-198 所示。

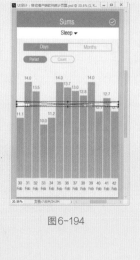

图6-194　　　　　　　图6-195

图6-196

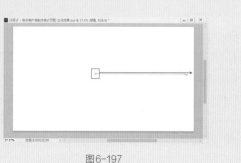

图6-197

12 将之前盖印的图层拖曳到该文档中，并使用自由变换调整角度和位置，如图 6-199 所示。

图6-198

图6-199

13 为该图层添加"斜切和浮雕""投影"两种图层样式，参数如图 6-200 和图 6-201 所示。设置完成后单击"确定"按钮，此时效果如图 6-202 所示。

图6-200

图6-201

14 继续复制两个页面。适当调整大小关系和位置关系，使画面呈现层次感，最终效果如图 6-203 所示。

图6-202

图6-203

实战项目：金属质感播放器界面设计

扫码看视频

案例文件

6.4.6 实战项目：金属质感播放器界面设计 .psd

视频教学

6.4.6 实战项目：金属质感播放器界面设计 .flv

难易指数

★★★★☆

技术要点

圆角矩形工具、矩形工具、图层样式、钢笔工具

案例效果

图6-204

操作步骤

01 执行"文件▶打开"命令,打开背景素材"1.jpg",如图6-205所示。单击工具箱中的"圆角矩形工具"按钮,在选项栏中设置其"绘制模式"为形状,"填充色"为深灰色,绘制圆角矩形,如图6-206所示。

02 执行"图层▶图层样式▶外发光"命令,进行参数设置,如图6-207所示。此时效果如图6-208所示。

图6-205

图6-206

图6-207

03 执行"文件▶置入"命令,置入素材"2.png"文件并栅格化,放置到合适位置,如图6-209所示。单击工具箱中的"圆角矩形工具"按钮,在选项栏中设置其"绘制模式"为形状,"填充色"为灰色,绘制圆角矩形,如图6-210所示。

图6-208

图6-209

图6-210

04 接下来，绘制一个稍小一些的黑色圆角矩形，放在之前的灰色圆角矩形内部，如图6-211所示。置入素材"3.png"并栅格化，放置到黑色圆角矩形内部，如图6-212所示。

05 复制制作好的第一组图形，摆放在中间和右侧，并更换内部的照片，如图6-213所示。置入两组图形之间的连接素材"4.png"并栅格化，复制一份，分别放在两组图形之间的位置，如图6-214所示。

图6-211

图6-212

图6-213

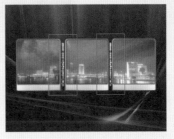

图6-214

06 单击工具箱中的"矩形工具"按钮，在选项栏中设置其"绘制模式"为形状，绘制矩形，如图6-215所示。选中该图层，在工具箱中单击"橡皮擦工具"按钮，设置合适的大小，擦除中间部分，如图6-216所示。

07 在图层面板中，设置其"不透明度"为87%，如图6-217所示。效果如图6-218所示。

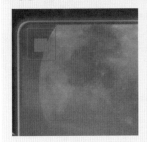

图6-215

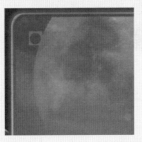

图6-216

图6-217

图6-218

08 执行"图层 ▶ 图层样式 ▶ 描边"命令，设置"描边大小"为1像素，"不透明度"为79%，"颜色"为深蓝色，如图6-219所示。效果如图6-220所示。

09 单击工具箱中的"矩形选框工具"按钮，绘制矩形选区。新建图层单击工具箱中的"渐变工具"按钮，设置蓝灰色系渐变，并在选区中填充，如图6-221所示。在图层面板中设置该图层"不透明度"为50%，如图6-222所示。

图6-219

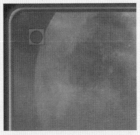

图6-220

图6-221

图6-222

10 执行"图层▶图层样式▶描边"命令，进行参数设置，如图 6-223 所示。此时效果如图 6-224 所示。

11 单击工具箱中的"矩形工具"按钮，在选项栏中设置其"绘制模式"为形状，绘制图 6-225 所示的轮廓。在图层面板中，设置其"不透明度"为 54%，如图 6-226 所示。

图6-223　　　　　　　　　图6-224　　　　　　　　　图6-225　　　　　　　　　图6-226

12 按照上述方法，绘制其他形状，如图 6-227 所示。

13 接下来制作按键。单击工具箱中的"钢笔工具"按钮，在选项栏中设置其"绘制模式"为形状，绘制一个按钮的形状，如图 6-228 所示。执行"图层▶图层样式▶内阴影"命令，进行参数设置，如图 6-229 所示。

图6-227　　　　　　　　　　图6-228　　　　　　　　　　图6-229

14 在左侧勾选"图案叠加"选项，并进行参数设置，如图 6-230 所示。此时效果如图 6-231 所示。

15 按照上述方法，绘制其他按键和进度条，如图 6-232 所示。

图6-230　　　　　　　　　　图6-231　　　　　　　　　　图6-232

16 制作小标志。单击工具箱中的"钢笔工具"按钮，在选项栏中设置其"绘制模式"为形状，"填充色"为白色，绘制图 6-233 所示的轮廓。按照上述方法，绘制其他小标志，如图 6-234 所示。

17 新建图层，单击工具箱中的"套索工具"按钮，绘制三角形选区，如图 6-235 所示。单击工具箱中的"渐变工具"按钮，设置灰色系渐变，并在选区中绘制，如图 6-236 所示。

18 执行"图层▶图层样式▶描边"命令，进行参数设置，如图 6-237 所示。效果如图 6-238 所示。

图6-233

图6-234

图6-235

图6-236

19 按照上述方法，制作其他小标志，如图6-239所示。

图6-237

图6-238

图6-239

20 置入素材"5.jpg"文件并栅格化，放置到合适位置，如图6-240所示。执行"图层▷图层样式▷描边"命令，进行参数设置，如图6-241所示。效果如图6-242所示。

图6-240

图6-241

图6-242

21 按照上述方法制作其他照片，如图6-243所示。单击工具箱中的"横排文字工具"按钮，输入文字，最终效果如图6-244所示。

图6-243

图6-244

提示 复制图层样式：单击图层面板中的图层效果名称，如图6-245所示。按住【Alt】键，向需要加入图层样式的图层上拖曳便可复制图层样式，如图6-246所示。

图6-245　　　　　　　　　　　　图6-246

新手充电站

新手抠图小贴士

新手用户进行钢笔抠图时，可能由于钢笔工具使用不熟练，导致绘制出的路径不精准。一般可以先使用"自由钢笔工具"或使用"磁性钢笔工具"先得到抠取对象大致的轮廓，如图6-247所示。然后再使用"直接选择工具"调整锚点位置和路径的走向，并配合"转换点工具"调整锚点的类型，最后将路径调整到满意的效果，如图6-248所示。

图6-247

图6-248

高手都是怎么绘制路径的？

使用"钢笔工具"是高手必备的技巧，在使用"钢笔工具"的过程中，只需使用快捷键切换到"直接选择工具"或"转换点工具"，即可进行锚点的调整。在使用"钢笔工具"的状态下，按【Ctrl】键可以切换到"直接选择工具"，按【Alt】键可以切换到"转换点工具"进行锚点的编辑。

如果继续之前未完成的路径？

路径绘制完成后，如果想要继续绘制，就需要与之前绘制的路径进行衔接。先使用"直接选择工具"选择这段路径，然后选择"钢笔工具"，将光标移动至端点处的锚点上方，当光标变为状后单击即可，如图6-249所示。

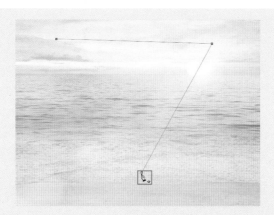

图6-249

如何还原"自定形状工具"中的形状

载入了过多的形状，看起来稍显混乱，如果想将该面板设置成默认的状态，可以单击面板右上角的 ✿. 按钮，执行"复位形状"命令，如图 6-250 所示。在弹出的对话框中单击"确定"按钮，即可恢复默认的状态，如图 6-251 所示。

图6-250

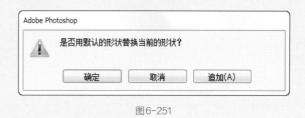

图6-251

6.5　本章小结

　　学习到这里，你已经不再是 PS 界的"小白"了！可以进行精确的抠图操作了！掌握了精确抠图技法就可以从素材中提取各种各样漂亮的元素，添加到自己的文档中了。要记住，"钢笔工具"是本章学习的难点也是重点，一定要勤加练习，才能熟练地操作它！

第 **7** 章

不会调色？看这里

7.1 调色？为什么调，怎么调

在开始本章的学习之前，是不是心里会有这些疑问。调色是什么？是不是很难？是不是很复杂？为什么要调色？用什么调色？不要急，相信通过下面的学习，这些问题都会迎刃而解的，图 7-1 和图 7-2 所示为使用调色命令制作的作品。

图 7-1　　　　　　　图 7-2

7.1.1 什么是"调色"

色彩是第一视觉要素，在设计中颜色占据重要的地位，它能使设计作品的效果得到升华。"调色"是指对图像色彩上的调整，使画面颜色改变后形成不同的色彩感觉。有时需要将"错误的"色彩进行校正，有时候又需要为"平淡的"色彩增添一些"故事感"，这些都是调色需要做的。很多时候，调色也要"凭感觉"，凭借这种对颜色的感觉来发现图像的问题，然后选择相应的调色方法。需要注意的是，对于一个画面的调色，大部分时候并不是一个命令就能"一步到位"，通常都需要几种调色命令配合使用，图 7-3、图 7-4 和图 7-5 所示为不同的调色的对比效果。

图7-3

图7-4　　　　　　　图7-5

独家秘笈　　　　　　　　　　　了解色彩

在使用调色命令时，经常可以看到各种命令上都有一些与色彩相关的专有名词，例如色相、饱和度、明度等。在学习调色命令之前，我们先来简单了解一下色彩的基础知识。

色彩主要分为两类：无彩色和有彩色。无彩色包括灰、白、黑，如图7-6所示。有彩色则是灰、白、黑以外的颜色，例如红色、黄色、蓝色、绿色等，如图7-7所示。

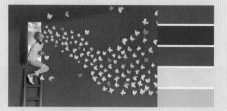

图7-6　　　　　　　　　　　　　图7-7

通常所说的"色彩三要素"是指色彩的色相、明度、纯度3个方面的性质。当色彩间发生作用时，各种色彩彼此间会形成色调，并显现出自己的特性。因此，色相、明度、纯度、色性及色调5项就构成了色彩的要素。

◇ 色相：色相是指颜色的基本相貌，它是色彩的首要特性，是区别色彩的最精确的准则。色相是由原色、间色、复色组成的。而色相的区别在于它们的波长不同，即使是同一种颜色，也要分不同的色相，如红色可分为鲜红、大红、橘红等，蓝色可分为湖蓝、蔚蓝、钴蓝等，灰色又可分红灰、蓝灰、紫灰等，如图7-8所示。

◇ 明度：色彩的明暗程度，即色彩的深浅差别。明度差别即指同色的深浅变化，又指不同色相之间存在的明度差别，如图7-9和图7-10所示。

◇ 纯度：纯度是色彩的饱和程度亦是色彩的纯净程度。某一纯净色加上白色或黑色，可以降低其纯度，或趋于柔和，或趋于沉重。纯度在色彩搭配上具有强调主题的视觉效果。纯度较高的颜色会给人造成强烈的刺激感，能够使人留下深刻的印象，但也容易造成疲倦感，要是与一些低明度的颜色相配合则会显得细腻舒适，如图7-11和图7-12所示。

黄色　　　红色　　　　　　　明度较低　　　　　　明度较低　　　　　　纯度较高

图7-8　　　　　　　　　图7-9　　　　　　　　图7-10　　　　　　　图7-11

◇ 色性：指色彩的冷暖倾向。对颜色冷暖的感受是人类对颜色最为敏感的感觉，而在色相环中绿色一侧的色相为冷色，红色一侧的色相为暖色。冷色给人一种冷静、沉着、寒冷的感觉，暖色给人一种温暖、热情、活泼的感觉，如图7-13和图7-14所示。

◇ 色调：画面中由具有某种内在联系的各种色彩组成一个完整统一的整体，形成的画面色彩总的趋向就称为色调，如图7-15和图7-16所示。

纯度较高　　　冷色调　　　　暖色调　　　　　粉色系　　　　黄色系

图7-12　　　　图7-13　　　　图7-14　　　　　图7-15　　　　图7-16

7.1.2　更改图像颜色模式

　　"颜色模式"是一种记录图像颜色的方式。针对图像不同的应用场合，在进行图形处理时应选择合适的颜色模式。例如处理数码照片常用RGB颜色模式，如图7-17所示。涉及需要印刷的产品时，需要使用CMYK颜色模式，如图7-18所示。除了在新建文档之初可以设置图像的颜色模式，还可以在新建完成后更改颜色模式，执行"图像 ➤ 模式"命令，在子菜单中即可选择图像的颜色模式，如图7-19所示。

图7-17　　　　　　　　　图7-18

◇　位图：位图模式的图像也常被称作黑白图像。"位图"模式只有黑白两种颜色，每个像素值包含一位数据，占用较小的存储空间。使用"位图"模式可以制作出黑白对比强烈的图像。将图像转换为位图模式时，需要先将其转换为"灰度"模式，这样就可以先删除像素中的色相和饱和度信息，从而只保留亮度值，图7-20和图7-21所示为RGB与位图模式的对比效果。

图7-19　　　　　　　　图7-20　　　　　　　　图7-21

◇　灰度：灰度模式是一种无色的模式，在"灰度"模式下，色彩图像可达到256级，产生类似于黑白照片的图像效果。在8位图像中，最多有256级灰度，灰度图像中的每个像素都有一个0（黑色）～255（白色）之间的亮度值，在16位和32位图像中，图像的级数比8位图像要大得多，图7-22和图7-23所示为RGB与灰度模式的对比效果。

◇　双色调：双色调模式是由灰度模式发展而来的，它采用一组曲线来设置各种颜色油墨传递灰度信息的方式。是通过1～4种自定油墨创建的单色调、双色调、三色调和四色调的灰度图像。单色调是用非黑色的单一油墨打印的灰度图像，双色调、三色调和四色调分别是用2种、3种和4种油墨打印的灰度图像，将图像转换为双色调模式时，需要先将其转换为"灰度"模式，这样就可以先删除像素中的色相和饱和度信息，从而只保留亮度值，图7-24和图7-25所示为RGB与双色调模式的对比效果。

图7-22　　　　　　　　图7-23　　　　　　　　图7-24

◇　索引颜色：索引颜色模式是网上和动画中常用的图像模式。索引颜色是位图图像的一种编码方法，该模式的像素只有8位，即图像只支持256种颜色。当用户从RGB模式转换到索引颜色模式时，所有的颜色将映射到这256种颜色中，转换后图像的颜色信息会丢失，造成图像失真。因此，Photoshop中有许多滤镜和渐变都不支持该模式，图7-26和图7-27所示为RGB与索引颜色模式的对比效果。

◇　RGB颜色：RGB通过红、绿、蓝三种原色光混合的方式来显示颜色。RGB分别代表Red（红色）、Green（绿色）、Blue（蓝）。在24位图像中，每一种颜色都有256种亮度值，因此，RGB颜色模式可以重现1670万种颜色。在RGB模式下，图像可以应用所有的命令及滤镜，在"通道"调板中可以查看到3种颜色通道的状态信息，如图7-28和图7-29所示。RGB颜色模式下的图像只有在发光体上才能显示出来，例如显示器、电视。

图7-25

图7-26

图7-27

◇ CMYK 颜色：CMYK 是商业印刷使用的一种四色印刷模式。CMY 是 3 种印刷油墨名称的首字母，C 代表 Cyan（青色）、M 代表 Magenta（洋红）、Y 代表 Yellow（黄色），而 K 代表 Black（黑色）。CMYK 模式要比 RGB 模式小，只有制作要用印刷色打印的图像时，才能使用该颜色模式，而且在 CMYK 模式下，有一些滤镜是不可用使用的，如图 7-30 和图 7-31 所示。

图7-28

图7-29

图7-30

图7-31

◇ Lab 颜色：Lab 颜色模式是 Photoshop 内部的颜色模式，用于不同颜色模式的转换。该模式有三个颜色通道，一个代表明度，a、b 代表颜色范围。Lab 颜色模式的亮度分量（L）范围是从 0～100，在拾色器和"颜色"调板中，a 代表绿色到红色的光谱变化，b 代表蓝色到黄色的光谱变化，a-b 的取值范围均为 −128～127。无论使用什么设备创建、输出图像，这种颜色模式产生的颜色都可以保持一致。这是该模式最大的优点。如图 7-32 和图 7-33 所示。

◇ 多通道：多通道模式是一种减少模式，将 RGB 图像转换为该模式后，可以得到青色、洋红和黄色通道。如果删除了 RGB、CMYK、Lab 颜色模式的任一通道，该图像都会转换为"多通道"模式，图 7-34 和图 7-35 所示为"RGB"颜色通道删除"蓝"通道后的效果。多通道颜色模式图像在每个通道中都包含 256 个灰度通道，在特殊打印时非常有用。多通道模式图像可以存储为 PSD、PSB、EPS 和 RAW 格式。

图7-32

图7-33

图7-34

图7-35

7.1.3 调整命令VS调整图层

在 Photoshop 中有两种调色的方法，一种是执行"图像 ➤ 调整"菜单下的调色命令进行调节，这种方式会直接将调色效果作用于所选图层，属于不可修改的方式。还有一种是通过新建"调整图层"进行调色，这种方式属于可修改方式，即如果对调色效果不满意，还可以通过重新修改调整图层的参数，使画面效果发生变化，直到满意为止。下面分别使用这两种调色方式进行调色。

（1）打开一个图片，如图7-36所示。执行"图像 ➤ 调整 ➤ 色相/饱和度"命令，在打开的"色相/饱和度"窗口中调整参数，设置完成后单击"确定"按钮，如图7-37所示。可以看到当前调色的效果直接作用于原图上，如图7-38所示。

图7-36　　　　　　　　　　　　　　图7-37　　　　　　　　　　　　　　图7-38

（2）使用快捷键【Ctrl+Z】撤销上一步的操作，然后执行"图层 ➤ 新建调整图层 ➤ 色相/饱和度"命令，弹出"新建图层"窗口，在该窗口中进行相应设置，设置完成后单击"确定"按钮，如图7-39所示。随即弹出"属性"面板，此窗口虽然与上一步出现的窗口不同，但是其参数选项基本是一样的，在这里进行参数设置，如图7-40所示。此时画面的调色效果与上一步效果一样，在图层面板中可以看到新建的调整图层，如图7-41所示。

图7-39　　　　　　　　　　　　　　图7-40　　　　　　　　　　　　　　图7-41

提示　除了执行命令外，还有两种方法可以新建调整图层。在"图层"面板下面单击"创建新的填充或调整图层"按钮，在弹出的菜单中选择相应的调整命令，如图7-42所示。执行"窗口 ➤ 调整"命令，在打开的"调整"面板中单击调整图层图标可以新建调整图层，如图7-43所示。

图7-42　　　　　　　　　　　　　　图7-43

独家秘笈　　　　　　　　调整图层的修改方法

　　调整图层作为"图层"还具备图层的一些属性，例如可以像普通图层一样进行删除、切换、显示和隐藏操作，还可以进行调整不透明度、混合模式，创建图层蒙版，剪切蒙版等操作。

　　（1）创建调整图层后，在"图层"面板中单击调整图层，如图7-44所示。在"属性"面板中会显示其相关参数。如果要修改调整参数，重新输入相应的数值即可，如图7-45所示。

图7-44　　　　　　　　　　图7-45

提示　因为调整图层包含的是调整数据而不是像素，所以他们增加的文件大小远小于标准像素图层。如果要处理的文件非常大，可以将调整图层合并到像素图层中来减小文件的大小。

　　（2）另外，调整图层也可以像普通图层一样调整不透明度、混合模式，创建图层蒙版，剪切蒙版等，如图7-46所示。如果调整图层设置了不透明度，那么这个调色的效果将被弱化。如果在调整图层的蒙版中绘制黑色的区域，那么此区域将不会受到调色的影响。

　　（3）如果要删除调整图层，可以直接按【Delete】键，也可以将其拖曳到"图层"面板下的"删除图层"按钮 🗑 上，如图7-47所示。也可以在"属性"面板底部单击"删除此调整图层"按钮 🗑，如图7-48所示。

图7-46　　　　　　　　　　图7-47　　　　　　　　　　图7-48

7.2　傻瓜式自动调整图像命令

　　"自动色调""自动对比度""自动颜色"是三个"傻瓜式"的调色命令，只要执行命令就会自动校正数码相片出现的明显的偏色、对比过低、颜色暗淡等常见问题，如图7-49所示。

　　（1）单击菜单栏中的"图像"菜单按钮，在菜单中执行"自动对比度"命令，对比效果如图7-50和图7-51所示。

　　（2）单击菜单栏中的"图像"菜单按钮，在菜单中执行"自动色调"命令和"自

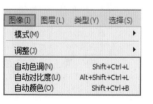

图7-49　　　　　　　　　　图7-50

动颜色"命令，对比效果如图 7-52 和图 7-53 所示。

图7-51　　　　　　　　　　图7-52　　　　　　　　　　图7-53

7.3　亮度/对比度

　　在使用"亮度 / 对比度"之前，先认识一下什么是"亮度"和"对比度"。图像的"亮度"是指图片的明亮程度，数值越大画面越亮。"对比度"是颜色之间的对比程度，对比度越大，各颜色之间的分别越明显，视觉冲击力越强，而对比度越小，颜色对比越弱，画面看起来越柔和，也容易给人以"偏灰"的感受。"亮度 / 对比度"命令主要用于调整图像的亮度与对比度两大属性。

　　（1）打开一个图片，如图 7-54 所示。执行"图像 ➤ 调整 ➤ 亮度 / 对比度"菜单命令，打开"亮度 / 对比度"窗口。"亮度"用来设置图像的整体亮度。拖曳"亮度"滑块，如图 7-55 所示。当数值为负值时，表示降低图像的亮度；数值为正值时，表示提高图像的亮度。最终调整效果如图 7-56 所示。

　　（2）"对比度"用于设置图像颜色对比

图7-54　　　　　　　　　　图7-55

的强烈程度。当数值为负值时，为降低图像对比度，当数值为正值时，为提高图像的对比度。如图 7-57 所示。效果如图 7-58 所示。

图7-56　　　　　　　　　　图7-57　　　　　　　　　　图7-58

◇　预览：勾选该选项后，在"亮度 / 对比度"对话框中调节参数时，可以在文档窗口中观察到图像的亮度变化。
◇　使用旧版：勾选该选项后，可以得到与 Photoshop CS3 以前的版本相同的调整结果。
◇　自动：单击"自动"按钮，Photoshop 会自动根据画面进行调整。

独家秘笈　　　　　　　　　**复位窗口中的参数**

　　图像调整菜单命令在修改参数之后如果需要还原成原始参数，可以按住【 Alt 】键，对话框中的"取消"按钮会变为"复位"按钮，单击该"复位"按钮即可还原为原始参数，如图 7-59 所示。

图7-59

7.4 色阶

　　"色阶"既可以调整图像的明暗，又可以对图像颜色进行调整。"色阶"命令可以对图像的阴影、中间调和高光强度级别进行调整。还能够分别对各个通道的色阶进行调整，以此来调整图像明暗对比或者色彩倾向。

　　打开一张图片素材，如图 7-60 所示。执行"图像 ➤ 调整 ➤ 色阶"菜单命令或按【Ctrl+L】组合键，打开"色阶"对话框，如图 7-61 所示。

◇　预设/预设选项🔧：单击"预设"下拉列表，可以选择一种预设的色阶调整选项来对图像进行调整。在这里还可以对当前设置的参数进行保存，或载入一个外部的预设调整文件。

◇　通道：在"通道"下拉列表中可以选择一个通道来对图像进行调整，如图 7-62 所示。调整单一通道的色阶，即可影响该颜色在画面中的比例，以此达到调整图像颜色的目的，如图 7-63 所示。

图7-60

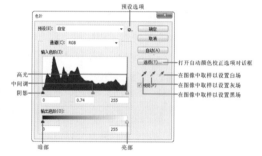

图7-61

◇　输入色阶：在这里可以通过拖曳滑块来调整图像的阴影、中间调和高光，同时也可以直接在对应的输入框中输入数值。将滑块向左拖曳，可以使图像变暗，如图 7-64 所示；将滑块向右拖曳，可以使图像变亮，如图 7-65 所示。

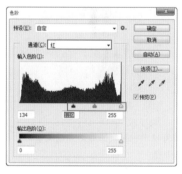

图7-62

图7-63

图7-64

图7-65

◇　输出色阶：这里可以设置图像的亮度范围，从而调整对比度，如图 7-66 所示。

◇　自动：单击该按钮，Photoshop 会自动调整图像的色阶，使图像的亮度分布更加均匀，从而达到校正图像颜色的目的。

◇　选项：单击该按钮，可以打开"自动颜色校正选项"对话框，在该对话框中，可以设置单色、每通道、深色和浅色的算法等。

◇　在图像中取样以设置黑场🖋：使用该吸管在图像中单击取样，可以将单击点处的像素调整为黑色，同时图像中比该单击点暗的像素也会变成黑色，如图 7-67 所示。

◇ 在图像中取样以设置灰场 ：使用该吸管在图像中单击取样，可以根据单击点像素的亮度来调整其他中间调的平均亮度，如图 7-68 所示。

◇ 在图像中取样以设置白场 📷：使用该吸管在图像中单击取样，可以将单击点处的像素调整为白色，同时图像中比该单击点亮的像素也会变成白色，如图 7-69 所示。

图7-66

图7-67

图7-68

图7-69

7.5　曲线

　　"曲线"也是一款非常"全能"的调色命令，既可以调整画面亮度，又可以调整对比度，还可以调整色彩倾向，可以说"曲线"命令是非常常用的一项功能。执行"曲线➢调整➢曲线"菜单命令（快捷键：【Ctrl+M】），打开"曲线"对话框，如图 7-70 所示。图 7-71 所示为原图以及调整之后的图片的效果。

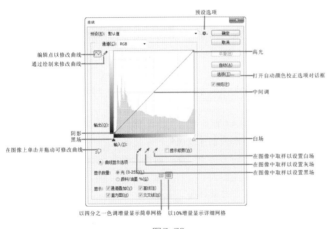
图7-70

图7-71

1. 曲线基本选项

◇ 预设/预设选项 ⚙：在"预设"下拉列表中共有 9 种曲线预设效果，单击"预设选项"按钮 ⚙，可以对当前设置的参数进行保存，或载入一个外部的预设调整文件。

◇ 通道：在"通道"下拉列表中可以选择一个通道来对图像进行调整，以校正图像的颜色，如图 7-72 和图 7-73 所示。

◇ 编辑点以修改曲线 〰：使用该工具在曲线上单击，可以添加新的控制点，通过拖曳控制点可以改变曲线的形状，从而达到调整图像的目的，如图 7-74 和图 7-75 所示。

◇ 通过绘制来修改曲线 ✏：使用该工具可以以手绘的方式自由绘制曲线，绘制好曲线以后，单击"编辑点以修改曲线"按钮，可以显示出曲线上的控制点，如图7-76和图7-77所示。

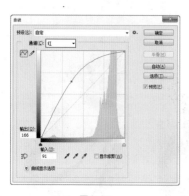
图7-72

图7-73

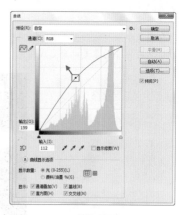
图7-74

图7-75

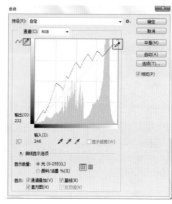
图7-76

图7-77

◇ 平滑 平滑(M) ：使用"通过绘制来修改曲线" ✐ 绘制出曲线以后，单击"平滑"按钮，可以对曲线进行平滑处理。

◇ 在曲线上单击并拖动可修改曲线✍：选择该工具以后，将光标放置在图像上，曲线上会出现一个圆圈，表示光标处的色调在曲线上的位置，在图像上单击并拖曳鼠标左键可以添加控制点以调整图像的色调。

◇ 输入 / 输出："输入"即"输入色阶"，显示的是调整前的像素值；"输出"即"输出色阶"，显示的是调整以后的像素值。

◇ 自动：单击该按钮，可以对图像应用"自动色调""自动对比度""自动颜色"校正。

◇ 选项：单击该按钮，可以打开"自动颜色校正选项"对话框。在该对话框中可以设置单色、每通道、深色和浅色的算法等。

2. 曲线显示选项

◇ 显示数量：包含"光（0-255）"和"颜料 / 油墨 %"两种显示方式。

◇ 以四分之一色调增量显示简单网格⊞ / 以10% 增量显示详细网格⊞：单击"以四分之一色调增量显示简单网格"按钮⊞，可以以1/4（即 25%）的增量来显示网格，这种网格比较简单；单击"以10% 增量显示详细网格"按钮⊞，可以以10% 的增量来显示网格，这种更加精细。

◇ 通道叠加：勾选该选项，可以在复合曲线上显示颜色通道。

◇ 基线：勾选该选项，可以显示基线曲线值的对角线。

◇ 直方图：勾选该选项，可在曲线上显示直方图以作为参考。

◇ 交叉线：勾选该选项，可以显示用于确定点的精确位置的交叉线。

独家秘笈

常用的曲线形状

1. 提亮

在曲线的中间位置添加控制点并向上拖曳，可以整体提亮画面亮度，如图7-78和图7-79所示。

2. 压暗

在曲线的中间位置添加控制点并向下拖曳，可以整体压暗画面亮度，如图7-80和图7-81所示。

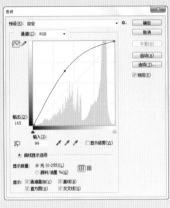

图7-78

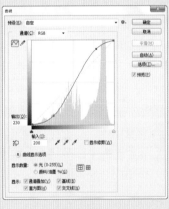

图7-79

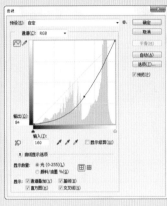

图7-80

3. 提高对比度（简称S曲线）

在曲线上半部添加控制点并向上拖曳，可以让画面中亮部更亮，在曲线的下半部添加控制点并向下拖曳，可以让画面中暗部更暗。这样就可以增加画面亮度的对比度，如图7-82和图7-83所示。

图7-81

图7-82

图7-83

课后练习：使用曲线打造柔光小清新色调

扫码看视频

案例文件

7.5 课后练习：使用曲线打造柔光小清新色调 .psd

视频教学

7.5 课后练习：使用曲线打造柔光小清新色调 .flv

难易指数	技术要点
★★☆☆☆	曲线、高斯模糊

案例效果

图7-84

操作步骤

01 执行"文件 ➤ 打开"命令，在打开窗口中选择背景素材"1.jpg"，单击打开按钮，如图7-85所示。我们可以看到画面偏冷，下面就将画面制作出温暖的感觉，执行"图层 ➤ 新建调整图层 ➤ 曲线"命令，在弹出的属性面板中选择RGB，将光标定位在曲线上，单击添加控制点并按住鼠标左键向上拖曳，提高画面的亮度，如图7-86所示。

02 单击RGB，在下拉菜单中选择蓝，选择曲线顶端的控制点，沿着垂直轴向，按住鼠标左键将其向下拖曳，接着选择曲线底端的控制点，沿着垂直轴向，按住鼠标左键将其向上拖曳，如图7-87所示。效果如图7-88所示。

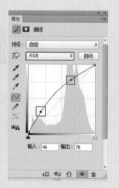

图7-85　　　　　　图7-86　　　　　　图7-87　　　　　　图7-88

03 下面制作柔光效果，在图层面板中按【Ctrl】键选择原素材图层以及曲线调整图层，使用组合键【Ctrl+Alt+Shift+E】合并这两个图层并拷贝，选择该拷贝图层，执行"滤镜 ➤ 模糊 ➤ 高斯模糊"命令，在弹出的"高斯模糊"窗口中设置"半径"为50像素，如图7-89所示。效果如图7-90所示。

04 接着在图层面板中设置"混合模式"为柔光，如图7-91所示。效果如图7-92所示。

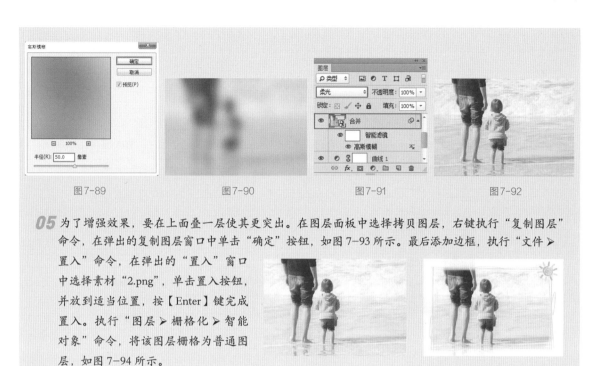

| 图7-89 | 图7-90 | 图7-91 | 图7-92 |

05 为了增强效果，要在上面叠一层使其更突出。在图层面板中选择拷贝图层，右键执行"复制图层"命令，在弹出的复制图层窗口中单击"确定"按钮，如图7-93所示。最后添加边框，执行"文件 ➤ 置入"命令，在弹出的"置入"窗口中选择素材"2.png"，单击置入按钮，并放到适当位置，按【Enter】键完成置入。执行"图层 ➤ 栅格化 ➤ 智能对象"命令，将该图层栅格为普通图层，如图7-94所示。

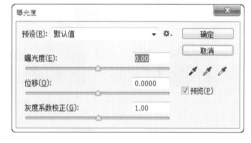

| 图7-93 | 图7-94 |

7.6　曝光度

　　曝光度是指一张照片的曝光程度，说得直白些就是相机中底片接受的光线的多少。接受光线越多曝光度越高，照片越亮；曝光度越低，照片越偏暗。"曝光度"命令通过在线性颜色空间执行计算而得出的曝光效果。

　　执行"图像 ➤ 调整 ➤ 曝光度"菜单命令，打开"曝光度"对话框，如图7-95所示。在这里可以对曝光度、位移、灰度系数三个参数进行调整，修复数码照片中常见的曝光过度与曝光不足等问题，如图7-96所示。

◇　预设/预设选项 ⚙：Photoshop预设了4种曝光效果，分别是"减1.0""减2.0""加1.0""加2.0"。单击"预设选项"按钮 ⚙，可以对当前设置的参数进行保存，或载入一个外部的预设调整文件。

◇　曝光度：向左拖曳滑块，可以降低曝光效果，画面变暗，如图7-97所示；向右拖曳滑块，可以增强曝光效果，画面变亮，如图7-98所示。

图7-95

| 曝光度低 | 曝光度正常 | 曝光度高 |

图7-96

图7-97

图7-98

197

◇ 位移：该选项主要对阴影和中间调起作用，可以使其变暗，但对高光基本不会产生影响。

◇ 灰度系数校正：使用一种乘方函数来调整图像灰度系数。

7.7 自然饱和度

　　饱和度是色彩的构成要素之一，指的是颜色的浓度。当画面颜色饱和度过低时，画面显得比较灰暗；当画面颜色饱和度增高时，画面则显得比较鲜艳，如图7-99所示。执行"图像▶调整▶自然饱和度"菜单命令，打开"自然饱和度"对话框，如图7-100所示。

饱和度低　　　饱和度高

图7-99

图7-100

◇ 自然饱和度：向左拖曳滑块，可以降低颜色的饱和度，如图7-101所示；向右拖曳滑块，可以增加颜色的饱和度，如图7-102所示。

◇ 饱和度：相同的数值下，"饱和度"数值效果比"自然饱和度"数值效果更加强烈。向左拖曳滑块，可以增加所有颜色的饱和度，直至灰度，如图7-103所示；向右拖曳滑块，可以降低所有颜色的饱和度，如图7-104所示。

图7-101　　　　　　图7-102　　　　　　图7-103　　　　　　图7-104

💡提示　与"色相/饱和度"命令相比，使用"自然饱和度"命令可以在增加图像饱和度的同时，有效地控制由于颜色过于饱和而出现溢色的现象。因此不会生成饱和度过高或过低的颜色，画面始终会保持一个比较平衡的色调，这对于调节人像非常有用。

7.8 色相/饱和度

　　"色相/饱和度"命令可以对色彩的三大属性：色相、饱和度（纯度）和明度进行修改。该命令不仅可以对整个画面进行调整，还可以对单一的颜色进行调整，例如对画面中红色部分的饱和度进行调整，单独对画面中绿色的明度进行调整等等。

　　打开一张图片素材，如图7-105所示。执行"图像▶调整▶色相/饱和度"菜单命令（快捷键:【Ctrl+U】）

打开"色相/饱和度"窗口，在这里可以尝试拖曳"色相""饱和度""明度"滑块，即可调整图像的"色相""饱和度""明度"，如图 7-106 所示。随着滑块的调整，可以直接观察到画面颜色产生变化，效果如图 7-107 所示。

图7-105

图7-106

图7-107

◇　预设/预设选项 ✿：在"预设"下拉列表中提供了 8 种色相/饱和度预设，单击"预设选项"按钮 ✿，可以对当前设置的参数进行保存，或载入一个外部的预设调整文件。

◇　通道下拉列表 全图 ▼：在通道下拉列表中可以选择全图、红色、黄色、绿色、青色、蓝色和洋红通道进行调整。选择好通道以后，拖曳下面的"色相""饱和度""明度"的滑块，可以对该通道的色相、饱和度和明度进行调整，图 7-108 和图 7-109 所示为对不同通道调整色相的效果。

◇　图像调整工具 👉：选择该工具后，将光标移动至要调整的颜色上方，单击并向左拖曳可以降低颜色的饱和度，如图 7-110所示；单击并向右拖曳可以提高颜色的饱和度，如图 7-111 所示。按住【Ctrl】键拖曳鼠标可以更改色相，如图 7-112 所示。

图7-108

图7-109

图7-110

◇　着色：勾选该项以后，图像会整体偏向于单一的红色调，此外，还可以通过拖曳 3 个滑块来调节图像的色调，如图7-113 所示。效果如图 7-114 所示。

图7-111

图7-112

图7-113

图7-114

7.9　色彩平衡

　　"色彩平衡"可以简单地理解为图像中各种颜色之间的平衡关系。Photoshop 中的"色彩平衡"命令是指根据颜色的补色原理调整图像的颜色。要减少画面中的某个颜色就增加这种颜色的补色，例如红色和青色互为补色，想要减少画面中红色的成分，就可以通过增加画面中的青色成分来实现这一目的，如图 7-115和图 7-116 所示。

打开一张图片，如图 7-117 所示。执行"图像 ➢ 调整 ➢ 色彩平衡"菜单命令（快捷键:【Ctrl+B 】），打开"色彩平衡"窗口，先选择"阴影""中间调""高光"其中的任一选项，然后拖动滑块或输入具体的数值进行调整，如图 7-118 所示。图像中相应区域的颜色将被调整，如图 7-119 所示。

图7-115

图7-116

图7-117

◇ 色彩平衡：用于调整"青色－红色""洋红－绿色"以及"黄色－蓝色"在图像中所占的比例，可以手动输入，也可以通过拖曳滑块来进行调整。如向左拖曳"青色－红色"滑块，可以在图像中增加青色，同时减少其补色红色，如图 7-120 所示。向右拖曳"青色－红色"滑块，可以在图像中增加红色，同时减少其补色青色，如图 7-121 所示。

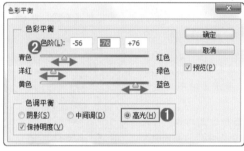
图7-118

图7-119

◇ 色调平衡：选择调整色彩平衡的方式，包含"阴影""中间调""高光"3 个选项，图 7-122、图 7-123 和图 7-124 所示分别是向"阴影""中间调""高光"添加蓝色以后的效果。如果勾选"保持明度"选项，还可以保持图像的色调不变，防止亮度值随着颜色的改变而改变。

图7-120

图7-121

图7-122

图7-123

图7-124

课后练习：使用色彩平衡制作温情色调

扫码看视频

案例文件

7.9 课后练习：使用色彩平衡制作温情色调 .psd

视频教学

7.9 课后练习：使用色彩平衡制作温情色调 .flv

难易指数

★★★☆☆

技术要点

曲线、色彩平衡

案例效果

图7-125

图7-126

操作步骤

01 执行"文件 ➤ 打开"命令，在打开窗口中选择背景素材"1.jpg"，单击打开按钮，如图7-127所示。

02 我们可以看到画面较灰暗，此时可以增强画面亮度以及对比度，执行"图层 ➤ 新建调整图层 ➤ 曲线"命令，在弹出的属性面板中选择RGB，将光标定位在曲线上，单击添加控制点并按住鼠标左键向上拖曳，继续在曲线下部单击添加控制点并按住鼠标左键向下拖曳。选择曲线顶端的控制点，沿着横轴向按住鼠标左键将其向左拖曳，如图7-128所示。此时画面亮度以及对比度都有所增强，效果如图7-129所示。

图7-127

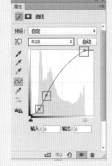

图7-128

03 接下来制作暖调的效果。执行"图层 ➤ 新建调整图层 ➤ 色彩平衡"命令，在弹出的属性面板中设置"色调"为阴影，"青色"为0，"洋红"为+50，"黄色"为0，如图7-130所示。然后设置"色调"为中间调，"青色"为+100，"洋红"为0，"黄色"为-20，如图7-131所示。效果如图7-132所示。

图7-129

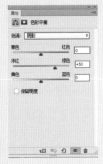

图7-130

图7-131

图7-132

04 最后在画面左上角添加光感。新建图层，单击"工具箱"中的"画笔工具"，在"选项栏"中设置"大小"为 400 像素，"硬度"为 0%，"不透明度"为 80%，设置"前景色"为中黄色，然后在画面左上角按住鼠标左键并拖曳涂抹，如图 7-133 所示。在图层面板中设置"混合模式"为滤色，如图 7-134 所示。效果如图 7-135 所示。

图 7-133

图 7-134

图 7-135

7.10 黑白

顾名思义，"黑白"命令就是一款用于将彩色图像变为黑白图像的命令。但是"黑白"命令有一个比较强大的功能，"黑白"命令可在将彩色图像转换为黑白图像的同时控制每一种色调的量，以此调整每种颜色转换为黑白后的明暗程度，如图 7-136 所示。另外，"黑白"命令还可以将黑白图像转换为带有颜色的单色图像，如图 7-137 所示。

图 7-136

打开一张图像，如图 7-138 所示。执行"图像▷调整▷黑白"菜单命令（快捷键：【Alt+Shift+Ctrl+B】），打开"黑白"对话框，如图 7-139 所示。此时图片会变为灰度图像，如图 7-140 所示。在对话框中可以通过调整每个颜色的滑块来控制该颜色转换为灰度图像后的明暗，数值越大越亮，数值越小越暗。

图 7-137

图 7-138

图 7-139

图 7-140

◇ 预设：在"预设"下拉列表中提供了 12 种黑白图像效果，可以直接选择相应的预设来创建黑白图像。

◇ 颜色：这 6 个选项用来调整图像中特定颜色的灰色调。例如，在这张图像中，向左拖曳"红色"滑块，可以使由红色转换而来的灰度色变暗，如图 7-141 所示；向右拖曳，则可以使灰度色变亮，如图 7-142 所示。

◇ 色调 / 色相 / 饱和度：勾选"色调"选项，可以为黑白图像着色，以创建单色图像，另外还可以调整单色图像的色相和饱和度，如图 7-143 和图 7-144 所示。

图7-141

图7-142

图7-143

图7-144

7.11 照片滤镜

"照片滤镜"命令可以想象成是一个透明的彩色玻璃，将它覆盖在镜头前，会影响画面的颜色。例如使用暖橙色的照片滤镜，那么图像整体就会倾向于这种暖调的橙色，如图7-145和图7-146所示。

图7-145

图7-146

（1）打开一张图像，如图7-147所示。执行"图像 ➤ 调整 ➤ 照片滤镜"菜单命令，打开"照片滤镜"窗口，在"滤镜"下拉列表中选择一种预设的效果，应用到图像中，如图7-148所示。效果如图7-149所示。

图7-147

图7-148

图7-149

（2）如果预设列表中没有合适的颜色，可以勾选"颜色"选项，单击后方的色块，在弹出的"拾色器"中自定义一个颜色，如图7-150所示。此时图像效果如图7-151所示。

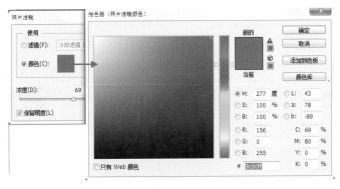
图7-150

图7-151

（3）设置"浓度"数值可以调整滤镜颜色应用到图像中的颜色百分比。数值越高，应用到图像中的颜色浓度就越大，图7-152所示是数值为40%的效果。数值越小，应用到图像中的颜色浓度就越低，图7-153所示是数值为100%的效果。

（4）勾选"保留明度"选项以后，可以保留图像的明度不变，图7-154和图7-155所示为勾选与未勾选的效果对比。

图7-152　　　　　　图7-153　　　　　　图7-154　　　　　　图7-155

7.12　通道混合器

"通道混合器"命令可以对图像的某一个通道的颜色进行调整，以创建出各种不同色调的图像，同时也可以用来创建高品质的灰度图像。打开一张图像，如图7-156所示。执行"通道混合器"菜单命令，如图7-157所示。

图7-156　　　　　　　　　　　　图7-157

◇　预设 / 预设选项 ✿.：Photoshop提供了6种制作黑白图像的预设效果。单击"预设选项"按钮 ✿.，可以对当前设置的参数进行保存，或载入一个外部的预设调整文件。

◇　输出通道：在下拉列表中可以选择一种通道来对图像的色调进行调整。

◇　源通道：用来设置源通道在输出通道中所占的百分比。将一个源通道的滑块向左拖曳，可以减小该通道在输出通道中所占的百分比，如图7-158所示；向右拖曳，则可以增百分比，如图7-159所示。

◇　总计：显示源通道的计数值。如果计数值大于100%，则有可能会丢失一些阴影和高光细节。

◇　常数：用来设置输出通道的灰度值，负值为可以在通道中增加黑色，正值为可以在通道中增加白色。

◇　单色：勾选该选项以后，图像将变成黑白效果，如图7-160和图7-161所示。

图7-158　　　　　　图7-159　　　　　　　　图7-160　　　　　　　　图7-161

7.13 颜色查找

使用"颜色查找"命令可以更换画面的整体颜色风格。数字图像输入或输出设备都有自己特定的色彩空间，这就导致色彩在不同的设备之间传输时出现不匹配的现象。"颜色查找"命令可以使画面颜色在不同的设备之间精确传递和再现。

打开一张图像，如图7-162所示。执行"颜色查找"命令，在弹出的窗口中可以选择用于颜色查找的方式，包括3DLUT文件，摘要，设备链接，并可以在每种方式的下拉列表中选择合适的类型，如图7-163所示。选择完成后可以看到图像整体颜色产生了风格化的效果，如图7-164所示。

| 图7-162 | 图7-163 | 图7-164 |

7.14 反相

"反相"命令是一个可以逆向操作的命令，"反相"命令可以将图像中的某种颜色转换为它的补色，就是将图像中原来的黑色变成白色，将原来的白色变成黑色，从而创建出负片效果。打开一张图片，如图7-165所示。执行"图层 ➤ 调整 ➤ 反相"命令（快捷键：【Ctrl+I】），即可得到反相效果，如图7-166所示。

| 图7-165 | 图7-166 |

💡 提示 "反相"命令是一个可以逆向操作的命令，比如对一张图像执行"反相"命令，创建出负片效果，再次对负片图像执行"反相"命令，又会得到原来的图像。

7.15 色调分离

"色调分离"命令可以通过减少画面色结束模拟"矢量感"绘画效果。"色调分离"命令可以指定图像中每个通道的色调级数目或亮度值，然后将像素映射到最接近的匹配级别。打开一张图片，如图7-167

所示。执行"图像 ➢ 调整 ➢ 色调分离"命令，在打开的"色调分离"窗口中，向左拖曳"色阶"滑块时，分离的色调越多，向右拖曳"色阶"滑块时，分离的色调越少，如图 7-168 所示。效果如图 7-169 所示。

图 7-167　　　　　　　　　　图 7-168　　　　　　　　　　图 7-169

7.16　阈值

"阈值"命令可以制作只有黑、白双色的图像。"阈值"是基于图片亮度的一个黑白分界值。在 Photoshop 中，使用"阈值"命令将删除图像中的色彩信息，将其转换为只有黑白两种颜色的图像，并且比阈值亮的像素将转换为白色，比阈值暗的像素将转换为黑色。

打开一张图片素材，如图 7-170 所示。执行"图像 ➢ 调整 ➢ 阈值"命令，打开"阈值"窗口，在该窗口中拖曳直方图下面的滑块或输入"阈值色阶"数值可以指定一个色阶作为阈值，如图 7-171 所示。效果如图 7-172 所示。

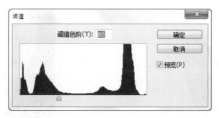

图 7-170　　　　　　　　　　图 7-171　　　　　　　　　　图 7-172

课后练习：使用调色命令制作多彩绘画效果

扫码看视频

案例文件	视频教学
7.16 课后练习：使用调色命令制作多彩绘画效果 .psd	7.16 课后练习：使用调色命令制作多彩绘画效果 .flv

难易指数	技术要点
★★★☆☆	阈值

案例效果

图7-173

图7-174

操作步骤

01 执行"文件 ➤ 打开"命令，在打开的窗口中选择背景素材"1.jpg"，单击打开按钮，如图7-175所示。

02 制作人物轮廓，执行"图层 ➤ 新建调整图层 ➤ 阈值"命令，在弹出的属性面板中设置"阈值色阶"为113，如图7-176所示。效果如图7-177所示。

图7-175

图7-176

图7-177

03 在画面中添加文字，使用"横排文字工具"在画面左下角添加合适的文字，如图7-178所示。

04 接着为人物和文字赋予水彩效果，执行"文件 ➤ 置入"命令，在弹出的"置入嵌入对象"窗口中选择素材"2.jpg"，单击置入按钮，并放到适当位置，按【Enter】键完成置入。执行"图层 ➤ 栅格化 ➤ 智能对象"命令，将该图层栅格为普通图层，如图7-179所示。在图层面板中设置"混合模式"为滤色，如图7-180所示。效果如图7-181所示。

图7-178

图7-179

图7-180

图7-181

207

05 在图层面板中按【Ctrl】键选择以上制作的所有图层，再使用组合键【Ctrl+Alt+Shift+E】进行盖印，使其合并为一个图层，如图 7-182 所示。

06 执行"文件 ➤ 置入"命令，在弹出的"置入"窗口中选择素材"3.jpg"，单击"置入"按钮，并放到适当位置，按【Enter】键完成置入。执行"图层 ➤ 栅格化 ➤ 智能对象"命令，将该图层栅格为普通图层，如图 7-183 所示。在图层面板中选择盖印图层，将其移动到最顶层，使用自由变换组合键【Ctrl+T】调出界定框，将光标定位在控制点对其进行旋转缩放，效果如图 7-184 所示。

07 在图层面板中设置"混合模式"为正片叠底，如图 7-185 所示。效果如图 7-186 所示。

图7-182　　　　　　图7-183　　　　　　　　图7-184　　　　　　　　图7-185

08 最后对细节进行修改，选择该图层，单击图层面板底部的"添加图层蒙版"按钮，单击"工具箱"中的"画笔工具"，在"选项栏"中单击"画笔预设"下拉按钮，在下拉面板中设置"大小"为50像素，"硬度"为20%，设置"前景色"为黑色，在图层蒙版中尺子和钢笔上的位置进行涂抹，隐藏多余内容，图层蒙版如图 7-187 所示。效果如图 7-188 所示。

图7-186　　　　　　　　　　图7-187　　　　　　　　　图7-188

7.17　渐变映射

　　"渐变映射"的工作原理超级简单，先将图像转换为灰度图像，然后将图像灰度范围映射到指定的渐变填充色。

　　打开一张图片，如图 7-189 所示。执行"图像 ➤ 调整 ➤ 渐变映射"菜单命令，打开"渐变映射"窗口，在该窗口中单击渐变色条，随即会弹出"拾色器"窗口，然后编辑渐变颜色，如图 7-190 所示。设置完成后单击"确定"按钮，效果如图 7-191 所示。

◇　灰度映射所用的渐变：单击下面的渐变条，打开"渐变编辑器"对话框，在该对话框中可以选择或重新编辑一种渐变应用到图像上。

◇　仿色：勾选该选项以后，Photoshop 会添加一些随机的杂色来平滑渐变效果。

◇　反向：勾选该选项以后，可以反转渐变的填充方向，映射出的渐变效果也会发生变化。

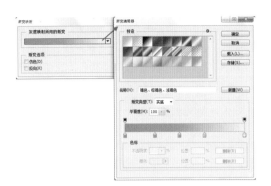

| 图7-189 | 图7-190 | 图7-191 |

课后练习：使用渐变映射打造童话色调

扫码看视频

案例文件

7.17 课后练习：使用渐变映射打造童话色调 .psd

视频教学

7.17 课后练习：使用渐变映射打造童话色调 .flv

难易指数

★ ★ ★ ☆ ☆

技术要点

渐变映射

案例效果

图7-192

图7-193

操作步骤

01 执行"文件▷新建"命令，在弹出的新建窗口中设置"宽度"为1800像素，"高度"为1200像素，"分辨率"为72像素，"颜色模式"为RGB模式，"背景内容"为透明，单击"确定"按钮完成新建。设置"前景色"为白色，使用组合键【Alt+Delete】填充，如图7-194所示。执行"文件▷置入"命令，在弹出的"置入"窗口中选择素材"1.jpg"，单击置入按钮，并放到适当位置，按【Enter】键完成置入，接着执行"图层▷栅格化▷智能对象"命令，将该图层栅格为普通图层，如图7-195所示。

图7-194

图7-195

02 制作梦幻的虚化效果。选择人物图层，单击图层面板底部的"添加图层蒙版"按钮。单击"工具箱"
中的"画笔工具"，在"选项栏"中单击"画笔预设"下拉按钮，选择一个特殊的笔刷，设置"大小"
为 128 像素，"不透明度"为 50%，设置"前景色"为黑色，在图层蒙版中照片边缘多次进行涂抹，
图层蒙版如图 7-196 所示。效果如图 7-197 所示。

03 制作童话感色彩。执行"图层 ➤ 新建调整图层 ➤ 渐变映射"命令，在弹出的属性面板中单击"渐
变色条"，在弹出的"渐变编辑器"中编辑一个蓝色到红色到黄色的渐变，单击"确定"按钮完成
设置，如图 7-198 所示。效果如图 7-199 所示。

图7-196

图7-197

图7-198

04 在图层面板中设置该调整图层的"不透明度"为 30%，如图 7-200 所示。效果如图 7-201 所示。

图7-199

图7-200

图7-201

7.18 可选颜色

　　"可选颜色"是一款比较常用的色彩调整命令，由于该命令可以针对各个颜色
进行单独调整，而且针对每个颜色还可以细致地增添或减少某种颜色成分。"可选颜
色"命令可以在图像中的每个主要原色成分中更改印刷色的数量，也可以在不影响
其他主要颜色的情况下有选择地修改任何主要颜色中的印刷色数量。

　　打开一张图片，如图 7-202 所示。执行"图像 ➤ 调整 ➤ 可选颜色"菜单命令，
打开"可选颜色"窗口，先在"颜色"选项中选择要调整的颜色，然后拖曳下方
的颜色滑块调整颜色，如图 7-203 所示。调整效果如图 7-204 所示。

图7-202

◇　颜色：在下拉列表中选择要修改的颜色，然后对颜色进行调整，可以调整该颜色中青
色、洋红、黄色和黑色所占的百分比，如图 7-205 所示。

◇　方法：选择"相对"方式，可以根据颜色总量的百分比来修改青色、洋红、黄色和黑色的数量；选择"绝对"方式，
可以采用绝对值来调整颜色。

图7-203

图7-204

图7-205

7.19　阴影/高光

"阴影／高光"命令主要用于处理画面的暗部和亮部存在的问题。这两部分的问题无非是亮部过曝、暗部过暗，通过"阴影／高光"命令可以轻松地单独调整画面的暗部或亮部区域的明亮程度，修补图像阴影区域过暗或高光区域过亮造成的细节损失，而不影响其他区域，如图7-206和图7-207所示。

打开一张图像，从图像中可以直观地看出高光区域与阴影区域的分布情况，如图7-208所示。执行"图像▶调整▶阴影／高光"菜单命令，打开"阴影／高光"窗口，勾选"显示更多选项"选项后，可以显示全部选项，如图7-209所示。在该窗口中进行设置后，效果如图7-210所示。

图7-206

图7-207

图7-208

图7-209

◇　阴影："数量"选项用来控制阴影区域的亮度，值越大，阴影区域就越亮，如图7-211所示。"色调宽度"选项用来控制色调的修改范围，值越小，修改的范围就只针对较暗的区域。"半径"选项用来控制像素是在阴影中还是在高光中。

◇　高光："数量"用来控制高光区域的黑暗程度，值越大，高光区域越暗，如图7-212所示。"色调宽度"选项用来控制色调的修改范围，值越小，修改的范围就只针对较亮的区域。"半径"选项用来控制像素是在阴影中还是在高光中。

◇　调整："颜色校正"选项用来调整已修改区域的颜色；"中间调对比度"选项用来调整中间调的对比度；"修剪黑色"和"修剪白色"决定了在图像中将多少阴影和高光剪到新的阴影中。

◇　存储为默认值：如果要将对话框中的参数设置存储为默认值，可以单击该按钮。存储为默认值以后，再次打开"阴影／高光"对话框时，就会显示该参数。

图7-210

图7-211

图7-212

课后练习：校正灰蒙蒙的风景照片

扫码看视频

案例文件

7.19 课后练习：校正灰蒙蒙的风景照片 .psd

视频教学

7.19 课后练习：校正灰蒙蒙的风景照片 .flv

难易指数

★★★☆☆

技术要点

阴影 / 高光、曲线、亮度 / 对比度、自然饱和度

案例效果

图7-213

图7-214

操作步骤

01 执行"文件 ➤ 打开"命令，在打开窗口中选择背景素材"1.jpg"，单击"打开"按钮，如图 7-215 所示。

02 在画面中可以看到画面整体阴影较多，先对其进行调整。执行"图层 ➤ 图像 ➤ 阴影 / 高光"命令，在弹出的"阴影 / 高光"窗口中勾选"显示更多选项"，接着在"阴影"中设置"数量"为 20%，"色调宽度"为 50%，"半径"为 30 像素，在"高光"中设置"数量"为 0%，单击"确定"按钮完成设置，如图 7-216 所示。效果如图 7-217 所示。

03 然后增强画面的对比度，使画面中应该亮的地方亮起来，应该暗的地方暗下去。执行"图层 ➤ 新建调整图层 ➤ 亮度 / 对比度"命令，在弹出的属性面板中设置"亮度"为 40，"对比度"为 100，如图 7-218 所示。效果如图 7-219 所示。

图7-215 图7-216 图7-217

04 增强画面的整体亮度。执行"图层 ➤ 新建调整图层 ➤ 曲线"命令，在弹出的属性面板中将光标定位在曲线中部，单击添加控制点并按住鼠标左键向上拖曳，如图7-220所示。效果如图7-221所示。

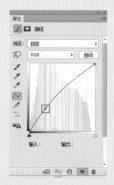

图7-218 图7-219 图7-220

05 最后增强画面的饱和度。执行"图层 ➤ 新建调整图层 ➤ 自然饱和度"命令，在弹出的属性面板中设置"自然饱和度"为 +80，如图 7-222 所示。效果如图 7-223 所示。

图7-221 图7-222 图7-223

7.20 HDR色调

"HDR"，即 High Dynamic Range 的缩写，即高动态范围图像。"HDR 色调"命令可以将图像模拟为 HDR 的效果，该命令对于处理风景图像非常常用。常用于制作画面明暗反差大，且细节图出，视觉冲击力强的效果。

　　打开一张图片，如图7-224所示。执行"图像➤调整➤HDR色调"菜单命令，打开"HDR色调"对话框，在"HDR色调"窗口中可以使用预设选项，也可以自行设定参数，如图7-225和图7-226所示。

◇　预设：在下拉列表中可以选择预设的HDR效果，既有黑白效果，也有彩色效果。

◇　方法：选择调整图像采用何种HDR方法。

◇　边缘光：该选项组用于调整图像边缘光的强度，如图7-227所示。

◇　色调和细节：调节该选项组中的选项可以使图像的色调和细节更加丰富细腻，如图7-228所示。

图7-224

图7-225

图7-226

图7-227

图7-228

◇　高级：在该选项组中可以控制画面整体阴影、高光以及饱和度。

◇　色调曲线和直方图：该选项组的使用方法与"曲线"命令的使用方法相同。

7.21　变化

　　"变化"命令也是一种"傻瓜式"的调色方法，它可以让用户从提供的多种效果中进行"挑选"，然后通过简单的单击即可调整图像的色彩、饱和度和明度。

　　打开一张图片，如图7-229所示。执行"图像➤调整➤变化"菜单命令，打开"变化"窗口，在窗口中可以看到很多个带有效果的选项，单击选择"加深绿色""加深黄色""加深青色""加深红色""加深蓝色""加深洋红"缩览图即可为当前图像添加相应颜色，在使用变化命令时，单击调整缩览图产生的效果是累积性的，可以在"当前挑选"中查看调色效果，如图7-230所示。效果如图7-231所示。

图7-229

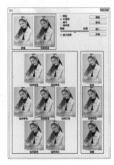

图7-230

图7-231

◇　原稿 / 当前挑选："原稿"缩略图显示的是原始图像；"当前挑选"缩略图显示的是图像调整结果。

◇　阴影 / 中间调 / 高光：可以分别对图像的阴影、中间调和高光进行调节。

◇　饱和度 / 显示修剪：专门用于调节图像的饱和度。勾选该选项以后，在对话框的下面会显示"减少饱和度""当前挑选""增加饱和度"3个缩略图，单击"减少饱和度"缩略图可以减少图像的饱和度，单击"增加饱和度"缩略图可以增加图像的饱和度。另外，勾选"显示修剪"选项，可以警告超出了饱和度范围的最高限度。

◇　精细－粗糙：该选项用来控制每次进行调整的量。需要特别注意的是，每移动一个滑块，调整数量会双倍增加。

◇　各种调整缩略图：单击相应的缩略图，可以进行相应的调整，如单击"加上颜色"缩略图，可以应用一次加深颜色的效果。

7.22　去色

　　"去色"命令用于快速制作"黑白效果"，使用该命令可以将图像中的颜色去掉，使其成为灰度图像。打开一张图像，如图 7-232 所示。执行"图像 ➤ 调整 ➤ 去色"菜单命令（快捷键：【Shift+Ctrl+U】），可以将其调整为灰度效果，如图 7-233 所示。

图7-232　　　　　　　　图7-233

独家秘笈　　　**"去色"命令与"黑白"命令有什么不同？**

　　"去色"命令只能简单地去掉所有颜色，只保留原图像中单纯的黑白灰关系，这会丢失很多细节。而"黑白"命令则可以通过参数的设置调整各个颜色在黑白图像中的亮度，这是"去色"命令所不能够达到的，如果想要制作高质量的黑白照片，则需要使用"黑白"命令。

7.23　匹配颜色

　　在 Photoshop 中，调色时不仅可以对图像的各个颜色属性进行调整，还可以从别的图像中"提取"其配色方案，应用到自己的图像中，使用"匹配颜色"就可以实现。

　　"匹配颜色"命令的原理是将一个图像作为"源图像"，另一个图像作为"目标图像"，将"源图像"的颜色与"目标图像"的颜色进行匹配。"源图像"和"目标图像"可以是两个独立的文件，也可以匹配同一个图像中的不同图层。

　　（1）打开一张图像，将另一张图像置入其中并栅格化，如图 7-234 和图 7-235 所示。图层面板如图 7-236 所示。

图7-234　　　　　　　　图7-235　　　　　　　　图7-236

　　（2）选择背景图层，执行"图像 ➤ 调整 ➤ 匹配颜色"菜单命令，打开"匹配颜色"窗口，设置"源"为本文档，设置"图层"为1，然后在"图像选项"中进行调整，调整完成后单击"确定"按钮，如图7-237所示。隐藏"图层1"即可查看匹配效果，如图7-238所示。

◇ 目标：这里显示要修改的图像的名称以及颜色模式。

◇ 应用调整时忽略选区：如果目标图像（即被修改的图像）中存在选区，勾选该选项，Photoshop将忽视选区的存在，会将调整应用到整个图像，如图7-239所示；如果不勾选该选项，那么调整只针对选区内的图像，如图7-240所示。

图7-237

图7-238

图7-239

图7-240

◇ 明亮度：选项用来调整图像匹配的明亮程度。

◇ 颜色强度：选项相当于图像的饱和度，因此它用来调整图像的饱和度。

◇ 渐隐：选项有点类似于图层蒙版，它决定了有多少源图像的颜色匹配到目标图像的颜色中。

◇ 中和：选项主要用来去除图像中的偏色现象。

◇ 使用源选区计算颜色：选项可以使用源图像中的选区图像的颜色来计算匹配颜色，如图7-241和图7-242所示。

◇ 使用目标选区计算调整：选项可以使用目标图像中的选区图像的颜色来计算匹配颜色（注意，这种情况必须选择源图像为目标图像）。

◇ 源：选项用来选择源图像，即将颜色匹配到目标图像的图像。

◇ 图层：选项用来选择需要用来匹配颜色的图层。

◇ 载入数据统计和存储数据统计：选项主要用来载入已存储的设置与存储当前的设置。

图7-241

图7-242

7.24 替换颜色

在Photoshop中，替换颜色的方法有很多种，比"颜色替换工具" ![icon] 更加高级的就是"替换颜色"命令了。使用该命令可以修改图像中选定颜色的色相、饱和度和明度，从而将选定的颜色替换为其他颜色。

（1）打开一张图像，如图7-243所示。执行"图像 ➤ 调整 ➤ 替换颜色"菜单命令，打开"替换颜色"窗口。将光标移动到画面中单击拾取颜色，在"替换颜色"窗口中的缩览图中，可以看到颜色相近的范围变成了白色，这就代表这部分被选中了，如图7-244所示。

图7-243

图7-244

（2）在缩览图中可以看到画面四个角处有灰色的部分，这时单击"添加到取样"按钮 ，然后在画面四角处单击添加到取样，当背景变为白色时就代表全部选中，如图 7-245 所示。调整"替换"选项组中的"色相""饱和度""明度"，以设置替换的颜色，可以在"结果"中查看到替换的颜色，如图 7-246 所示。同时画面颜色也发生变化，设置完成后单击"确定"按钮，图像效果如图 7-247 所示。

图7-245

图7-246

图7-247

◇ 吸管：使用"吸管工具" 在图像上单击，可以选中单击点处的颜色，同时在"选区"缩略图中也会显示出选中的颜色区域（白色代表选中的颜色，黑色代表未选中的颜色），使用"添加到取样" 在图像上单击，可以将单击点处的颜色添加到选中的颜色中；使用"从取样中减去" 在图像上单击，可以将单击点处的颜色从选定的颜色中减去。

◇ 本地化颜色簇：该选项主要用于在图像上选择多种颜色。

◇ 颜色：显示选中的颜色。

◇ 颜色容差：该选项用来控制选中颜色的范围。数值越大，选中的颜色范围越广。

◇ 选区/图像：选择"选区"方式，可以以蒙版方式进行显示，其中白色表示选中的颜色，黑色表示未选中的颜色，灰色表示只选中了部分颜色，如图 7-248 所示。选择"图像"方式，则只显示图像，如图 7-249 所示。

◇ 色相/饱和度/明度：这 3 个选项与"色相/饱和度"命令的 3 个选项相同，可以调整选定颜色的色相、饱和度和明度。

图7-248

图7-249

7.25　色调均化

"色调均化"命令是将图像中像素的亮度值进行重新分布，图像中最亮的值将变成白色，最暗的值将变成黑色，中间的值将分布在整个灰度范围内，更均匀地呈现所有范围的亮度级。

（1）"色调均化"命令的使用方法非常简单，打开一个图像，如图 7-250 所示。执行"图像 > 调整 > 色调均化"，效果如图 7-251 所示。

（2）如果图像中存在选区，如图 7-252 所示。则执行"色调均化"命令时，会弹出一个"色调均化"窗口。如图 7-253 所示。

图7-250

图7-251

图7-252

（3）选择"仅色调均化所选区域"，则仅均化选区内的像素，如图 7-254 所示。选择"基于所选区域色调均化整个图像"，则可以按照选区内的像素均化整个图像的像素，如图 7-255 所示。

图 7-253

图 7-254

图 7-255

实战项目：海景婚纱照美化

扫码看视频

案例文件	视频教学
7.25 实战项目：海景婚纱照美化 .psd	7.25 实战项目：海景婚纱照美化 .flv

难易指数	技术要点
★★★☆☆	混合模式、曲线

案例效果

图 7-256

图 7-257

操作步骤

01 执行"文件 ➤ 打开"命令，打开素材"1.jpg"，从画面中我们发现天空基本为单一的颜色，没有云朵，缺少细节。海面颜色与天空又比较接近，缺少视觉上的纵深感，如图 7-258 所示。

02 先更改海面颜色。单击工具箱中的"矩形工具"按钮，在选项栏中将"绘制模式"设置为形状，并设置由白色到蓝色的渐变填充，如图 7-259 所示。接着在画面中的海面位置绘制矩形，如图 7-260 所示。

图 7-258

图 7-259

03 在"图层"面板中将该图层的不透明度调整为 86%，设置该图层的"混合模式"为颜色加深，并将该图层栅格化，如图 7-261 所示。此时画面效果如图 7-262 所示。

图7-260　　　　　　　图7-261　　　　　　　图7-262

04 此时可以看到人物身上有多余的海面部分，同时，海天交界处分界线过于突兀。选择该图层，单击该图层面板下方的"添加图层蒙版"按钮 ■，然后将"前景色"设置为黑色，选择工具箱中的"画笔工具"，在画笔选取器中选择一个合适的柔角画笔笔尖，如图 7-263 所示。单击图层蒙版，将光标移到画面中人物身体处进行涂抹，并涂抹海面与天空交接的位置，蒙版效果如图 7-264 所示。此时画面效果如图 7-265 所示。

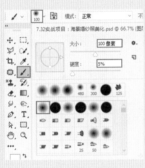

图7-263　　　　　　　图7-264　　　　　　　图7-265

05 此时画面偏暗，可以通过曲线调整亮度。执行"图层▶新建调整图层▶曲线"命令，在弹出的"新建图层"窗口中单击"确定"按钮。然后在"属性"面板中的曲线上单击添加一个控制点，并向上拖动，如图 7-266 所示。此时画面效果如图 7-267 所示。

06 接着来为天空增加细节。执行"文件▶置入"命令，置入素材"2.jpg"，如图 7-268 所示。将图片拖曳至画面顶部，按【Enter】键确定置入操作，然后在图层面板中右键单击该图层，选择"栅格化图层"，将其转化为普通图层，如图 7-269 所示。

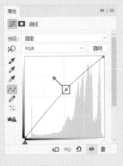

图7-266　　　　　　　图7-267　　　　　　　图7-268

07 利用图层蒙版隐藏风景图片中除天空外的其他部分。选择该图层并添加图层蒙版，选择一个黑色的柔角画笔，在遮挡住人物身体以及海面的部分进行涂抹。在图层面板中将该图层的不透明度设置为40%，如图7-270所示。此时画面效果如图7-271所示。

图7-269

图7-270

图7-271

08 可以看出天空的颜色缺少层次感，此时，可以使用曲线压暗画面顶部天空位置。执行"图层 ▶ 新建调整图层 ▶ 曲线"命令，在"属性"面板中的曲线上建立一个控制点，压暗画面，如图7-272所示。此时画面效果如图7-273所示。

09 接着将"前景色"设置为黑色，使用前景色填充快捷键【Alt+Delete】进行蒙版填充，此时调色效果将被隐藏。将"前景色"设置为白色，选择工具箱中的"画笔工具"，在画笔选取器中选择一个合适的柔角画笔笔尖，在画面中的顶部天空位置涂抹显示其调色效果，蒙版如图7-274所示。画面效果如图7-275所示。

图7-272

图7-273

图7-274

图7-275

10 接下来提亮人物周围的亮度。继续执行曲线命令，在"属性"面板中添加一个向上的控制点，如图7-276所示。单击曲线调整图层的图层蒙版，将其填充为黑色，隐藏调色效果。然后选择一个较大的白色柔角画笔绘制蒙版的右侧位置，蒙版效果如图7-277所示。画面右侧人像部分变亮，此时画面效果如图7-278所示。

图7-276

图7-277

图7-278

11 最后制作暗角效果，为画面营造气氛。执行"图层 ▶ 新建调整图层 ▶ 曲线"命令，在"属性"面板中建立一个向下的控制点，如图7-279所示。此时画面效果如图7-280所示。

12 选择一个较大的黑色柔角画笔，用画笔单击曲线调整图层的图层蒙版中的人物位置，如图7-281所示。显示其调色之前的效果，使画面四周变暗，最终效果如图7-282所示。

图7-279　　　　　　　图7-280　　　　　　　　图7-281　　　　　　　　图7-282

如何判定图像是否偏色？偏什么色？

很多时候，判断一张图像是否偏色，只用眼睛去看可能很难准确判定，而颜色的数值却是不会骗人的。黑、白、灰这样的无彩色的RGB数值应该是完全相同的。那么出现在画面中的黑色、白色、灰色的对象表面颜色的R、G、B数值至少应是非常接近的。某个数值偏高，那么画面会在很大程度上倾向于那种颜色（假设画面中的物体全部在同一场景、同一光照条件下）。这是我们判定图像偏色问题的一个简单手段。具体在吸取颜色和读取颜色数值时，通常会使用到"信息"面板和"颜色取样器" 工具。在工具箱中选择"颜色取样器" 工具，在画面中本应是黑、白、灰的颜色处单击设置取样点，在信息面板中可以看到当前取样点的颜色数值。例如在本该是白色的被子上单击取样，如图7-283所示。在"信息"面板中可以看到RGB的数值分别是182/193/183，如图7-284所示。既然本色是白色/淡灰色的对象，那么在不偏色的情况下，呈现出的RGB数值应该是一致的，而此时看到的数值中G（绿）明显偏大，所以可以判断，画面存在偏绿的问题。

图7-283

图7-284

"混合模式"也可以帮你调色呦

什么？"混合模式"也能用来调色！没错，"混合模式"的确可以用来调色，只不过"混合模式"并不像调整命令一样直接对画面的颜色属性进行调节，而是通过对彩色图层进行特殊混合模式的设置，使两个或多个图层产生色彩的混合，以此起到"调色"的效果。不要小看了混合模式调色这个"另类"的调色技法哦！它能达到的效果肯定会让你大吃一惊的！例如将纯色图层混合到画面中，如图7-285所示。将渐变图层混合到画面中，如图 7-286 所示。不同的颜色、不同的混合模式都会使画面产生非常明显的变化，所以，在调色时不妨多多尝试，灵活运用混合模式调整画面颜色。

图7-285　　　　　　　　　　　　　　　　　　图7-286

7.26　本章小结

　　调色技术虽然纷繁复杂、令人眼花缭乱，但还是有规律可言的。我们一方面要掌握调色技术，另一方面还要学习有关色彩构成的理论，了解不同色彩之间互相搭配究竟能碰撞出什么样的火花。另外，多欣赏优秀作品，将漂亮的配色方案应用到自己的作品中，这样才能更快地得到完美的调色作品。

第 **8** 章

高端大气上档次的图层效果

本章学习要点

- 掌握混合模式的使用方法
- 学会为图层添加图层样式的方法
- 掌握各个图层样式的效果

本章内容简介

在使用Photoshop制图时，少不了图层的操作。图层化的操作，大大增强了图像编辑的扩展空间和灵活度。在前面的操作中我们已经使用过图层面板，学习了一些图层的基础知识，这一章将学习图层的"高级操作"。这些操作有的能将两个图层进行"融合"，有的则是为图层添加投影、描边、浮雕、发光等各种各样的样式，都是一些非常简单且有趣的操作。接下来就让我们一起来学习吧！

8.1 融合吧！图层

"图层"面板相信大家都不陌生，几乎进行任何操作之前，都需要在图层面板中选中一个图层。当我们选择图层时，经常会看到图层面板顶部显示着 正常 以及"不透明度"和"填充"选项，如图8-1和图8-2所示。

图8-1   图8-2

"不透明度"和"填充"均用于控制图层的透明效果，如图8-3所示。 正常 用于设置图层的"混合模式"，通过在列表中选择某一项可以设置该图层的混合模式，使当前图层与下方图像内容的像素进行"混合"，从而产生画面效果，如图8-4所示。

图8-3   图8-4

利用混合模式、不透明度和混合颜色带能够让图层之间产生半透明、交叠、互溶的效果，是非常常用的"溶图"利器，图8-5和图8-6所示为使用图层功能制作的作品。

图8-5   图8-6

8.1.1 调整不透明度

"不透明度"很好理解，通过调整图层的不透明度，可以让图层中的像素变得半透明。半透明效果在设计制图中非常常见，常用于弱化某图层的视觉效果，或者使某几个图层内容能够"互溶"，图 8-7 和图 8-8 所示为使用该功能制作的作品。

（1）选择一个图层（背景图层无法设置不透明度），在图层面板中可以看到图层的"不透明度"为 100%，如图 8-9 所示。在图层面板中的"不透明度"数值框中更改输入数值，或单击 ▼ 按钮然后向左拖曳滑块降低图层的不透明度，如图 8-10 所示。

图8-7　　　　　　　　　　图8-8　　　　　　　　　　图8-9

（2）如果选择的图层带有图层样式，降低"填充"的数值，如图 8-11 所示。可以看到图像本身像素的不透明度降低了，而图层样式的不透明度没有发生变化，如图 8-12 所示。

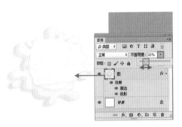

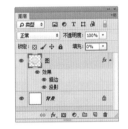

图8-10　　　　　　　　　　图8-11　　　　　　　　　　图8-12

💡提示　按键盘上的数字键即可快速修改图层的"不透明度"，例如按一下【5】键，"不透明度"会变为50%，如果按两次【5】键，"不透明度"会变成55%。

8.1.2　认识图层"混合模式"

图层混合模式就是指一个层与其下图层的色彩叠加方式，可以用来创建各种图层混叠在一起的特殊效果。图层的混合模式是 Photoshop 的一项非常重要的功能，它的身影无处不在。除了图层面板中，它还存在于"画笔工具""渐变工具"等工具的选项栏中，以及"填充""描边"命令和"图层样式"等的窗口中。其使用方法与产生效果都是相同的。

在"图层"面板中选择一个除"背景"以外的图层，如图 8-13 所示。单击面板顶部的 ✦ 下拉按钮，在弹出的下拉列表中选择一种混合模式。图层的"混合模式"分为 6 组，共 27 种，如图 8-14 所示。每组产生的效果各不相同，有的组用于使画面变亮，有的组则用于使画面变暗，图 8-15 所示为"加深模式组"中的"正片叠底"的混合效果。

下面以包含上下两个图层的文档来讲解图层的各种混合模式的特点，当前所选图层混合模式为正常，如图 8-16 所示。

图8-13

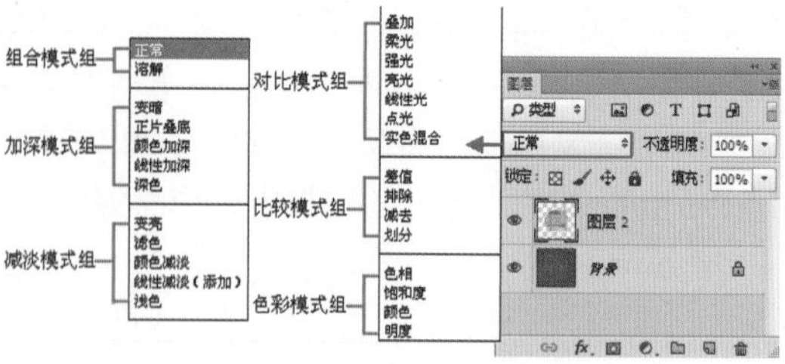

图8-15

图8-14

图8-16

◇ 正常：这种模式是Photoshop默认的模式。正常情况下（"不透明度"为100%），上层图像将完全遮盖住下层图像，如图8-17所示。只有降低"不透明度"数值以后才能与下层图像相混合，图8-18所示是设置"不透明度"为70%时的混合效果。

◇ 溶解：在"不透明度"和"填充"数值为100%时，该模式不会与下层图像相混合，只有这两个数值中的其中一个低于100%时才能产生效果，使透明度区域上的像素离散，如图8-19所示。

◇ 变暗：比较每个通道中的颜色信息，并选择基色或混合色中较暗的颜色作为结果色，同时替换比混合色亮的像素，而比混合色暗的像素保持不变，如图8-20所示。

图8-17

图8-18

图8-19

图8-20

◇ 正片叠底：任何颜色与黑色混合产生黑色，任何颜色与白色混合保持不变，如图8-21所示。

◇ 颜色加深：通过增加上下层图像之间的对比度来使像素变暗，与白色混合不产生变化，如图8-22所示。

◇ 线性加深：通过减小亮度使像素变暗，与白色混合不产生变化，如图8-23所示。

◇ 深色：通过比较两个图像的所有通道的数值的总和，然后显示数值较小的颜色，如图8-24所示。

图8-21

图8-22

图8-23

图8-24

◇　变亮：比较每个通道中的颜色信息，并选择基色或混合色中较亮的颜色作为结果色，同时替换比混合色暗的像素，
　　而比混合色亮的像素保持不变，如图 8-25 所示。

◇　滤色：与黑色混合时颜色保持不变，与白色混合时得到白色，如图 8-26 所示。

◇　颜色减淡：通过减小上下层图像之间的对比度来提亮底层图像的像素，如图 8-27 所示。

◇　线性减淡（添加）：与"线性加深"模式产生的效果相反，可以通过提高亮度来减淡颜色，如图 8-28 所示。

图 8-25	图 8-26	图 8-27	图 8-28

◇　浅色：通过比较两个图像的所有通道的数值的总和，然后显示数值较大的颜色，如图 8-29 所示。

◇　叠加：对颜色进行过滤并提亮上层图像，具体取决于底层颜色，同时保留底层图像的明暗对比，如图 8-30 所示。

◇　柔光：使颜色变暗或变亮，具体取决于当前图像的颜色。如果上层图像比 50% 灰色亮，则图像变亮；如果上层图
　　像比 50% 灰色暗，则图像变暗，如图 8-31 所示。

◇　强光：对颜色进行过滤，具体取决于当前图像的颜色。如果上层图像比 50% 灰色亮，则图像变亮；如果上层图像
　　比 50% 灰色暗，则图像变暗，如图 8-32 所示。

图 8-29	图 8-30	图 8-31	图 8-32

◇　亮光：通过增加或减小对比度来加深或减淡颜色，具体取决于上层图像的颜色。如果上层图像比 50% 灰色亮，则
　　图像变亮；如果上层图像比 50% 灰色暗，则图像变暗，如图 8-33 所示。

◇　线性光：通过减小或增加亮度来加深或减淡颜色，具体取决于上层图像的颜色。如果上层图像比 50% 灰色亮，则
　　图像变亮；如果上层图像比 50% 灰色暗，则图像变暗，如图 8-34 所示。

◇　点光：根据上层图像的颜色来替换颜色。如果上层图像比 50% 灰色亮，则替换比较暗的像素；如果上层图像比 50%
　　灰色暗，则替换较亮的像素，如图 8-35 所示。

◇　实色混合：将上层图像的 RGB 通道值添加到底层图像的 RGB 值。如果上层图像比 50% 灰色亮，则使底层图像变
　　亮；如果上层图像比 50% 灰色暗，则使底层图像变暗，如图 8-36 所示。

图 8-33	图 8-34	图 8-35	图 8-36

◇ 差值：上层图像与白色混合将反转底层图像的颜色，与黑色混合则不产生变化，如图8-37所示。
◇ 排除：创建一种与"差值"模式相似，但对比度更低的混合效果，如图8-38所示。
◇ 减去：从目标通道中相应的像素上减去源通道中的像素值，如图8-39所示。
◇ 划分：比较每个通道中的颜色信息，然后从底层图像中划分上层图像，如图8-40所示。

图8-37　　　　　　　　图8-38　　　　　　　　图8-39　　　　　　　　图8-40

◇ 色相：用底层图像的明亮度和饱和度以及上层图像的色相来创建结果色，如图8-41所示。
◇ 饱和度：用底层图像的明亮度和色相以及上层图像的饱和度来创建结果色，在饱和度为0的灰度区域应用该模式不会产生任何变化，如图8-42所示。
◇ 颜色：用底层图像的明亮度以及上层图像的色相和饱和度来创建结果色，这样可以保留图像中的灰阶，对于为单色图像上色或给彩色图像着色非常有用，如图8-43所示。
◇ 明度：用底层图像的色相和饱和度以及上层图像的明亮度来创建结果色，如图8-44所示。

图8-41　　　　　　　　图8-42　　　　　　　　图8-43　　　　　　　　图8-44

8.1.3　混合颜色带

　　混合颜色带是一种特殊的高级蒙版，它可以利用图像本身以及下一图层的灰度作为控制画面透明区域的标准，以此使该图层的局部产生透明效果。

　　执行"图层 ➤ 图层样式 ➤ 混合选项"命令，打开"图层样式"窗口。在窗口最下方就可以看到"混合颜色带"的参数设置区域，在列表中可以选择不同的通道。混合颜色带常用来混合云彩、光效、火焰、烟花、闪电等半透明素材。在混合颜色带中进行设置是隐藏像素而不是删除像素。在"混合颜色带"选项组中可以切换通道，如图8-45所示。此时图层关系如图8-46所示。

◇ 混合颜色带：在该选项下拉列表中可以选择控制混合效果的颜色通道。选择"灰色"，表示使用全部颜色通道控制混合效果，也可以选择一个颜色通道来控制混合效果。
◇ 本图层："本图层"是指当前正在处理的图层，拖动本图层滑块，可以隐藏当前图层中的像素，显示下面图层中的内容。例如，将左侧的黑色滑块移向右侧时，当前图层中所有比该滑块所在位置暗的像素都会被隐藏；将左侧的白色滑块移向左侧时，当前图层中所有比该滑块所在位置亮的像素都会被隐藏，如图8-47和图8-48所示。
◇ 下一图层："下一图层"是指当前图层下面的那一个图层，拖动下一图层中的滑块，可以使下面图层中的像素穿透当前图层显示出来。例如，将左侧的黑色滑块移向右侧时，可以显示下面图层中较暗的像素；将右侧的白色滑块移向左侧时，可以显示下面图层中较亮的像素，如图8-49和图8-50所示。

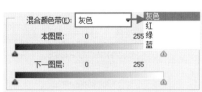

图8-45

图8-46

图8-47

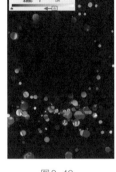

图8-48

图8-49

图8-50

💡 提示　在"通道"混合设置中可以排除某个颜色通道。在这里取消某个通道的勾选，并不是将某一通道隐藏，而是从复合通道中排除此通道，在通道面板中体现该通道为黑色。

"通道"选项中的RGB分别代表红（R）、绿（G）和蓝（B）3个颜色通道，与"通道"面板中的通道相对应，如图8-51所示。如果当前图像模式为CMYK，那么显示C、M、Y、K四个通道。RGB图像包含它们混合生成的RGB复合通道，复合通道中的图像也就是在窗口中看到的彩色图像，如图8-52所示。如果在通道混合设置中取消"R"通道（红通道），那么在通道面板中红通道将被填充为黑色，如图8-53所示。

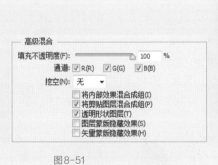

图8-51

图8-52

图8-53

8.1.4　认识"挖空"

使用"挖空"选项可以使下面的图像全部或部分"穿透"上面的图层而显示出来。创建挖空通常需要三部分的图层，分别是"要挖空的图层""被穿透的图层""要显示的图层"，如图 8-54 所示。选中要挖空的图层，执行"图层 ➤ 图层样式 ➤ 混合选项"命令，在打开的图层样式混合选项窗口中，可以对挖空的类型以及选项进行设置，如图 8-55 所示。

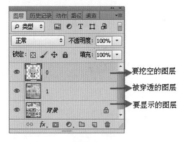

图8-54

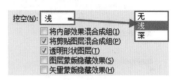

图8-55

◇ 挖空：挖空包括三种选项，选择"无"表示不挖空；选择"浅"表示将挖空到第一个可能的停止点，例如图层组之后的第一个图层或剪贴蒙版的基底图层；选择"深"表示将挖空到背景，如果没有背景，选择"深"会挖空到透明。

◇ 将内部效果混合成组：当为添加了"内发光""颜色叠加""渐变叠加""图案叠加"效果的图层设置挖空时，如果勾选"将内部效果混合成组"，则添加的效果不会显示；取消勾选，则显示该图层样式。

◇ 将剪贴图层混合成组："将剪贴图层混合成组"选项用来控制剪贴蒙版组中基底图层的混合属性。默认情况下，基底图层的混合模式会影响整个剪贴蒙版组。取消该选项的勾选，则基层图层的混合模式仅影响自身，不会对内容图层产生作用。

◇ 透明形状图层："透明形状图层"选项可以限制图层样式和挖空范围。默认情况下，该选项为勾选状态，此时图层样式或挖空被限定在图层的不透明区域；取消勾选，则可在整个图层范围内应用这些效果。

◇ 图层蒙版隐藏效果：为添加了图层蒙版的图层应用图层样式。勾选"图层蒙版隐藏效果"选项，蒙版中的效果不会显示；取消勾选，则效果也会在蒙版区域内显示。

◇ 矢量蒙版隐藏效果：如果为添加了矢量蒙版的图层应用图层样式，勾选"矢量蒙版隐藏效果"选项，矢量蒙版中的效果不会显示，若取消勾选，则效果也会在矢量蒙版区域内显示。

课后练习1：使用图层混合功能制作梦幻的二次曝光效果

扫码看视频

案例文件

8.1.4 课后练习：使用图层混合功能制作梦幻的二次曝光效果 .psd

视频教学

8.1.4 课后练习：使用图层混合功能制作梦幻的二次曝光效果 .flv

难易指数

★★★☆☆

技术要点

黑白、混合模式

案例效果

图8-56

图8-57

操作步骤

01 执行"文件➤打开"命令，在打开的窗口中选择背景素材"1.jpg"，单击"打开"按钮，如图8-58所示。执行"文件➤置入"命令，在弹出的"置入"窗口中选择素材"2.jpg"，单击"置入"按钮，并放到适当位置，按【Enter】键完成置入，然后执行"图层➤栅格化➤智能对象"命令，将该图层栅格为普通图层，如图8-59所示。

图8-58　　　　　　　　　　图8-59　　　　　　　　　　图8-60

02 制作透光的效果。在图层面板中设置"混合模式"为变亮，如图8-60所示。效果如图8-61所示。

03 将顶层照片制作成黑白效果。执行"图层➤新建调整图层➤黑白"命令，在弹出的属性面板中设置"红色"为40，"黄色"为60，"绿色"为40，"青色"为60，"蓝色"为20，"洋红"为80，并单击"此调整剪切到此图层"按钮，如图8-62所示。效果如图8-63所示。

图8-61　　　　　　　　　　图8-62　　　　　　　　　　图8-63

04 最后添加文字，单击"工具箱"中的"横排文字工具"，在"选项栏"设置合适的"字体""字号""填充"，在画面右侧单击输入文字，如图8-64所示。使用同样的方法制作其他文字，如图8-65所示。

图8-64　　　　　　　　　　图8-65

扫码看视频

课后练习2：使用混合模式与不透明度制作果蔬拼图

案例文件

8.1.4 课后练习：使用混合模式与不透明度制作果蔬拼图 .psd

视频教学

8.1.4 课后练习：使用混合模式与不透明度制作果蔬拼图 .flv

难易指数	技术要点
★★☆☆☆	多边形套索工具、混合模式

案例效果

图8-66

操作步骤

01 执行"文件▸打开"命令，在打开的窗口中选择背景素材"1.jpg"，单击"打开"按钮，如图8-67所示。

02 执行"文件▸置入"命令，在弹出的"置入"窗口中选择素材"2.png"，单击"置入"按钮，并放到适当位置，按【Enter】键完成置入，接着执行"图层▸栅格化▸智能对象"命令，将该图层栅格为普通图层，如图8-68所示。使用同样的方法置入素材"3.png""4.png""5.png"，效果如图8-69所示。

图8-67　　　　　　　　　　图8-68　　　　　　　　　　图8-69

03 制作彩色色块，单击"工具箱"中的"多变形套索工具"，在"选项栏"中设置"新选区"工具，然后在画面中底部单击确定起点。继续单击，最后单击起点形成闭合选区，如图8-70所示。新建图层，设置"前景色"为青色，使用快捷键【Alt+Delete】填充选区，如图8-71所示。

04 在图层面板设置"混合模式"为正片叠底，"不透明度"为90%，如图8-72所示。效果如图8-73所示。

图8-70　　　　　　　　　　图8-71　　　　　　　　　　图8-72

05 制作青菜上的色块，单击"工具箱"中的"多变形套索工具"绘制选区，如图8-74所示。新建图层，设置"前景色"为青色，使用快捷键【Alt+Delete】填充选区，如图8-75所示。

图8-73　　　　　　　　　图8-74　　　　　　　　　图8-75

06 在图层面板设置"混合模式"为正片叠底，"不透明度"为90%，如图8-76所示。效果如图8-77所示。

07 制作草莓上的色块，使用同样的方法，新建图层后绘制选区，填充为红色，如图8-78所示。在图层面板中设置"混合模式"为正片叠底，"不透明度"为90%，如图8-79所示。

图8-76　　　　　　　　　图8-77　　　　　　　　　图8-78

08 继续使用同样的方法制作橙子上的色块，最终效果如图8-80所示。

图8-79　　　　　　　　　图8-80

8.2　使图层秒变高端的"样式"

"图层样式"是 Photoshop 中制作特殊效果的重要手段之一。简单来说，"图层样式"功能可以为选定的图层添加参数，灵活调整投影、阴影、发光、描边、浮雕等的特殊效果。灵活运用图层样式功能可以模拟出非常逼真的图像效果，使原本单薄的图层一秒变高端。图 8-81、图 8-82 和图 8-83 所示为使用图层功能制作的作品。

图8-81   图8-82   图8-83

8.2.1 为图层添加图层样式

Photoshop 中有十余种不同效果的图层样式，通过"图层样式"窗口可以为图层添加图层样式，在"图层样式"窗口中，集合了全部的图层样式以及图层混合选项，在该窗口中可以添加、删除或编辑图层样式。

（1）图层样式需要针对一个图层进行操作。先在图层面板中选择一个图层，执行"图层 ➤ 图层样式"命令，在子菜单中可以看到10种图层样式，如图 8-84 所示。单击某个命令即可为图层添加相应的图层样式，例如选择"描边"，会弹出"图层样式"窗口，可以看到打开的是"描边"选项卡，可以进行参数的设置，勾选"预览"选项时，如图 8-85 所示。可以直接在画面中观看到效果，如图 8-86 所示。

 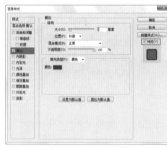 

图8-84   图8-85   图8-86

（2）在 Photoshop 中可以一次性为图层添加多个样式。在"图层样式"左侧样式列表中单击需要添加样式的名称，即可切换到相应的选项卡中，然后进行相应的设置。在图层面板中，图层样式名称前面带有☑，表示已经添加了该样式，如图 8-87 所示。设置完成后单击"确定"按钮，效果如图 8-88 所示。

（3）添加了样式的图层其右侧会出现一个 *fx* 图标，单击向下的小箭头按钮即可展开图层样式列表，双击样式名称即可重新打开图层样式窗口进行参数设置，如图 8-89 所示。

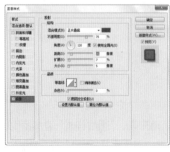  

图8-87   图8-88   图8-89

独家秘笈　　　　　　　　**添加图层样式的其他方法**

　　还有一种较简单的为图层添加图层样式的方法：在"图层"面板下单击"添加图层样式"按钮 $fx.$，在弹出的菜单中选择一种样式，即可打开"图层样式"对话框，如图8-90所示。或在图层面板中双击需要添加样式的图层缩览图，也可以打开"图层样式"窗口，如图8-91所示。

图8-90

图8-91

8.2.2　图层样式的基本操作

　　这节我们来学一些图层样式的编辑操作，如图层样式的显示与隐藏、复制与粘贴、删除、栅格化等，图 8-92 和图 8-93 所示为添加图层样式后的效果以及图层面板。

1. 隐藏图层样式

　　（1）添加了图层样式的图层在样式列表的最上方都有一个"效果"条目，如果要隐藏该图层的所有图层样式，在图层面板中单击"效果"前方的 👁 图标即可，如图 8-94 和图 8-95 所示。

图8-92

图8-93

图8-94

　　（2）如果只要隐藏众多样式中的某一个图层样式，单击样式名称前的 👁 图标即可，如图 8-96 和图 8-97 所示。

2. 复制图层样式

　　图层样式也可以进行复制与粘贴，可以轻松为多个图层赋予相同的图层样式，这大大地提高了工作效率和精准度。

　　选择一个带有图层样式的图层，在图层名称上单击鼠标右键，在弹出的菜单中选择"拷贝图层样式"命令，如图 8-98 所示。然后选择另外一个图层，单击鼠标右键，在弹出的菜单中选择"粘贴图层样式"命令，如图 8-99 所示。两个图层产生相同的样式，如图 8-100 所示。

图8-95

图8-96

图8-97

3. 缩放图层样式

从别的图层上复制而来的图层样式看起来尺寸有些大？与当前图层大小不成比例？此时只需在该图层样式上单击鼠标右键，执行"缩放效果"命令，如图8-101所示。在弹出的窗口中设置"缩放"数值，即可按照比例将图层上的所有样式进行统一缩放，如图8-102所示。

图8-98

图8-99

图8-100

图8-101

图8-102

4. 删除图层样式

不需要的图层可以进行删除。将光标放在图层中 fx 图标处，然后按住鼠标左键将其拖曳至"删除图层"按钮 🗑 上，松开鼠标，该图层的图层样式就被删除了，如图8-103所示。要删除某个图层样式，可以将光标放在图层样式的名称上，按住鼠标左键拖曳至"删除图层"按钮 🗑 上，松开鼠标后即可删除该样式，如图8-104所示。

5. 栅格化图层样式

将图层样式栅格化就相当于将样式合并到图层中，栅格化之后它就变成了普通图层，不能再在"图层样式"窗口中进行参数修改。但是作为一个没有了图层样式的普通图层，我们可以对其再次添加图层样式。

选中图层样式图层，如图8-105所示。执行"图层 ▸ 栅格化 ▸ 图层样式"命令，即可将当前图层的图层样式栅格化到当前图层中，如图8-106所示。

图8-103

图8-104

图8-105

图8-106

8.2.3 认识各种图层样式

学会了如何添加、删除、编辑图层样式后，我们几乎已经能熟练地驾驭图层样式的操作了，但是我们对每个样式呈现的都是什么效果都还不熟悉，在这一节中将学习这个10个样式。图8-107和图8-108所示为画面效果和图层面板。

1. 斜面和浮雕

"斜面和浮雕"样式可以为图层添加高光与阴影，使图像产生一种突出于画面的"立体"浮雕效果，常用于简单的立体感的模拟。在"斜面和浮雕"参数面板中可以对"斜面和浮雕"的结构以及阴影属性进行设置，如图8-109所示。图8-110所示为添加了斜面和浮雕样式以后的图像效果。

图8-107

图8-108

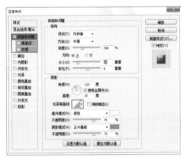

图8-109

图8-110

◇ 样式：选择斜面和浮雕的样式。选择"外斜面"，可以在图层内容的外侧边缘创建斜面；选择"内斜面"，可以在图层内容的内侧边缘创建斜面；选择"浮雕效果"，可以使图层内容相对于下层图层产生浮雕状的效果；选择"枕状浮雕"，可以模拟图层内容的边缘嵌入到下层图层中产生的效果；选择"描边浮雕"，可以将浮雕应用于图层的"描边"样式的边界，如果图层没有"描边"样式，则不会产生效果。如图8-111所示。

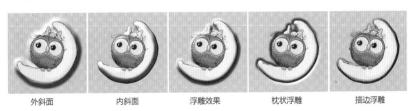

| 外斜面 | 内斜面 | 浮雕效果 | 枕状浮雕 | 描边浮雕 |

图8-111

◇ **方法**：用来选择创建浮雕的方法。选择"平滑"，可以得到比较柔和的边缘；选择"雕刻清晰"，可以得到最精确的浮雕边缘；选择"雕刻柔和"，可以得到中等水平的浮雕效果。如图 8-112 所示。

◇ **深度**：用来设置浮雕斜面的应用深度，该值越高，浮雕的立体感越强。

◇ **方向**：用来设置高光和阴影的位置，该选项与光源的角度有关。

◇ **大小**：该选项表示斜面和浮雕的阴影面积的大小。

◇ **软化**：用来设置斜面和浮雕的平滑程度。

◇ **角度/高度**："角度"选项用来设置光源的发光角度，如图 8-113 所示。"高度"选项用来设置光源的高度，如图 8-114 所示。

◇ **使用全局光**：如果勾选该选项，那么所有浮雕样式的光照角度都将保持在同一个方向。

◇ **光泽等高线**：选择不同的等高线样式，可以为斜面和浮雕的表面添加不同的光泽质感，也可以自己编辑等高线样式。

◇ **消除锯齿**：当设置了光泽等高线时，斜面边缘可能会产生锯齿，勾选该选项可以消除锯齿。

◇ **高光模式/不透明度**：这两个选项用来设置高光的混合模式和不透明度，后面的色块用于设置高光的颜色。

◇ **阴影模式/不透明度**：这两个选项用来设置阴影的混合模式和不透明度，后面的色块用于设置阴影的颜色。

平滑　　　　　　雕刻清晰　　　　　　雕刻柔和

图8-112

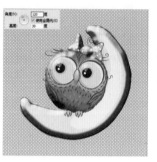

图8-113

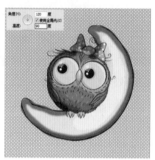

图8-114

设置等高线

在图层样式窗口左侧的样式列表中，"斜面和浮雕"样式下包含一个"等高线"选项，单击即可勾选启用该选项，切换到"等高线"设置面板，如图 8-115 所示。使用"等高线"可以在浮雕效果中为凸起的边缘部分创建凹凸不平的起伏效果，效果如图 8-116 所示。

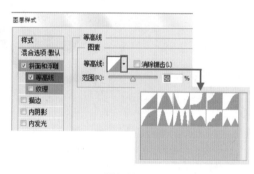

图8-115

图8-116

设置纹理

在"斜面和浮雕"样式列表的下方勾选"纹理"选项，切换到"纹理"设置面板，如图 8-117 所示。可以在"图案"列表中选择一个合适的图案，该图案的黑白关系会自动映射到图层上，使图层表面呈现出凹凸不平的效果。设置"缩放"和"深度"数值可以调整凹凸的密度以及深度，效果如图 8-118 所示。

◇ **图案**：单击"图案"选项右侧的 图标，可以在弹出的"图案"拾色器中选择一个图案，并将其应用到斜面和浮雕上。

◇ **从当前图案创建新的预设** ：单击该按钮，可以将当前设置的图案创建为一个新的预设图案，同时新图案会保存在"图案"拾色器中。

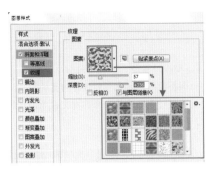

图8-117

图8-118

◇　贴紧原点：将原点对齐图层或文档的左上角。

◇　缩放：用来设置图案的大小。

◇　深度：用来设置图案纹理的使用程度。

◇　反相：勾选该选项以后，可以反转图案纹理的凹凸方向。

◇　与图层链接：勾选该项以后，可以将图案和图层链接在一起，这样在对图层进行变换等操作时，图案也会跟着一同变换。

💡提示　默认情况下，Photoshop只显示很少几个图案，我们可以单击图案选择窗口右上角的"齿轮"按钮，在菜单中选择要载入的图案类型。当然也可以利用"预设管理器"窗口载入外部的图案库素材。

2. 描边

"描边"样式非常简单，与"描边"命令相似，可以使用颜色、渐变以及图案来描绘图像的轮廓边缘。执行"图层▶图层样式▶描边"命令，可以为该图层添加描边样式。在描边窗口中可以对描边大小、位置、混合模式、不透明度、填充类型以及填充内容进行设置，如图8-119所示。图8-120所示为颜色描边、渐变描边、图案描边效果。

图8-119

图8-120

3. 内阴影

"内阴影"样式可以在紧靠图层内容的边缘内添加阴影，使图层内容产生向画面内侧凹陷的效果。在"内阴影"参数面板中可以对"内阴影"的结构以及品质进行设置，如图8-121所示。图8-122所示为添加了"内阴影"样式后的效果。

◇　混合模式：用来设置阴影与下面图层的混合方式，默认设置为"正片叠底"模式。

◇　阴影颜色：单击"混合模式"选项右侧的颜色块，可以设置阴影的颜色。

◇　不透明度：设置阴影的不透明度。数值越低，阴影越淡。

◇　角度：用来设置阴影应用于图层时的光照角度，指针方向为光源方向，相反方向为阴影方向。

图8-121

图8-122

◇ 使用全局光：当勾选该选项时，可以保持所有光照的角度一致；关闭该选项时，可以为不同的图层分别设置光照角度。
◇ 距离：用来设置阴影偏移图层内容的距离。
◇ 阻塞："阻塞"选项可以在模糊之前收缩内阴影的边界。
◇ 大小："大小"选项用来设置阴影的模糊范围，该值越高，模糊范围越广，反之阴影越清晰。
◇ 等高线：以调整曲线的形状来控制阴影的形状，可以手动调整曲线形状也可以选择内置的等高线预设。
◇ 消除锯齿：混合等高线边缘的像素，使投影更加平滑。该选项对于尺寸较小且具有复杂等高线的投影比较实用。
◇ 杂色：用来在阴影中添加颗粒感和杂色效果，数值越大，颗粒感越强。

> 💡 提示　"内阴影"与"投影"的参数设置基本相同，只不过"投影"是用"扩展"选项来控制投影边缘的柔化程度，
> 而"内阴影"是通过"阻塞"选项来控制的，"阻塞"选项可以在模糊之前收缩内阴影的边界，另外，"大小"选项
> 与"阻塞"选项是相互关联的，"大小"数值越高，可设置的"阻塞"范围就越大。

4. 内发光

Photoshop 中有两种发光的样式，即"内发光"和"外发光"。"内发光"效果可以沿图层内容的边缘向内创建发光效果。在图层样式左侧列表中勾选"内发光"选项，在"内发光"参数面板中可以对"内发光"的结构、图素以及品质进行设置，如图 8-123 所示。图 8-124 所示为添加了"内发光"样式以后的图像效果。
◇ 混合模式：设置发光效果与下面图层的混合方式。
◇ 不透明度：设置发光效果的不透明度。
◇ 杂色：在发光效果中添加随机的杂色效果，使光晕产生颗粒感。
◇ 发光颜色：单击"杂色"选项下面的颜色块，可以设置发光颜色；单击颜色块后面的渐变条，可以在"渐变编辑器"对话框中选择或编辑渐变色。
◇ 方法：用来设置发光的方式。选择"柔和"方法，发光效果比较柔和；选择"精确"选项，可以得到精确的发光边缘。
◇ 源：控制光源的位置。
◇ 阻塞：用来在模糊之前收缩发光的杂边边界。
◇ 大小：设置光晕范围的大小。
◇ 等高线：使用等高线可以控制发光的形状。
◇ 范围：控制发光中作为等高线目标的部分。
◇ 抖动：改变渐变的颜色和不透明度的应用。

5. 光泽

"光泽"样式可以为图像添加光滑的具有光泽的内部阴影，适合于制作表面平滑且反光感较强的质感。例如模拟宝石表面质感。在列表中勾选"光泽"选项，在"光泽"参数面板中可以对"光泽"的颜色、混合模式、不透明度、角度、距离、大小、等高线进行设置，如图 8-125 所示。图 8-126 所示为添加了"光泽"样式以后的图像效果。

图 8-123　　　　图 8-124

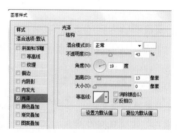

图 8-125　　　　图 8-126

◇ 混合模式：设置光泽效果与下面图层的混合方式。
◇ 光泽颜色：单击"混合模式"选项右侧的颜色块，可以设置光泽的颜色。
◇ 不透明度：设置光泽效果的不透明度。
◇ 角度：用来设置阴影应用于图层时的光照角度，指针方向为光源方向，相反方向为阴影方向。

◇　距离：用来设置阴影偏移图层内容的距离。

◇　大小："大小"选项用来设置阴影的模糊范围，该值越高，模糊范围越大，反之则越小。

◇　等高线：使用等高线可以控制发光的形状。

◇　消除锯齿：混合等高线边缘的像素，使光泽更加平滑。该选项对于尺寸较小且具有复杂等高线的光泽比较实用。

◇　反相：勾选该选项可以将对象表面高光区域和暗部区域对调。

6．颜色叠加

"颜色叠加"样式常用于快速为图层赋予某种特定的颜色。"颜色叠加"可以在图像上叠加设置的颜色，并且可以通过模式的修改调整图像与颜色的混合效果。在"颜色叠加"参数面板中可以对"颜色叠加"的颜色、混合模式以及不透明度进行设置，如图 8-127 所示。图 8-128 所示为原始图像添加了"颜色叠加"样式以后的图像效果。

7．渐变叠加

"渐变叠加"样式常用于快速为图层赋予某种渐变效果，通过这种方式赋予的渐变颜色还可以随时进行调整。"渐变叠加"样式不仅能够制作带有多种颜色的对象，更能够通过巧妙的渐变颜色设置制作出突起、凹陷等三维效果以及带有反光的质感效果，如图 8-129 和图 8-130 所示。

图8-127

图8-128

图8-129

在左侧列表中勾选"渐变叠加"样式，在"渐变叠加"参数面板中可以对"渐变叠加"的渐变颜色、混合模式、角度、缩放等参数进行设置，如图 8-131 所示。图 8-132 所示为添加了"渐变叠加"样式以后的效果。

图8-130

图8-131

图8-132

8．图案叠加

与"颜色叠加""渐变叠加"相同，"图案叠加"样式可以快速为图层赋予随时可以更改的图案。在"图案叠加"参数面板中可以对"图案叠加"的图案、混合模式、不透明度等参数进行设置，如图 8-133 所示。图 8-134 所示为添加了"图案叠加"样式以后的图像效果。

9．外发光

"外发光"与"内发光"相似，除了发光的方向。"外发光"样式可以沿图层内容的边缘向外创建发光效果，可用于制作梦幻般的光晕效果。在"外发光"参数面板中可以对"外发光"的结构、图素以及品质进行设置，参数与"内发光"相似，如图 8-135 所示。图 8-136 所示为添加了"外发光"样式以后的图像效果。

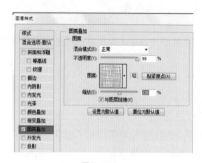

图 8-133　　　　　　　　　　图 8-134　　　　　　　　　　图 8-135

10. 投影

"投影"样式可以为图层模拟出投影效果。"投影"样式在日常设计中很常用，常用于增强某部分层次感以及立体感，图 8-137 和图 8-138 所示为未添加投影样式与添加了投影的对比效果。

图 8-136　　　　　　　　　　图 8-137　　　　　　　　　　图 8-138

在"投影"参数面板中可以对"投影"的参数进行设置，"投影"样式的参数与"内阴影"的参数设置相似，如图 8-139 所示。图 8-140 所示为添加投影样式的效果。

图 8-139　　　　　　　　　　　　　图 8-140

◇ 混合模式：用来设置阴影与下面图层的混合方式，默认设置为"正片叠底"模式。

◇ 阴影颜色：单击"混合模式"选项右侧的颜色块，可以设置阴影的颜色。

◇ 不透明度：设置阴影的不透明度。数值越低，阴影越淡。

◇ 角度：用来设置阴影应用于图层时的光照角度，指针方向为光源方向，相反方向为阴影方向。

◇ 使用全局光：当勾选该选项时，可以保持所有光照的角度一致；关闭该选项时，可以为不同的图层分别设置光照角度。

◇ 距离：用来设置阴影偏移图层内容的距离。

◇ 扩展：用来设置阴影的扩展范围，注意，该值会受到"大小"选项的影响。

◇ 大小："大小"选项用来设置阴影的模糊范围，该值越高，模糊范围越广，反之阴影越清晰。

◇ 等高线：以调整曲线的形状来控制阴影的形状，可以手动调整曲线形状也可以选择内置的等高线预设。

◇ 消除锯齿：混合等高线边缘的像素，使投影更加平滑。该选项对于尺寸较小且具有复杂等高线的投影比较实用。

◇ 杂色：用来在阴影中添加杂色的颗粒感效果，数值越大，颗粒感越强。

◇ 图层挖空投影：用来控制半透明图层中投影的可见性。勾选该选项后，如果当前图层的"填充"数值小于 100%，则半透明图层中的投影不可见。

8.2.4 "样式"面板：储存与快速赋予样式

学会了图层样式的添加与编辑方法，我们可以为图层添加各种各样的样式，以丰富图层的效果。制作好的样式如果要在其他文档中再次使用，可以将样式储存在"样式"面板中。此外，"样式"面板还提供了一些有趣的样式，可以尝试为图层进行添加。

在"样式"面板中可以快速为图层添加样式，也可以创建新的样式或删除已有的样式。选择一个图层，如图8-141所示。执行"窗口▶样式"菜单命令，打开"样式"面板，在该面板中会显示样式按钮，单击某个样式按钮，如图8-142所示。此时即可快速为该图层添加图层样式。如图8-143所示。

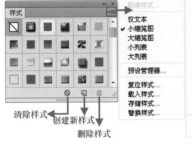

图8-141　　　　　　　　　　　　　图8-142　　　　　　　　　　　　图8-143

◇　清除样式：单击该按钮即可清除所选图层的样式。

◇　创建新样式：如果要将效果创建为样式，可以在"图层"面板中选择添加了效果的图层，如图8-144所示。然后单击"样式"面板中的创建新样式按钮，打开"新建样式"对话框，设置选项并单击"确定"按钮即可创建样式，如图8-145所示。新建的样式会出现在"样式"面板最后，如图8-146所示。

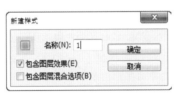

图8-144　　　　　　　　　　图8-145　　　　　　　　　　图8-146

◇　删除样式：将"样式"面板中的一个样式拖动至删除样式按钮上，即可将其删除。按住【Alt】键单击一个样式，则可直接将其删除。

课后练习1：圆形徽标制作

扫码看视频

案例文件	视频教学
8.2.4 课后练习：圆形徽标制作 .psd	8.2.4 课后练习：圆形徽标制作 .flv

难易指数	技术要点
★★★☆☆	渐变叠加、描边、复制与粘贴图层样式

案例效果

图8-147

操作步骤

01 执行"文件➤打开"命令，打开素材"1.jpg"，如图 8-148 所示。

02 绘制徽章背景部分。单击工具箱中的"椭圆工具"，在选项栏中将"绘制模式"设置为形状，选择白色作为填充颜色。接着按住【Shift+Alt】组合键在画面中进行中心等比例绘制，如图 8-149 所示。然后执行"图层➤图层样式➤描边"命令，在弹出的图层样式窗口中将"大小"设置为 35 像素，"不透明度"设置为 100%，描边颜色设置为藕荷色，如图 8-150 所示。

图8-148　　　　　　　图8-149　　　　　　　　图8-150

03 在左侧样式列表中勾选"渐变叠加"，在弹出的"图层样式"窗口中设置一种粉红色系的渐变，设置"角度"为 90°，如图 8-151 所示。此时画面效果如图 8-152 所示。

04 复制白色椭圆图层。使用"自由变换"快捷键【Ctrl+T】，将光标定位到定界框一角处，按住【Shift+Alt】组合键，向内拖动，进行中心等比例缩小，如图 8-153 所示。双击图层面板中该椭圆图层的"描边"效果，如图 8-154 所示。

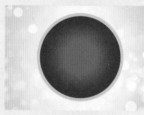
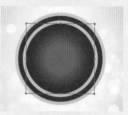

图8-151　　　　　　　图8-152　　　　　　　　图8-153

05 在弹出的面板中再次编辑描边颜色，如图 8-155 所示。此时画面效果如图 8-156 所示。

06 单击工具箱中的"横排文字工具"按钮 **T.**，在选项栏中设置合适的字体、字号和颜色，然后在画面中单击插入光标，键入文字，效果如图 8-157 所示。用同样的方法，键入其他文字，并分别为各个文字的角度以及缩放比例进行一定的调整，效果如图 8-158 所示。接下来，复制这四个字母图层，并将复制图层隐藏，如图 8-159 所示。

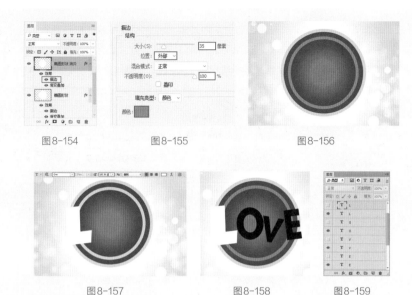

图8-154　　　图8-155　　　图8-156

图8-157　　　图8-158　　　图8-159

07 对其中一个字母图层执行"图层 ➤ 图层样式 ➤ 渐变叠加"命令，编辑一种红色系的渐变，设置"角度"为 90 度，"缩放"为 100%，如图 8-160 所示。继续在左侧图层样式列表中勾选"投影"，调整投影"混合模式"为正片叠底，"颜色"为黑色，"不透明度"为 60%，"角度"为 120 度，"距离"为 10 像素，"大小"为 10 像素，如图 8-161 所示。

 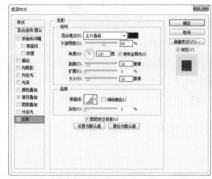

图8-160　　　　　　　　　图8-161

08 此时画面效果如图 8-162 所示。在该图层样式上使用"拷贝图层样式"命令，在另外几个字母上单击右键，执行"粘贴图层样式"命令，使这些文字出现相同的图层样式，效果如图 8-163 所示。

09 将之前隐藏的字母图层显示出来，选择工具箱中的"移动工具" ✛ 按钮，对各个字母图层进行适当移动，如图 8-164 所示。

图8-162　　　　图8-163　　　　图8-164

10 为了使字母更具有立体感，接下来为顶层的文字图层添加颜色稍浅一些的图层样式。选中其中一个顶层的图层，执行"图层 ➤ 图层样式 ➤ 渐变叠加"命令，编辑一种粉色系的渐变，如图8-165所示。接着勾选左侧列表中的"描边"样式，设置"描边颜色"为白色，"描边宽度"为像素，如图8-166所示。

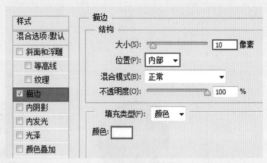

图8-165　　　　　　　　　　　　　　　　　　图8-166

11 效果如图8-167所示。用同样的方法为另外几个文字赋予相同的图层样式，效果如图8-168所示。

图8-167　　　　　　　　　　　　　图8-168

12 最后绘制心形图案。单击"自定形状工具"按钮 ，在选项栏中将"绘制模式"设置为形状，编辑一个淡粉色渐变填充，如图8-169所示。单击自定形状拾取器，在弹出的形状窗口中单击右上角的小齿轮 并选择全部，如图8-170所示。在弹出的窗口中单击"追加"按钮，此时自定形状拾取器中将呈现更多图案，如图8-171所示。

图8-169

图8-170　　　　　　　　　　　　　　　图8-171

13 在列表中选择一个心形形状，将鼠标移到画面中，按住鼠标左键并拖曳，绘制出心形图形，如图8-172所示。用同样的方法为该图形添加投影图层样式，徽章效果如图8-173所示。

图8-172　　　　　　　　　　　　　图8-173

课后练习2：使用图层样式制作水晶文字

案例文件	视频教学
8.2.4 课后练习：使用图层样式制作水晶文字 .psd	8.2.4 课后练习：使用图层样式制作水晶文字 .flv

难易指数	技术要点
★★★☆☆	投影样式、内发光样式、描边样式、清除图层样式

案例效果

图8-174

操作步骤

01 执行"文件 ➤ 打开"命令，打开素材"1.jpg"，如图 8-175 所示。

02 选择工具箱中的"横排文字工具"，在选项栏中设置合适的字体大小，"颜色"设置为橘红色。然后在画面左半部分单击光标，键入文字，如图 8-176 所示。完成后使用自由变换快捷键【Ctrl+T】将文字倾斜调整其角度，并在图层面板中将该图层的"不透明度"设置为 91%，如图 8-177 所示。此时文字效果如图 8-178 所示。

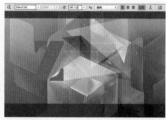

图8-175　　　　　　　　　图8-176　　　　　　　　　图8-177

03 执行"图层 ➤ 图层样式 ➤ 描边"命令，在弹出的图层样式窗口中设置描边"大小"为 10 像素，描边"位置"为外部，"不透明度"为 100%，并编辑一个深红色的颜色，如图 8-179 所示。继续勾选图层样式列表中的"投影"，设置"混合模式"为正片叠底，"颜色"为黑色，"不透明度"为 100%，"角度"为 53 度，"距离"为 36 像素，如图 8-180 所示。设置完成后单击"确定"按钮，此时画面中字母效果如图 8-181 所示。

04 选中该文字图层，使用快捷键【Ctrl+J】进行复制。对复制的图层单击鼠标右键，执行"清除图层样式"命令，如图 8-182 所示。设置该图层面板中"不透明度"为 80%，并适当向右上移动，如图 8-183 所示。

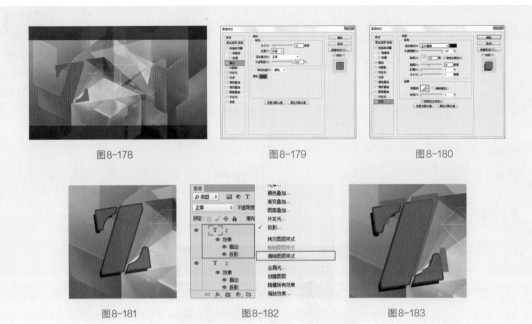

图8-178　　　　　　图8-179　　　　　　图8-180

图8-181　　　　　　图8-182　　　　　　图8-183

05 再次执行"图层▷图层样式▷描边"命令，在窗口中调整描边"大小"为3像素，"颜色"编辑为黄色，如图8-184所示。勾选窗口左侧的"内发光"样式，调整内发光的颜色为淡黄色，"不透明度"为75%，"大小"为10像素，"范围"为50%，如图8-185所示。

06 继续勾选左侧列表中的"投影"，设置投影"颜色"为棕褐色，"角度"为53%，"距离"为13像素，"大小"为16像素，如图8-186所示。此时字母效果如图8-187所示。

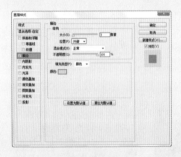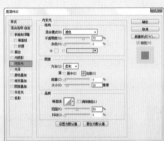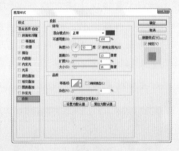

图8-184　　　　　　图8-185　　　　　　图8-186

07 再次复制文字图层，去除图层样式，将"不透明度"恢复为100%，并设置"文字颜色"为黑色，如图8-188所示。将图层面板中该图层的"混合模式"设置为减去，此时该黑色的图层被隐藏，如图8-189所示。

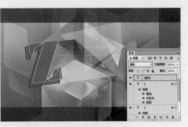

图8-187　　　　图8-188　　　　图8-189

08 接着制作字母的内发光效果。执行"图层▷图层样式▷内发光"命令，将"不透明度"设置为44%，"大小"设置为51像素，"范围"设置为50%，然后单击"确定"按钮，如图8-190所示。单击工具箱中的"钢笔工具"按钮，在字母的上半部分进行路径绘制，如图8-191所示。

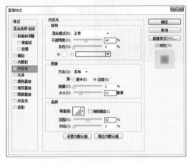

图8-190　　　　　　　　　　图8-191

09 使用【Ctrl+Enter】组合键将路径转换为选区，以当前选区为最顶部的文字图层，单击图层面板下方的"添加图层面板"按钮 ，为该图层添加图层蒙版，如图8-192所示。此时画面效果如图8-193所示。

10 按照上述方法继续制作其他字母。可以借助使用"拷贝图层样式"命令、"粘贴图层样式"命令，为每个字母赋予相同的图层样式，并在原有的图层样式上对颜色及其他参数做适当调整，最终效果如图8-194所示。

图8-192　　　　　图8-193　　　　　　图8-194

扫码看视频

课后练习3：质感木质文字

案例文件	视频教学
8.2.4 课后练习：质感木质文字 .psd	8.2.4 课后练习：质感木质文字 .flv

难易指数	技术要点
★★★☆☆	图层样式的使用、载入外挂样式库、样式面板

案例效果

图 8-195

操作步骤

01 执行"文件 ➤ 打开"命令，打开素材"1.jpg"，如图 8-196 所示。单击工具箱中的"横排文字工具"按钮，在选项栏中设置合适的字体、字号及颜色，并将该文字适当旋转，如图 8-197 所示。

02 对文字执行"图层 ➤ 图层样式 ➤ 斜面和浮雕"命令，设置"样式"为描边浮雕，"深度"为 1000%，"大小"为 13 像素，"阴影角度"为 32 度，勾选"使用全局光"，"高光"设置为 30 度，将"高光模式"设置为滤色，"不透明度"为 75%，"阴影模式"设置为正片叠底并编辑一个淡黄色系的颜色，如图 8-198 所示。在左侧样式列表中勾选"描边"样式，设置"大小"为 4 像素，设置"描边类型"为渐变，编辑一种金属色系的渐变，"样式"为线性，"角度"为 90 度，如图 8-199 所示。

图 8-196

图 8-197

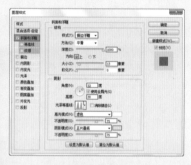
图 8-198

03 在左侧样式列表中勾选"内阴影"样式，设置"混合模式"为正片叠底，"颜色"为黑色，"不透明度"为 75%，"角度"为 32 度，"距离"为 4 像素，"阻塞"为 23%，"大小"为 6 像素，如图 8-200 所示。勾选左侧列表中的"渐变叠加"，设置"混合模式"为滤色，"不透明度"为 53%，"样式"为线性，"角度"为 117 度，"缩放"为 75%，如图 8-201 所示。

图 8-199

图 8-200

图 8-201

04 继续勾选左侧列表中的"图案叠加"，在图案列表中选择一种合适的图案，并设置一定的缩放数值，如图8-202所示。接着勾选"投影"样式，设置"混合模式"为正片叠底，"颜色"为黑色，"不透明度"为75%，"角度"为32度，"距离"为12像素，"大小"为8像素，如图8-203所示。

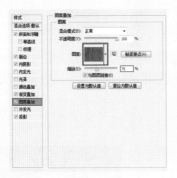　

图8-202　　　　　　　　　　　　图8-203

> **提示** 如果默认显示的图案无法满足我们的需求，可以在图案预设选取器菜单中选择其他的图案库，并进行追加，也可以自定义合适的图案。

05 此时效果如图8-204所示。使用同样的方法制作另外几个文字，如图8-205所示。

图8-204　　　　　　　　　　　　图8-205

06 单击工具箱中的"画笔工具"，在选项栏中单击打开"画笔预设选取器"，选择一个圆形画笔，设置"大小"为15像素，"硬度"为100%，如图8-206所示。然后多次新建图层，在字母上单击，如图8-207所示。

图8-206　　　　　　　　　　　　图8-207

07 为了便于管理，可以将这些圆点图层放在一个图层组中。执行"编辑▷预设▷预设管理器"命令，在弹出的窗口中设置"预设类型"为样式，单击"载入"按钮，如图8-208所示。选择素材文件夹中的"2.asl"，单击"载入"按钮，如图8-209所示。

08 执行"窗口▷样式"命令，打开"样式"面板。在"样式"面板最下方可以看到新载入的样式。选中图层组，单击该样式，如图8-210所示。此时图层组上出现了新载入的样式，如图8-211所示。此时效果如图8-212所示。

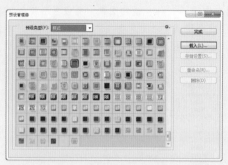

图8-208

图8-209

图8-210

图8-211

图8-212

09 将背景以外的图层全部隐藏，单击工具箱中的"快速选择工具"，在背景上的花纹处按住鼠标左键并拖动，载入部分花纹的选区，如图8-213所示。使用快捷键【Ctrl+J】将其复制为独立图层，移动到文字图层上方，显示出文字图层，效果如图8-214所示。

10 接着选择该花纹图层，执行"图层▶图层样式▶投影"命令，设置"颜色"为黑色，"混合模式"为正片叠底，"不透明度"为75%，"距离"为5像素，"大小"为5像素，如图8-215所示。此时效果如图8-216所示。

图8-213

图8-214

图8-215

11 执行"文件▶置入"命令，置入光效素材文件"3.jpg"，并将该图层栅格化。设置图层"混合模式"为滤色，如图8-217所示。最终效果如图8-218所示。

图8-216

图8-217

图8-218

8.3　使用智能对象

在使用"置入"命令时，我们会发现置入到 Photoshop 中的图像都是智能对象。虽然在前面的操作中，我们都习惯于"剥夺"智能对象的特性（将智能对象栅格化为普通图层后再进行编辑），但是智能对象在设计制图中也是有它独特的优势的。那么什么是智能对象呢？在 Photoshop 中智能对象可以看作嵌入当前文件的一个独立文件，而且在编辑过程中不会破坏智能对象的原始数据，因此对智能对象图层所执行的操作都是非破坏性操作。来吧！就来学习如何使用智能对象吧！图 8-219 和图 8-220 所示为使用到图层功能制作的作品。

图8-219　　　　　　　　　　　图8-220

8.3.1　创建智能对象

（1）最常见的创建智能对象的方法就是"置入"了。对已有的文件执行"文件 ➤ 置入"菜单命令，选择一个图像文件，该文件将会作为智能对象置入到当前文档中，如图 8-221 所示。

（2）执行"文件 ➤ 打开为智能对象"命令，选择一个图像文件，该文件将作为智能对象在 Photoshop 中打开。打开以后，在"图层"面板中的智能对象图层的缩略图右下角会出现一个智能对象图标，如图 8-222 所示。

（3）对于已有的图层，可以在面板中右键单击该图层，然后执行"转换为智能对象"命令，如图 8-223 所示。

图8-221　　　　　　　　　图8-222　　　　　　　　　图8-223

独家秘笈　　　　　　　**将矢量图形作为智能对象置入到 PS 中**

在Illustrator中选择矢量图形，然后使用快捷键【Ctrl+C】进行复制，如图8-224所示。到Photoshop中使用快捷键【Ctrl+V】进行粘贴，在弹出的"粘贴"窗口中勾选"智能对象"，单击"确定"按钮，如图8-225所示。完成粘贴操作，如图8-226所示。此时这部分矢量图形是以智能对象的形式存在于Photoshop中，双击该智能对象，则会使用Illustrator将这部分打开，方便我们对其进行重新编辑。

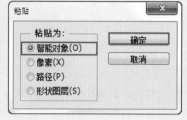

| 图8-224 | 图8-225 | 图8-226 |

8.3.2 导出智能对象

使用"导出内容"命令可以将智能对象以原始置入格式导出。如果智能对象是利用图层创建的，那么导出时应以 PSD 格式导出。在"图层"面板中选择智能对象，然后执行"图层 ➤ 智能对象 ➤ 导出内容"菜单命令。

实战项目：演唱会海报

扫码看视频

案例文件	视频教学
8.3.2 实战项目：演唱会海报 .psd	8.3.2 实战项目：演唱会海报 .flv

难易指数	技术要点
★★★★☆	混合模式、图层样式、不透明度

案例效果

图8-227

操作步骤

01 执行"文件 ➤ 打开"命令，打开素材"1.jpg"，如图 8-228 所示。执行"文件 ➤ 置入"，选择素材 "2.png"置入到画面中，将素材缩放大小并放在合适比例，按下【Enter】键，确定此次操作。然后 将人像素材栅格化，如图 8-229 所示。

02 执行"窗口 ➤ 图层"命令，打开"图层"面板，单击图层底部"创建图层蒙版"按钮，如图 8-230 所示。创建完新蒙版后，效果如图 8-231 所示。

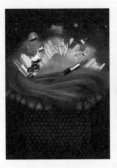

图8-228　　　　　　　　图8-229　　　　　　　　图8-230

03 在"图层"面板中选择新建的图层蒙版，单击工具箱中"画笔工具"按钮，设置"前景色"为黑色，设置合适的画笔"大小"，"硬度"为0%，如图8-232所示。在蒙版中的画面中人像素材底部涂抹，使人物与底部过渡更柔和，此时图层面板如图8-233所示。

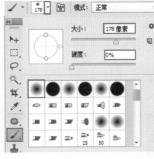

图8-231　　　　　　　　图8-232　　　　　　　　图8-233

04 执行"图层▷新建调整图层▷曲线"命令，在弹出的属性面板中调节RGB曲线和蓝通道曲线，并单击"此调整剪切到此图层"，如图8-234所示。此时人物更倾向于蓝紫色，效果如图8-235所示。

05 再次执行"文件▷置入"命令，将素材"3.png"置入到画面中，将素材进行缩放并摆到合适位置，选择素材图层，单击鼠标右键选择"栅格化图层"，将图层栅格化，如图8-236所示。使用同样的方法置入素材"5.jpg"，效果如图8-237所示。

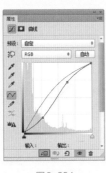

图8-234　　　　　　图8-235　　　　　　图8-236　　　　　　图8-237

06 单击工具箱中的"矩形工具"按钮，在选项栏中设置"绘制模式"为形状，单击"填充"，在下拉菜单中选择"渐变填充"。将第二个和第三个"色标"设置为粉色，设置第一个和第四个色标的"不透明度"为0%，"渐变样式"为线性，设置"角度"为"-13"度，"描边"为无色，在画面中按住鼠标左键拖曳绘制一个矩形，效果如图8-238所示。单击工具箱中"横排文字工具"按钮，在属性栏中设置合适的"字体样式"和"字体大小"，设置"字体颜色"为白色，在画面中间位置键入文字，如图8-239所示。

07 执行"图层▷图层样式▷渐变叠加"命令，在弹出的"图层样式"对话框中设置一种合适的渐变填充，"样式"设置为线性，"角度"为172，如图8-240所示。效果如图8-241所示。

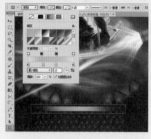
图8-238

图8-239

图8-240

08 在"图层样式"对话框左侧列表中勾选"投影"选项，设置"混合模式"为正片叠底，设置"颜色"为黑色，"不透明度"为44%，"角度"为158度，设置"距离"为23像素，"大小"为5像素，如图8-242所示。单击"确定"按钮，效果如图8-243所示。

图8-241

图8-242

图8-243

09 在工具箱中单击"自定形状工具" 按钮，在选项栏中设置"绘制模式"为形状，设置"填充"为白色，"描边"为无色，在形状列表中选择一种合适的图形，在画面中按住鼠标左键进行拖曳绘制，如图8-244所示。

10 执行"编辑▷预设▷预设管理器"命令，在"预设类型"下拉菜单中选择"样式"，单击"载入"命令，如图8-245所示。在弹出的"载入"窗口中，选中素材"4.asl"，单击"载入"按钮，如图8-246所示。

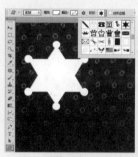
图8-244

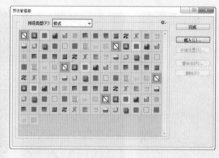
图8-245

图8-246

11 载入完成后，执行"窗口▷样式"命令，在打开的"样式"面板中可以看到新载入的样式。选中新绘制的图形，单击刚刚载入的样式，如图8-247所示。效果如图8-248所示。

12 在"图层"面板中选择自定义绘制的图形的图层，使用【Ctrl+J】组合键复制该图层。将复制的图形摆在合适位置，并调节透明度为50%，如图8-249所示。效果如图8-250所示。

图8-247

图8-248

图8-249

13 单击工具箱中的"横排文字工具"按钮，在选项栏中设置合适的"字体样式""字体大小""字体颜色"，
在画面中键入其他文字，并为文字添加效果，如图8-251所示。单击工具箱中的"直线工具"
按钮，在选项栏中设置"绘制模式"为形状，设置一种合适的渐变填充，"描边"设置为无色，在画
面中按住鼠标左键拖曳绘制一个矩形，作为字母间的分割线，如图8-252所示。

图8-250

图8-251

图8-252

14 使用同样的方法绘制其他矩形，如图8-253所示。演唱会海报的最终效果如图8-254所示。

图8-253

图8-254

**新手
充电站**

快速查看不同的混合模式效果

对于混合模式的选择，新手朋友往往不能一次成功，需要反复执行命令查看不同的混合效果，这样操作

费时费力。有一种方法可以快速查看混合效果。先设置一种混合模式，然后滚动鼠标中轮，此时混合模式会快速切换，画面效果也会随之变换，非常方便。

图层样式中的等高线

在 Photashop 中，"投影""内阴影""内发光""外发光""斜面与浮雕""光泽"这五种样式都有"等高线"选项，因为这几个样式都是模拟光源下的工作。通过"等高线编辑器"能够编辑等高线的形状，其编辑方法与曲线相似，如图 8-255 所示。

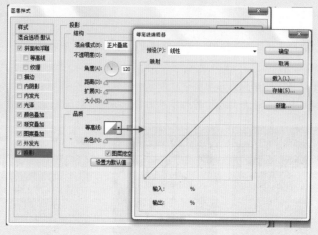

图8-255

超方便的复制图层样式的方法

将光标放在图层的 *fx* 处，按住【Alt】键同时将"效果"拖曳到目标图层上，可以复制/粘贴所有样式，如图 8-256 所示。按住【Alt】键同时将单个样式拖曳到目标图层上，可以复制/粘贴这个样式。需要注意的是，如果没有按住【Alt】键，则是将样式移动到目标图层中，原始图层不再有样式。

图8-256

8.4 本章小结

本章学习的都是图层中的"高级操作"，这些看起来比较高级的操作不仅简单，效果也让人感到惊喜。运用这些技术就能轻松地制作多个图层的融合效果，也可以利用图层样式同时为图层添加描边、投影、发光的效果。学会了本节的技术，可以将之应用到作品中，使画面效果更加丰富，细节更加突出哟！

第 **9** 章

合成必备利器：蒙版

本章学习要点

- 熟练掌握图层蒙版的使用方法
- 熟练掌握矢量蒙版的使用方法

本章内容简介

"蒙版"是什么？难道是被蒙住的版面？虽然这个词听上去有些抽象，但是它的工作原理一点也不复杂，并且会经常使用到。简单来说，蒙版主要用于隐藏画面中的局部区域。其实蒙版和橡皮擦工具非常相似，使用橡皮擦工具可以把像素擦除，但是无法进行恢复。使用蒙版就不一样了，蒙版相当于暂时将图像某个部分"藏"起来，需要使用被隐藏的部分时，还可进行还原。在 Photoshop 中有图层蒙版、剪贴蒙版、矢量蒙版和快速蒙版四种类型的蒙版。

9.1 蒙版离不开"属性"面板

通过前面章节的学习，"属性"面板对我们来说并不陌生，在创建调整图层时，属性面板就会"跳出来"供用户设置调色参数。而到了使用"图层蒙版""矢量蒙版"功能时，也可以使用"属性"面板对蒙版属性进行一定的编辑。例如，选择一个带有图层蒙版的图层，执行"窗口 ➤ 属性"命令，打开属性面板。在这里可以对选中的蒙版进行参数的调整，如图 9-1 所示。选择矢量蒙版，属性面板显示的内容如图 9-2 所示。

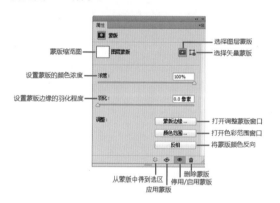

图9-1

◇ 蒙版缩览图：用于查看图层蒙版。
◇ 浓度：设置蒙版的颜色浓度。
◇ 羽化：设置蒙版边缘的羽化程度。
◇ 选择图层蒙版：单击该按钮，属性面板中所显示的参数用于设置图层蒙版。
◇ 选择矢量蒙版：单击该按钮，属性面板中所显示的参数用于设置矢量蒙版。
◇ 蒙版边缘：单击该按钮可以打开调整边缘窗口。
◇ 颜色边缘：单击该按钮可以打开色彩范围窗口。

图9-2

◇ 反相：将蒙版中的颜色进行反相。
◇ 从蒙版中得到选区 ⬚：单击该按钮得到蒙版的选区。
◇ 应用蒙版 ◈：将蒙版的效果应用到图层中。
◇ 停用 / 启用蒙版 ◉：控制蒙版的显示与隐藏。
◇ 删除蒙版 🗑：将蒙版键删除。

9.2　剪贴蒙版

"剪贴蒙版"是通过使用处于下方图层（基底图层）的形状来限制上方图层（内容图层）的显示状态。听起来是不是有些迷糊？举个例子，试想：有一张照片，在这张照片上蒙上一块黑布，然后在这块布上剪个洞，此时我们就能通过这个洞看到下面的照片了。照片就是"内容图层"，而那个"洞"就是"基底图层"。有没有感觉很神奇？快来一起学习吧！图9-3和图9-4所示为使用该功能制作的作品。

图9-3

图9-4

9.2.1　内容图层＋基底图层＝剪贴蒙版

创建"剪贴蒙版"至少需要两个图层，一个是基底图层，基底图层是位于剪贴蒙版最底端的一个图层；另一个是内容图层，内容图层用于控制蒙版显示的内容，而且内容图层可以有多个。图9-5所示为剪贴蒙版的原理图，效果如图9-6所示。

基底图层：基底图层用于控制位于其上面的图像的显示范围。基底图层只有一个，如果对基底图层进行移动、变换等操作，那么剪贴蒙版显示的图像效果也会随之受到影响，如图9-7所示。

内容图层：内容图层用于控制剪贴蒙版最终显示的图像内容。内容图层可以是一个或多个。对内容图层的操作不会影响整个剪贴蒙版显示的

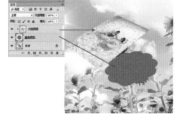

图9-5　　　　　　　　　　　图9-6

范围。但是在对内容图层进行移动、变换等操作时，其显示范围也会随之改变，如图9-8所示。需要注意的是，剪贴蒙版虽然可以应用在多个图层中，但是这些图层不能是隔开的，必须是相邻的图层，如图9-9所示。

图9-7　　　　　　　　　图9-8　　　　　　　　　图9-9

9.2.2　创建剪贴蒙版

（1）首先新建一个空白文件，然后新建一个图层并命名为"基底图层"（基底图层不要与画面等大，否则

创建剪贴蒙版也无法观察到明确的效果），如图 9-10 所示。此时效果如图 9-11 所示。

（2）接着"置入"图片，这个图层将作为"内容图层"，内容图层需要置于基底图层的上方，如图 9-12 和图 9-13 所示。

图9-10　　　　　　　　　　图9-11　　　　　　　　　　图9-12

（3）接着选择"内容图层"图层，执行"图层 ➤ 创建剪贴蒙版"命令（快捷键：【Alt+Ctrl+G】），即可创建剪贴蒙版，图层面板如图 9-14 所示。此时内容图层只显示了部分区域，画面效果如图 9-15 所示。

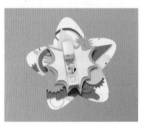

图9-13　　　　　　　　　　图9-14　　　　　　　　　　图9-15

独家秘笈　　**设计师秘笈——创建剪贴蒙版的其他方法**

执行菜单命令创建剪贴蒙版有些麻烦？没关系，我们还有更简单的方法。将内容图层与基底图层准备好，右键单击内容图层，执行"创建剪贴蒙版"命令，即可创建剪贴蒙版，如图 9-16 所示。还可以将光标放在"内容图层"和"基底图层"中间位置，然后按住【Alt】键，当光标变为 ↓□ 形状时，单击鼠标左键，即可创建剪贴蒙版，如图 9-17 所示。

图9-16　　　　　　　　　　　　　　图9-17

9.2.3　编辑剪贴蒙版

"剪贴蒙版"中的每个图层都具有普通图层的属性，例如"不透明度""混合模式""图层样式"等。在对内容图层与对基底图层进行属性的调整时，得到的效果是不相同的。下面我们来尝试调整。

（1）当对内容图层的"不透明度"和"混合模式"进行调整时，只有内容图层与基底图层的混合效果发生变化，不会影响其他图层，如图 9-18 和图 9-19 所示。

　注意，剪贴蒙版虽然可以存在多个内容图层，但是这些图层不能是隔开的，必须是相邻的图层。

（2）当对基底图层的"不透明度"和"混合模式"做出调整时，整个剪贴蒙版中的所有图层都会以此时所设置的不透明度数值以及混合模式进行混合，此时就相当于为整个剪贴蒙版组设置了混合模式和不透明度，如图 9-20 和图 9-21 所示。

图9-18

图9-19

图9-20

图9-21

（3）由此可以看出，剪贴蒙版中的"基底图层"相对来说更起着决定的作用。同样，若要为剪贴蒙版添加图层样式，也需要在基底图层上添加，如图 9-22 所示。如果错将图层样式添加在内容图层上，那么类似描边、外发光一类的超出基底图层范围的内容可能不会显示，如图 9-23 所示。

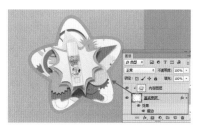

图9-22

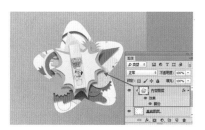

图9-23

9.2.4　释放剪贴蒙版

学会了创建剪贴蒙版，下面我们来看一下如何释放剪贴蒙版，使图层恢复成原先的样式。要释放剪贴蒙版也很简单，可以在"内容图层"上方单击鼠标右键，在弹出的菜单中执行"释放剪贴蒙版"命令，如图 9-24 所示。或者将光标移动至"内容图层"和"基底图层"中间，然后按住【Alt】键，当光标变为 状时，单击鼠标左键，即可释放剪贴蒙版，如图 9-25 所示。

图9-24

图9-25

9.3　抠图合成必备"神器"——图层蒙版

"图层蒙版"的大名你一定听说过，"图层蒙版"的身影经常出现在抠图合成中。但是"图层蒙版"并不是像快速选择、魔棒、魔术橡皮擦、钢笔一类的典型的抠图工具，而是一项用于轻松"隐藏"画面局部的功能的工具。通常我们可以利用快速选择、钢笔等可以制作选区的工具制作出选区，然后通过图层蒙版将选区中的部分隐藏，或者只显示出选区中的部分。以"图层蒙版"的方式隐藏的画面可以随时进行编辑与修改，这种非破坏性的操作是合成作品中非常常用的手段。想要成为 PS 高手的你一定不能忽略。那么，接下来我们就要来认识图层蒙版了，哦不！是"征服"图层蒙版！图 9-26 和图 9-27 所示为使用该功能制作的作品。

图9-26　　　　　图9-27

9.3.1　用黑色、白色控制图层显隐

"图层蒙版"是一个 8 位灰度图像，其中只能包含黑、白、灰这样的无彩色。其中黑色的部分表示图层该区域为透明，白色表示不透明部分，灰色表示半透明部分。编辑图层蒙版，实际上就是对蒙版中的黑、白、灰关系进行编辑。使用图层蒙版，可以控制图层中的不同区域被隐藏或显示。通过更改图层蒙版，可以将大量特殊效果应用到图层，而不会影响该图层上的像素。什么？这段理论你没听懂？那好，现在只需要记得在图层蒙版中"黑透，白不透，灰色半透明"就 OK 了，图层蒙版的黑白关系如图 9-28 所示。

（1）打开一张图片，如图 9-29 所示。接着置入另一个图片素材，并栅格化，如图 9-30 所示。图层面板中可以看到这两个图层的堆叠关系，如图 9-31 所示。

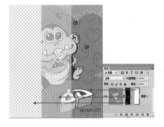

图9-28　　　　　图9-29　　　　　图9-30　　　　　图9-31

（2）选择上层的图层"1"，单击图层面板底部的"添加图层蒙版"按钮　，即可为该图层添加图层蒙版，如图 9-32 所示。注意喽！此时图层蒙版为白色，所以在画面中看到的还是图层"1"中的内容。

（3）使用"矩形选框工具"绘制一个矩形选区，如图 9-33 所示。接着将前景色设置为黑色，然后在图层"1"的蒙版中进行填充。此时可以发现，被填充的区域被隐藏了，并露出了"背景"图层中的内容，此时画面效果如图 9-34 所示。同时可以看到图层蒙版缩览图发生了变化，黑白关系一目了然了吧！如图 9-35 所示。

图9-32　　　　　图9-33　　　　　图9-34

（4）如果将选区填充为灰色，如图 9-36 所示。此时画面就会显示半透明的效果，如图 9-37 所示。

💡 **提示**　按住【Ctrl】键并单击蒙版的缩览图，可以载入蒙版的选区。当然，载入的选区也会按照黑白灰关系进行载入，白色部分为全部处于选区之内；黑色为位于选区以外；灰色为羽化的选区。

图9-35

图9-36

图9-37

独家秘笈　　　　**设计师秘笈——用渐变、画笔、滤镜编辑蒙版**

　　除了可以在图层蒙版中填充颜色以外，我们还可以在图层蒙版中填充渐变，使用不同的画笔工具来编辑蒙版，也可以在图层蒙版中应用各种滤镜。图9-38和图9-39所示为使用画笔工具在图层蒙版中涂抹的效果。

　　图9-40、图9-41和图9-42所示为使用滤镜填充图层蒙版的效果。

图9-38

图9-39

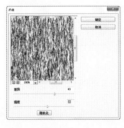
图9-40

图9-41

　　图9-43、图9-44和图9-45所示为使用渐变填充图层蒙版的效果。

图9-42

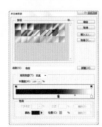
图9-43

图9-44

图9-45

9.3.2　为图层添加图层蒙版

　　为图层添加图层蒙版有很多种方法，可以从无到有创建图层蒙版，也能够以某个特定选区为图层创建图层蒙版。

　　（1）选择要添加图层蒙版的图层，在"图层"面板下单击"添加图层蒙版"按钮 ▣，即可为当前图层添加一个图层蒙版。此时图层蒙版为空白图层蒙版，图层为完全显示的状态，如图9-46所示。

　　（2）如果想要以特定选区创建图层蒙版，则可以在包含选区的情况下，如图9-47所示。单击"图层"面板下的"添加图层蒙版"按钮 ▣，即可基于当前选区为图层添加图层蒙版，选区以外的图像将被蒙版隐藏，如图9-48和图9-49所示。

　　（3）还可以将一张图像作为某个图层的图层蒙版。首先为图层添加图层蒙版，然后选择另一个图层，使用全选快捷键【Ctrl+A】全选当前图像，使用复制快捷键【Ctrl+C】进行复制，按住【Alt】键单击该图层蒙版，如图9-50所示。使图层蒙版单独显示，如图9-51所示。效果如图9-52所示。

图9-46　　　　　　图9-47　　　　　　图9-48　　　　　　图9-49

图9-50　　　　　　　图9-51　　　　　　　图9-52

> **提示**　由于图层蒙版只识别灰度图像，所以粘贴到图层蒙版中的内容将会自动转换为黑白效果。

9.3.3　停用和启用图层蒙版

　　"停用"图层蒙版是指在保留蒙版的情况下，将图层中的图像恢复为未添加蒙版时的效果，需要显示蒙版效果时还可以再启用该图层蒙版。

　　可以在图层蒙版缩略图上单击鼠标右键，然后在弹出的菜单中执行"停用图层蒙版"命令，即可停用图层蒙版，如图9-53所示。停用蒙版后，在"属性"面板的缩览图和"图层"面板中的蒙版缩略图中都会出现一个红色的交叉线 ×，如图9-54所示。

　　如果要再次启用图层蒙版，可以在蒙版缩略图上单击鼠标右键，在弹出的菜单中执行"启用图层蒙版"命令，如图9-55和图9-56所示。

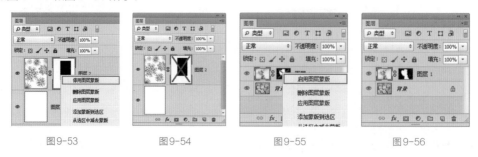

图9-53　　　　　　图9-54　　　　　　图9-55　　　　　　图9-56

9.3.4　应用图层蒙版

　　"应用"图层蒙版这项操作可以将图层蒙版删除并且将蒙版的效果应用于图层中，也就是将图像中对应图层蒙版中的黑色的区域删除，白色区域保留下来，而灰色区域以半透明效果显示。在图层蒙版缩略图上单击鼠标右键，在弹出的菜单中执行"应用图层蒙版"命令，可以将蒙版应用在当前图层中，如图9-57和图9-58所示。

图9-57　　　　　　图9-58

9.3.5　选区与蒙版的运算

图层蒙版与选区一直都有着密不可分的关系，前面我们已经尝试过从已有的选区创建图层蒙版的操作了。以选区创建的图层蒙版中，白色部分为选区以内，黑色部分为选区以外。那么我们不禁就要思考，对于已有的蒙版可不可以逆向获取选区呢？当然可以，按住【Ctrl】键单击图层蒙版缩览图即可得到蒙版的选区，如图 9-59 和图 9-60 所示。除此之外，图层蒙版还可以与已有的选区进行选区的运算。

首先在有蒙版的文档中绘制一个选区，如图 9-61 所示。接着在图层蒙版缩览图上单击鼠标右键，在菜单中可以看到 3 个关于蒙版与选区运算的命令，如图 9-62 所示。

图9-59

图9-60

图9-61

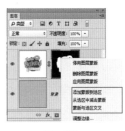
图9-62

◇　添加蒙版到选区：执行该命令，可以将蒙版的选区添加到当前选区中，如图 9-63 所示。

> 💡 提示　在没有选区的情况下，执行"添加蒙版到选区"命令可以得到图层蒙版的选区。

◇　从选区中减去蒙版：执行"从选区中减去蒙版"命令，可以从当前选区中减去蒙版的选区，如图 9-64 所示。
◇　蒙版与选区交叉：执行"蒙版与选区交叉"命令，可以得到当前选区与蒙版选区的交叉区域，如图 9-65 所示。

图9-63

图9-64

图9-65

课后练习：创意合成——书中世界

扫码看视频

案例文件	视频教学
9.3.5 课后练习：创意合成——书中世界 .psd	9.3.5 课后练习：创意合成——书中世界 .flv
难易指数	技术要点
★★★★☆	图层蒙版

案例效果

图9-66

操作步骤

01 执行"文件▷新建"命令，创建一个新文档。单击工具箱中的"渐变工具" ■，在"渐变编辑器"中设置一个灰色系线性渐变，单击"确定"按钮，如图9-67所示。接下来按住鼠标在画面中拖曳填充渐变色，如图9-68所示。

02 执行"文件▷置入"命令，置入书本素材"1.jpg"，并调整图片大小，如图9-69所示。按【Enter】键确定置入操作。接着选择该图层，在图层上方单击鼠标右键，在弹出的快捷菜单中执行"栅格化图层"命令，将智能图层转换为普通图层，如图9-70所示。

图9-67

图9-68

图9-69

03 接下来为书本添加投影，选择图层面板中的"添加图层样式"按钮 *fx*，然后单击"投影"，接着在"图层样式"窗口中设置"混合模式"为正片叠底，"颜色"为黑色，"不透明度"为75%，"角度"为120度，"距离"为5像素，"大小"为21像素，单击"确定"按钮，如图9-71所示。此时画面效果如图9-72所示。

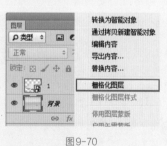

图9-70

图9-71

图9-72

04 执行"文件▷置入"命令，置入草地素材"2.jpg"，并调整图片大小。按【Enter】键确定置入操作。接着选择该图层，在图层上方单击鼠标右键，在弹出的快捷菜单中执行"栅格化图层"命令，将智能图层转换为普通图层，如图9-73所示。

05 接下来是草地与书籍进行融合的过程。选择草地图层，单击底部的"添加图层蒙版"按钮 ◙，可以为当前图层添加一个图层蒙版，如图 9-74 所示。选择图层蒙版，使用自由变换快捷键【Ctrl+T】，单击右键执行"变形"命令，然后调整网格的形态，如图 9-75 所示。

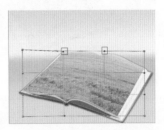

图9-73　　　　　　　　　图9-74　　　　　　　　　图9-75

06 执行"文件▷置入"命令，置入素材"3.jpg"并调整图片大小，按【Enter】键确定置入操作。接着选择该图层，在图层上方单击鼠标右键，在弹出的快捷菜单中执行"栅格化图层"命令，将智能图层转换为普通图层，如图 9-76 所示。接下来单击工具箱中的"钢笔工具" ◢ 按钮，在选项栏中设置"绘制模式"为路径，然后沿着图片中山的部分绘制路径，如图 9-77 所示。

07 路径绘制完成后，使用快捷键【Ctrl+Enter】键建立选区，然后使用快捷键【Ctrl+Shift+I】将选区反选，接着按【Delete】键将选区中的像素删除，继续使用快捷键【Ctrl+D】取消选区的选择，效果如图 9-78 所示。在图层面板下方单击"添加图层样式" ƒx 按钮，选择"描边"选项，设置"大小"为 8 像素，"位置"为外部，单击"确定"按钮，如图 9-79 所示。

图9-76　　　　　　　　　图9-77　　　　　　　　　图9-78

08 在样式列表中勾选"投影"，设置"混合模式"为正片叠底，"颜色"为黑色"角度"为 120 度，"距离"为 11 像素，"大小"为 5 像素，如图 9-80 所示。添加效果如图 9-81 所示。

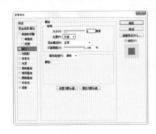

图9-79　　　　　　　　　图9-80　　　　　　　　　图9-81

09 执行"文件▷置入"命令，置入卡通素材"4.png"，如图 9-82 所示。继续置入建筑素材"5.jpg"并调整图片大小。按【Enter】键确定置入操作。接着选择该图层，在图层上方单击鼠标右键，在弹出的快捷菜单中执行"栅格化图层"命令，将智能图层转换为普通图层，如图 9-83 所示。

10 使用上述同样的方法制作该图层的描边、投影效果，如图 9-84 所示。然后再用同样的方法分别置入素材"6.png""7.jpg""8.png"，并进行制作，如图 9-85 所示。

图9-82

图9-83

图9-84

11 继续执行"文件▶置入"命令，置入向日葵素材"9.png"，并调整图片大小。按【Enter】键确定置入操作。接着选择该图层，在图层上单击鼠标右键，执行"栅格化图层"命令，将智能图层转换为普通图层，如图9-86所示。

12 为置入的向日葵素材添加蒙版，单击图层下方的"添加图层蒙版"按钮，为该图层添加蒙版，如图9-87所示。然后选择图层蒙版，使用黑色的"画笔工具"，在蒙版中的多余部分进行涂抹，将其隐藏，制作完成的效果如图9-88所示。

图9-85

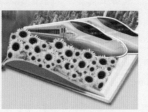
图9-86

图9-87

图9-88

9.4 带有矢量属性的矢量蒙版

"矢量蒙版"和"图层蒙版"就像一对"双胞胎"，它们都可以通过图层面板底部的 ▣ 按钮进行创建，而且两种蒙版非常相似，都显示在图层缩览图的右侧。但是这两种蒙版在工作原理上又有不同，"图层蒙版"是通过黑白信息控制图像显示的，而"矢量蒙版"是通过路径和矢量形状控制图像显示的，是一款矢量工具，其优点是可以用路径工具对蒙版进行调整，从而制作出精确的蒙版区域，图9-89和图9-90所示为使用该功能制作的作品。

图9-89

图9-90

9.4.1 用路径控制图层显隐——矢量蒙版

（1）选择一个图层，如图9-91所示。使用"钢笔工具"绘制一个闭合的路径，如图9-92所示。

（2）接着执行"图层▶矢量蒙版▶当前路径"菜单命令，基于当前路径为图层创建一个矢量蒙版，如图9-93所示。创建矢量蒙版之后，这个路径范围以内的区域将会被保留，此时画面效果如图9-94所示。

> 💡**提示** 绘制出路径后，按住【Ctrl】键在"图层"面板下单击"添加图层蒙版"按钮 ▣ ，也可以为图层添加矢量蒙版。

图9-91

图9-92

图9-93

图9-94

9.4.2　编辑矢量蒙版

其实"矢量蒙版"的主体就是蒙版中的路径，路径的形态决定了图像显示的范围，所以对矢量蒙版的编辑主要是对矢量蒙版中路径的编辑。除了可以使用钢笔、形状工具在矢量蒙版中绘制形状以外，还可以通过调整路径锚点的位置来改变矢量蒙版的外形，或者通过变换路径调整其角度大小等，如图 9-95 和图 9-96 所示。

图9-95

图9-96

课后练习：使用矢量蒙版制作简约海报

扫码看视频

案例文件	视频教学
9.4.2 课后练习：使用矢量蒙版制作简约海报 .psd	9.4.2 课后练习：使用矢量蒙版制作简约海报 .flv
难易指数	技术要点
★★★☆☆	矢量蒙版

案例效果

图9-97

操作步骤

01 执行"文件 ➤ 打开"命令，在打开的窗口中选择背景素材"1.jpg"，单击"打开"按钮，如图9-98所示。单击"工具箱"中的"多边形套索工具"，在"选项栏"中单击"新选区"按钮，接着在画面中单击确定起点，继续单击，最后在起点单击，形成闭合选区，如图9-99所示。

02 新建图层，设置"前景色"为黄色，使用组合键【Alt+Delete】填充选区，如图9-100所示。使用同样的方法新建图层并制作蓝色图形，如图9-101所示。

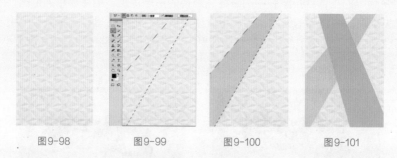

| 图9-98 | 图9-99 | 图9-100 | 图9-101 |

03 执行"文件 ➤ 置入"命令，在弹出的"置入"窗口中选择素材"2.jpg"，单击"置入"按钮，将其旋转并放到适当位置，按【Enter】键完成置入。接着执行"图层 ➤ 栅格化 ➤ 智能对象"命令，将该图层栅格为普通图层，如图9-102所示。接着在图层面板中设置"混合模式"为线性减淡，"不透明度"为90%，如图9-103所示。效果如图9-104所示。

04 单击"工具箱"中的"钢笔工具"，在选项栏中设置"绘制模式"为路径，如图9-105所示。在画面中单击确定起点，继续单击，最后单击起点形成路径，如图9-106所示。接着执行"图层 ➤ 矢量蒙版 ➤ 当前路径"命令，效果如图9-107所示。

| 图9-102 | 图9-103 | 图9-104 | 图9-105 |

05 继续使用同样的方法制作粉色图形，如图9-108所示。在图层面板中设置"混合模式"为正片叠底，如图9-109所示。

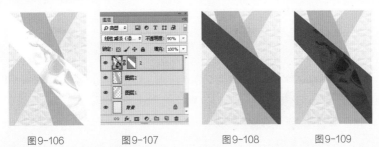

图9-106　　　　图9-107　　　　图9-108　　　　图9-109

06 添加文字。单击工具箱中的"横排文字工具"，在选项栏中设置合适的"字体""字号""填充"，接着在画面右上角单击输入文字，如图9-110所示。继续使用同样的方法输入文字，如图9-111所示。接着使用工具箱中的"矩形选框工具"在画面中右上角按住鼠标左键拖曳绘制选区，然后设置"前景色"为紫色，新建图层，使用组合键【Alt+Delete】填充选区，如图9-112所示。

图9-110　　　　　　　图9-111　　　　　　　图9-112

07 继续添加文字，单击工具箱中的"横排文字工具"，在选项栏中设置合适的"字体""字号"，设置"填充"为白色，在画面右下角单击输入文字，如图9-113所示。

08 在图层面板中选择该文字图层，右键执行"复制图层"命令，接着更改其"填充"为蓝色，如图9-114所示。继续使用钢笔工具在画面左侧绘制路径，如图9-115所示。

09 接下来选中文字部分，执行"图层▶矢量蒙版▶当前路径"命令，效果如图9-116所示。最后使用同样的方法输入其他文字，如图9-117所示。

图9-113　　　　图9-114　　　　图9-115　　　　图9-116　　　　图9-117

9.5　用于制作选区的快速蒙版

"快速蒙版"与前几种蒙版差别较大，因为"快速蒙版"是一种用于创建和编辑选区的功能，而不是一种用于隐藏部分内容的功能。在"快速蒙版"模式下，我们可以将选区以类似绘画的方式进行编辑，并且可以使用几乎全部的绘画工具或滤镜对蒙版进行编辑，编辑完成后就能够得到相应的选区。因此，使用快速蒙版功能往往可以制作出较为奇特的选区。图 9-118 和图 9-119 所示为使用该功能制作的作品。

图9-118 图9-119

　　快速蒙版的使用方法较为特殊，首先需要进入快速蒙版编辑状态，接着可以使用画笔、填充或滤镜等功能进行编辑，退出选区后可以得到选区。

　　（1）在已有文档中，单击工具箱底部的"以快速蒙版模式编辑"按钮，进入到蒙版的编辑状态。选择工具箱中的"画笔工具"在画面中涂抹，涂抹的位置变成了"红色"（此时红色区域为被"遮住"的区域，为选区以外），如图 9-120 所示。当在快速蒙版模式中工作时，"通道"面板中出现一个临时的快速蒙版通道，如图 9-121 所示。接着单击"以标准模式编辑"按钮退出编辑，得到选区，如图 9-122 所示。

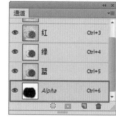

图9-120 图9-121 图9-122

　　（2）接下来尝试一下使用滤镜对快速蒙版进行处理。例如执行"滤镜 ➤ 扭曲 ➤ 水波"命令，在"水波"窗口中设置合适的参数，如图 9-123 所示。单击"确定"按钮，快速蒙版内容发生了变化，如图 9-124 所示。退出蒙版编辑，选区效果如图 9-125 所示。

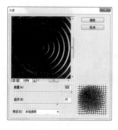

图9-123 图9-124 图9-125

实战项目：旅行活动宣传海报

扫码看视频

案例文件

9.5 实战项目：旅行活动宣传海报 .psd

视频教学

9.5 实战项目：旅行活动宣传海报 .flv

难易指数	技术要点
★★★★☆	图层蒙版、剪贴蒙版

案例效果

图9-126

操作步骤

01 执行"文件 ➤ 新建"命令，创建新文档，效果如图 9-127 所示。执行"文件 ➤ 置入"命令，选择
　　素材"1.jpg"置入到画面中，调整图片大小并放在合适位置，按【Enter】键确定此次操作，效果如
　　图 9-128 所示。

02 在"图层"面板中选择素材所在的图层，单击鼠标右键选择"栅格化图层"，如图 9-129 所示。将
　　图片栅格化后，效果如图 9-130 所示。

图9-127

图9-128

图9-129

图9-130

03 单击"图层"面板下面的"添加图层蒙版"按钮，选中图层蒙版，单击"画笔工具"按钮，在选项
　　栏中设置"画笔大小"为 347 像素，"硬度"为 0，选择一种合适的画笔，在画面中按住鼠标左键进
　　行涂抹，如图 9-131 所示，此时的蒙版效果如图 9-132 所示。

04 单击工具箱中的"矩形工具"█按钮，在选项栏中设置"绘制模式"为形状，单击"填充"按钮，
　　在下拉菜单中选择"渐变填充"，设置一种合适的渐变填充，设置"填充类型"为线性填充，设置
　　"描边"为无色，在画面中按住鼠标左键拖曳绘制一个矩形，如图 9-133 所示。

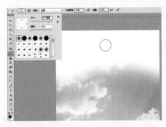
图9-131

图9-132

图9-133

05 执行"窗口▷图层"命令，打开"图层"面板，选择刚刚绘制的矩形图层，单击鼠标右键选择"创建剪贴蒙版"，如图9-134所示。在"图层"面板中设置"不透明度"为26%，效果如图9-135所示。

06 执行"文件▷置入"命令，选择素材"2.jpg"将其置入，调整大小并摆在合适的位置，按【Enter】键确认此次操作并将其栅格化，如图9-136所示。给图层创建图层蒙版，选择蒙版并使用"画笔工具" 在蒙版上按住鼠标左键进行涂抹，如图9-137所示。

图9-134　　　　　　图9-135　　　　　图9-136　　　　　图9-137

07 单击工具箱中"矩形工具"按钮，在选项栏中设置"绘制模式"为形状，单击"填色"，在下拉菜单中选择"渐变填充"，设置一种合适的渐变填充，设置"渐变类型"为线性渐变，"角度"为90度，设置"描边"为无色，在画面中按住鼠标左键拖曳绘制一个矩形，如图9-138所示。执行"窗口▷图层"命令，打开"图层"面板，设置"混合模式"为颜色减淡，"不透明度"为25%，如图9-139所示。此时效果如图9-140所示。

08 在"图层"面板中单击"创建图层蒙版" 按钮，效果如图9-141所示。

图9-138　　　　　　图9-139　　　　　图9-140　　　　　图9-141

09 单击工具箱中的"画笔工具" 按钮，在选项栏中设置"画笔大小"为347像素，"硬度"为0，如图9-142所示。选择一种合适的画笔样式，在画面中按住鼠标左键进行涂抹，如图9-143所示。使过渡区域更加柔和，此时蒙版效果如图9-144所示。

10 单击工具箱中的"矩形工具"按钮，在选项栏中设置"绘制模式"为形状，将"填充"设置为蓝色，设置"描边"为无，在画面底部按住鼠标左键拖曳绘制一个矩形，如图9-145所示。

图9-142　　　图9-143　　　图9-144　　　　　图9-145

11 执行"文件▷置入"命令，选择素材"3.png"置入到画面中，调整大小并摆在合适位置，按【Enter】键确定此项操作，选择素材图层，单击鼠标右击选择"栅格化图层"将图片栅格化，如图9-146所示。

12 单击工具箱中的"横排文字工具" T 按钮，在选项栏中设置合适的"字体样式"，"字体大小"为 24 点，设置"颜色"为黑色，在画面中键入文字，如图 9-147 所示。使用同样的方法键入文字，如图 9-148 所示。

13 单击工具箱中的"横排文字工具"按钮，在画面中按住鼠标左键拖曳绘制一个文本框，如图 9-149 所示。在选项栏中设置合适的"字体样式"，设置"字体大小"为 8 点，设置合适的"字体颜色"，在文本框中键入文字，如图 9-150 所示。

图9-146　　　　　　图9-147　　　　　　图9-148　　　　　　图9-149

14 继续使用"横排文字工具"在画面中键入文字，如图 9-151 所示。

15 按住【Ctrl】键在"图层"面板中加选文字图层，如图 9-152 所示。在选项栏中单击"左对齐" 按钮，效果如图 9-153 所示。

图9-150　　　　　　图9-151　　　　　　图9-152　　　　　　图9-153

16 单击工具箱中的"直线工具" ╱ 按钮，在选项栏中设置"绘制模式"为形状，设置"填充"为合适的颜色，设置"描边"为无色，在画面中按住鼠标左键同时按下【Shift】键拖曳绘制一条直线，如图 9-154 所示。使用同样的方法绘制另一条直线，如图 9-155 所示。

17 单击工具箱中的"椭圆工具"按钮，在选项栏中设置"绘制模式"为形状，设置"填充"为黑色，"描边"为无色，在画面中，按住【Shift】键同时按住鼠标左键拖曳绘制一个正圆，如图 9-156 所示。

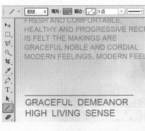

图9-154　　　　　　　　　图9-155　　　　　　　　　图9-156

18 单击工具箱中的"横排文字工具" T 按钮，在选项栏中设置合适的"字体样式"，设置"字体大小"为 10 点，设置"对齐类型"为居中对齐文本，设置合适的"字体颜色"，在画面下部键入文字，如图 9-157 所示。使用同样的方法键入其他文字，如图 9-158 所示。

19 单击工具箱中的"直线工具" ✏️ 按钮，在选项栏中设置"绘制模式"为形状，"填充"为无色，将"描边"设置为一种合适的颜色，"描边宽度"为 2 点，在画面中按住鼠标左键同时按住【Shift】键拖曳绘制一条直线，如图 9-159 所示。使用同样的方法绘制其他直线，如图 9-160 所示。

图9-157　　　　　　　　　　图9-158　　　　　　　　　　图9-159

20 执行"文件▷置入"命令，选择素材"4.png"将其置入，调整大小并摆在合适位置，如图 9-161 所示。最终效果如图 9-162 所示。

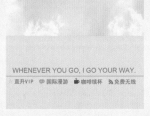

图9-160　　　　　　　　　　图9-161　　　　　　　　　　图9-162

新手
充电站

选择合适的蒙版最主要

Photoshop 中有多种蒙版，我们也都知道蒙版与抠图、合成之间有着密不可分的关系，但是哪种蒙版更适合抠图？哪种蒙版更适合图像的融入？这些是我们在进行操作之前需要考虑的。例如，想要将人像进行抠图并融合到画面中，此时会考虑到抠图的精准度，如果不确定自己能够一次性精确地抠出人像，那就不要直接将背景删除。得到人物选区后，为人物添加一个"图层蒙版"，观察效果，如果发现哪些部分出现了遗漏，如图 9-163 所示。则可以继续进行修复，非常方便，如图 9-164 所示。而想要使某个像素图层／调整图层只对某个特定图层操作，就可以使用"剪贴蒙版"。

图9-163　　　　　　　　　　　　　　图9-164

使图层具有相同的图层蒙版的方法

在 Photoshop 中，图层蒙版也可以进行复制，也就是说可以将某个图层的蒙版复制到其他图层上。如果要将一个图层的蒙版复制到另外一个图层上，可以按住【Alt】键将蒙版缩略图拖曳到另外一个图层上，如图 9-165 和图 9-166 所示。

图9-165

图9-166

移动和替换图层蒙版

如果不按住任何快捷键直接选中要转移的图层蒙版缩略图，并将蒙版拖曳到其他图层上，则会将该图层的蒙版转移到其他图层上。如果移动到的图层上有蒙版，该操作则会替换原有的蒙版。

9.6　本章小结

好啦，四种蒙版都学习完了，你学会了吗？蒙版对于初学者来说，是有那么一点点不好理解，但是绝对不要因为不好理解就放弃哦！因为蒙版对于设计作品的制作非常好用，尤其是图层蒙版与剪贴蒙版，在实际的设计制图过程中十分常用，一定要好好学习哦。

第 **10** 章

关于通道的几个小秘密

10.1 秘密1：通道与图像不得不说的故事

默认情况下"通道"面板就显示在"图层"面板附近，单击"通道"选项即可进入"通道"面板。也可以执行"窗口 ▸ 通道"命令，打开"通道"面板，如图 10-1 所示。"通道"面板相对来说功能比较简单，按钮选项也不是很多。

图10-1

◇ 将通道作为选区载入：单击该按钮，可以载入所选通道图像的选区。

◇ 将选区存储为通道：如果图像中有选区，单击该按钮，可以将选区中的内容存储到通道中。

◇ 创建新通道：单击该按钮，可以新建一个Alpha通道。

◇ 删除当前通道：将通道拖曳到该按钮上，可以删除选择的通道。

10.1.1 通道操作全靠它——"通道"面板

说到通道那么就必须提一下"通道"面板，打开"通道"面板，可以看到其中显示着的通道。通道是用于存储图像颜色信息和选区信息的灰度图像，通道中的像素颜色是由一组原色的亮度值组成的。图像的颜色模式决定了为图像创建颜色通道的数目。例如RGB 模式的图像有 4 个通道，1 个复合通道 (RGB通道)，还有 3 个分别代表红色、绿色、蓝色的通道，如图10-2和图10-3所示。如果是 CMYK模式图像，则为 5 个通道，4 个颜色通道以及 1 个复合通道。除了这些默认存在的颜色通道以及复合通道外，还可以创建 Alpha 通道和专色通道，如图 10-4 所示。

（1）每个通道的左侧都有一个 ◉ 图标，如图 10-5所示。单击该图标，可以使该通道隐藏。再次单击可以恢复该通道的显示，如图 10-6 所示。在任何一个颜色通道隐藏的情况下，复合通道都被隐藏。

本章学习要点

- 掌握通道的基本操作
- 了解通道与调色之间的关系
- 掌握通道抠图的方法
- 学会新建专色通道

本章内容简介

"通道"功能虽然很少使用，但是"通道"面板大家可能并不陌生，因为"通道"面板一直与"图层"面板显示在一起。"通道"面板看起来与"图层"面板有些相似。"通道"看起来似乎与其他的功能也没什么关联，但实际上"通道"一直与"调色"和"抠图"有着密不可分的关联。不信？那么下面我们就来学习一下吧。

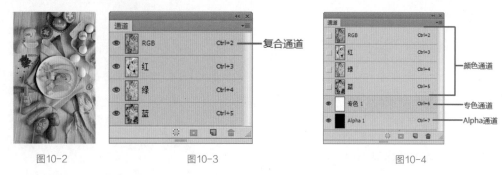

图10-2　　　　　　　　　图10-3　　　　　　　　　图10-4

（2）要编辑通道就要选择通道。打开一张图片，如图 10-7 所示。单击任意一个颜色通道，如图 10-8 所示。此时画面就会显示该通道的灰度图像，如图 10-9 所示。如果要恢复图片的颜色显示，单击最顶部的复合通道即可。

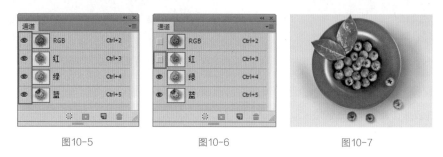

图10-5　　　　　　　　　图10-6　　　　　　　　　图10-7

> 💡 提示　在"通道"面板中按住【Shift】键并进行单击可以一次性选择多个颜色通道，此时画面中会显示所选颜色通道叠加的效果。但是颜色通道不能够与另外两种通道共同处于被选状态。

（3）复制通道就是可以将当前通道复制出一个副本，此通道副本为 Alpha 通道。在需要复制的通道上单击鼠标右键执行"复制通道"命令，如图 10-10 所示。即可将当前通道复制出一个副本，如图 10-11 所示。

图10-8　　　　　　图10-9　　　　　　图10-10　　　　　　图10-11

（4）如果想要删除某个颜色通道 /Alpha 通道 / 专色通道，可以直接将通道拖曳到"通道"面板下面的"删除当前通道"按钮 🗑 上，如图 10-12 所示。如果删除的是颜色通道，就会弹出一个对话框，单击"确定"按钮，如图 10-13 所示。此时在"通道"面板中可以看到 RGB 通道也会被删除，如图 10-14 所示。

图10-12　　　　　　　　图10-13　　　　　　　　图10-14

10.1.2　编辑Alpha通道

默认情况下，打开一个图片文件或者创建一个新文件，在通道面板中只显示色彩通道以及复合通道。如果想要使用 Alpha 通道，则需要创建出新的 Alpha 通道。而对已有的 Alpha 通道可以进行内容的编辑、堆叠顺序的调整以及重命名、删除等操作。

（1）单击"通道"面板底部的"创建新通道"按钮 ⬛，即可创建一个通道，但是这个通道并不是颜色通道，而是用于储存选区的 Alpha 通道，如图 10-15 和图 10-16 所示。

图10-15　　　　　　　　　　　图10-16

> 💡 **提示**　选中 Alpha 通道或专色通道后可以直接使用移动工具进行移动，而想要移动整个颜色通道则需要全选后再移动。

（2）此时，只显示了新建的 Alpha 通道，在此 Alpha 通道中可以进行绘制、填充、滤镜等操作。此时通道的编辑就像图层内容的编辑一样，区别在于 Alpha 通道为黑白的灰度图像，类似调色一类的操作是无法进行的，如图 10-17 所示。选中该通道，单击底部的"将通道作为选区载入" ⬚ 按钮，如图 10-18 所示。此时通道中出现了选区，如图 10-19 所示。

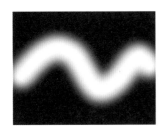

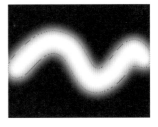

图10-17　　　　　　　　　图10-18　　　　　　　　　图10-19

> 💡 **提示**　想要在保留当前选区的情况下回到原始图层的显示状态，可以单击顶部的复合通道，即可退出当前的 Alpha 通道编辑状态，回到原始图像的状态。

（3）在"通道"面板中调整通道的排列顺序非常简单，与调整图层顺序的方法是一样的！但是，颜色通道是不能调整顺序的哟！专色通道或 Alpha 通道可以进行调整。选中通道，按住鼠标左键拖曳到合适的位置，松开鼠标即可完成移动操作，如图 10-20 和图 10-21 所示。

（4）颜色通道同样是无法进行重命名的。选中专色通道或 Alpha 通道，双击该通道的名称，激活输入框，如图 10-22 所示。然后输入新名称即可，如图 10-23 所示。

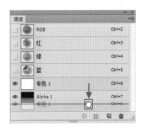

图10-20

图10-21

图10-22

图10-23

课后练习：变换通道制作装饰画

扫码看视频

案例文件

10.1.2 课后练习：变换通道制作装饰画 .psd

视频教学

10.1.2 课后练习：变换通道制作装饰画 .flv

难易指数

★★★☆☆

技术要点

通道的编辑操作

案例效果

图10-24

操作步骤

01 执行"文件▷打开"命令，在打开的窗口中选择背景素材"1.jpg"，单击"打开"按钮，如图10-25 所示。执行"文件▷置入"命令，在弹出的"置入"窗口中选择素材"2.jpg"，单击"置入"按钮，并放到适当位置，按【Enter】键完成置入。执行"图层▷栅格化▷智能对象"命令，将该图层栅格为普通图层，如图10-26 所示。

图10-25

图10-26

02 本案例尝试对已有的颜色通道进行自由变换的操作。在图层面板中按【Ctrl】键并单击图层缩览图载入图层的选区，如图 10-27 所示。接着打开"通道"面板，在"通道"面板中关闭 RGB、绿色、蓝色，仅显示红通道，如图 10-28 所示。按自由变换快捷键【Ctrl+T】调出界定框，将光标定位在界定框中，单击右键执行"水平翻转"命令，按【Enter】键完成变换，如图 10-29 所示。

图10-27　　　　　　图10-28　　　　　　图10-29

03 接着单击顶部的"RGB"复合通道，如图 10-30 所示。显示出全部通道的效果，最终效果如图 10-31 所示。

图10-30　　　　　　图10-31

10.2　秘密2：通道与调色不得不说的故事

在前面的讲解中，我们了解到通道面板中的主要内容就是颜色通道，而五彩缤纷的图像就是由各个颜色通道构成的。那么，颜色的色彩与通道之间是不是有着某种联系呢？答案是肯定的。以 RGB 模式的图像为例，图像是由 R（红）、G（绿）、B（蓝）三色构成的。而这三种颜色肯定不是全部平均分布在画面中的，想要实现每个区域不同的颜色，就需要在每个区域以特定的比例对红、绿、蓝三色进行混合。那么针对整个图像，每种颜色在各个区域显示的比例就是以通道中的黑白图像的形式进行展示的。也就是说，通道的黑白关系直接反映这种颜色在画面中所占的比例。换句话说，更改通道的黑白关系，画面的颜色就会产生变化。说到这里，"通道"与"调色"之间似乎看起来真的有些故事呢。

通道与调色

（1）打开一张图片，如图 10-32 所示。然后打开"通道"面板，选择"蓝"通道，执行"图形 ➤ 调整 ➤ 曲线"命令打开"曲线"窗口，调整曲线形状，将该通道进行提亮，如图 10-33 所示。随着通道变亮，画面的颜色也发生了变化，画面中蓝色成分明显增多。新增的蓝色与源图像中的颜色混合，产生了一种倾向于紫的色调，如图 10-34 所示。

（2）反之，压暗蓝通道的曲线，如图 10-35 所示。画面中蓝色成分减少，画面倾向于与蓝反方向的颜色——黄色，如图 10-36 所示。当然，对通道明暗的调整不仅可以使用"曲线"，使用其他调色命令也是可以的。只要该命令可以针对通道这样的灰度图像操作即可。

 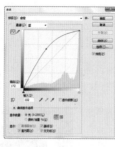  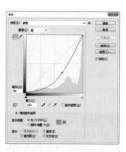

图10-32 图10-33 图10-34 图10-35

（3）除了直接对通道的黑白图进行编辑，在使用"曲线"或"色阶"等窗口时，我们发现其中也都有"通道"选项，这也是对通道颜色进行调整从而进行调色的方法，这种对于通道进行调色的方法，显得更简便、更直接，如图10-37和图10-38所示。

 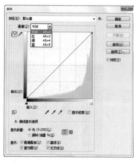 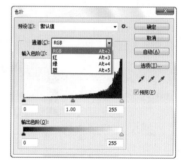

图10-36 图10-37 图10-38

独家秘笈

设计师秘笈——使用彩色显示通道

在默认情况下，"通道"面板中所显示的单通道都为灰色。如果要以彩色来显示单色通道，可以执行"编辑>首选项>界面"菜单命令，打开"首选项"窗口，然后在"选项组"下勾选"用彩色显示通道"选项，如图10-39和图10-40所示。

图10-39 图10-40

课后练习：对每个通道进行调色

扫码看视频

案例文件	视频教学
10.2 课后练习：对每个通道进行调色 .psd	10.2 课后练习：对每个通道进行调色 .flv

难易指数	技术要点
★ ★ ★ ☆ ☆	通道调色

案例效果

图10-41

图10-42

操作步骤

01 执行"文件▷打开"命令，打开素材"1.jpg"，如图10-43所示。接下来对该图片进行调色操作。
执行"图层▷新建调整图层▷曲线"命令，创建"曲线"调整图层，调整曲线形态，将画面提亮并且适当增强对比度，如图10-44所示。效果如图10-45所示。

图10-43

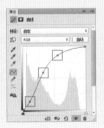

图10-44

图10-45

02 接下来设置通道为"红"，提亮红通道，如图10-46所示。此时画面中的红色成分增加，此时效果如图10-47所示。

03 接下来设置通道为"蓝"，压暗蓝通道，如图10-48所示。减少画面亮部蓝色的成分，效果如图10-49所示。

图10-46　　　　图10-47　　　　图10-48　　　　图10-49

10.3　秘密3：通道与抠图不得不说的故事

提到抠图，对于新手朋友而言，最可怕的莫过于毛发、婚纱、烟雾、云朵了。这些对象边缘极其复杂，而且竟然还带有透明效果，简直是抠图界的"老大难"！但是，到了这一章节，我们就不用头疼了，因为通道抠图就是抠取这些对象的神奇武器！

通道之所以适合用于抠取以上这些复杂的图像，原因如下：通道是灰度图像，既保留了图像中的信息，又没有色彩的干扰，更容易处理黑白对比。而且通道中的黑白关系还可以轻松地转换为选区。利用以上特点，可以实现复杂对象的抠图操作，图10-50、图10-51、图10-52和图10-53所示为使用通道抠图制作的作品。

图10-50　　　　　　图10-51　　　　　　图10-52　　　　　　图10-53

通道与抠图

在使用通道进行抠图之前，我们需要明确如下几个问题。

1. 在通道中，黑色代表着非选区，白色代表着选区，而灰色代表着半透明的选区。也就是说想要完整保留的区域和想要完全删除的区域应该分别为黑色或白色，这样才能够得到准确的选区，对象才能完整地被提取出来。而类似毛发边缘、半透明的云朵等则需要适度保留灰色的部分。

2. 正常情况下，进入通道面板，看到各个色彩通道，几乎不会存在只有纯黑纯白的通道，那么就需要对通道的黑白关系进行进一步处理。

3. 我们要进行处理的并不是颜色通道，我们需要将颜色通道进行复制，利用复制出的Alpha通道进行进一步的调整。这样能够避免由于更改了颜色通道，而使图像颜色发生改变的情况。

下面我们尝试完成通道抠图的基本流程。

（1）打开一张图片，如图10-54所示。接着打开"通道"面板，单击每个颜色通道查看画面黑白对比，在这里蓝通道人物与背景的颜色对比最强烈，如图10-55所示。在"通道"面板中将"蓝"通道进行复制，如图10-56所示。

图10-54　　　　　　　图10-55　　　　　　　图10-56

> 💡 **提示** 在使用通道进行抠图之前，如果文档中有其他图层，则需要将抠取图层之外的图层全部隐藏。

（2）接着选择"蓝 拷贝"通道，然后执行"图像➤调整➤曲线"命令，在"曲线"窗口中继续增加人物与背景颜色的对比度，曲线形状如图10-57所示。效果如图10-58所示。

（3）由于这个图像抠图的重点在于毛发复杂的边缘，所以只要观察一下，头发边缘的灰度适中即可，人物内部和外部可以利用"加深工具""减淡工具""画笔工具"等工具进行处理。接下来使用"画笔工具"，将"前景色"设置为黑色，然后将主要的部分涂成黑色，如图 10-59 所示。然后使用"加深工具"在人物头发处进行涂抹，将头发颜色进行加深，效果如图 10-60 所示。

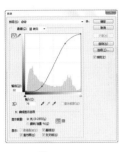
图10-57

图10-58

图10-59

（4）使用快捷键【Ctrl+I】将颜色进行反相，如图 10-61 所示。接着单击"通道"面板中的"将通道作为选区载入"按钮 ，得到白色区域的选区，如图 10-62 所示。

图10-60

图10-61

图10-62

（5）单击复合通道，如图 10-63 所示。然后回到图层面板中，基于选区为该图层添加图层蒙版，完成抠图的操作，如图 10-64 所示。最后可以为其添加一个背景，完成效果如图 10-65 所示。

图10-63

图10-64

图10-65

课后练习1：使用通道抠图技术提取人像

扫码看视频

案例文件	视频教学
10.3 课后练习：使用通道抠图技术提取人像 .psd	10.3 课后练习：使用通道抠图技术提取人像 .flv

难易指数	技术要点
★★★☆☆	通道抠图

案例效果

图10-66   图10-67

操作步骤

01 执行"文件▷打开"命令，在打开的窗口中选择背景素材"1.jpg"，单击"打开"按钮，如图
10-68所示。执行"文件▷置入"命令，在弹出的"置入"窗口中选择素材"2.jpg"，单击"置入"
按钮，并放到适当位置，按【Enter】键完成置入。接着执行"图层▷栅格化▷智能对象"命令，
将该图层栅格为普通图层，如图10-69所示。

02 进入"通道"面板，可以看出"红"通道中明度差异最大，背景相对较暗，衣服和人物部分相对比
较亮，如图10-70所示。效果如图10-71所示。在"红"通道上单击右键，执行"复制图层"命令，
此时将会出现一个新的"红拷贝"通道，如图10-72所示。

图10-68   图10-69   图10-70   图10-71   图10-72

03 为了将人物抠出，需要尽量增大该通道中前景色与背景色的差距，此处先使用"图像▷调整▷曲线"
命令，单击"在图像中取样以设置黑场"按钮，在画面中单击背景区域，单击"在图像中取样已设
置白场"按钮，在画面中单击人物区域，增强画面对比度，如图10-73所示。效果如图10-74所示。

04 单击"工具箱"中的"画笔工具"，设置合适大小，设置"前景色"为白色，将画面中人物黑色区
域绘制成白色，如图10-75所示。在"通道"面板中单击"将通道作为选区载入"按钮，如图10-76
所示。效果如图10-77所示。

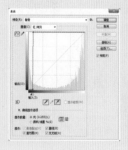    

图10-73   图10-74   图10-75   图10-76   图10-77

05 单击 RGB 复合通道，显示出完整图像。回到图层面板，单击图层面板中的该图层，画面如图 10-78 所示。接着单击图层面板底部的"添加图层蒙版"按钮，隐藏背景部分，效果如图 10-79 所示。

06 添加前景色，执行"文件 ➤ 置入"命令，在弹出的"置入"窗口中选择素材"3.png"，单击"置入"按钮，并放到适当位置，按【Enter】键完成置入，接着执行"图层 ➤ 栅格化 ➤ 智能对象"命令，将该图层栅格为普通图层，如图 10-80 所示。

图10-78

图10-79

图10-80

课后练习2：使用通道抠图制作飞翔的少年

扫码看视频

案例文件	视频教学
10.3 课后练习：使用通道抠图制作飞翔的少年 .psd	10.3 课后练习：使用通道抠图制作飞翔的少年 .flv

难易指数	技术要点
★★★☆☆	通道抠图

案例效果

图10-81

操作步骤

01 执行"文件 ➤ 打开"命令，在打开窗口中选择背景素材"1.jpg"，单击"打开"按钮，如图 10-82 所示。新建图层，单击"工具箱"中的"矩形选框工具"，在画面底部草地的部分按住鼠标左键拖曳绘制选区，如图 10-83 所示。

02 单击"工具箱"中的"渐变工具"，在"选项栏"中单击"渐变色条"，在弹出的"渐变编辑器"中编辑一个蓝色到透明的渐变，设置"渐变方式"为线性渐变，接着在选框中由下至上按住鼠标左键拖曳绘制，如图 10-84 所示。单击图层面板底部的"添加图层蒙版"按钮，设置"前景色"为黑色，使用画笔工具在图层蒙版上遮挡住腿部的区域涂抹，图层蒙版缩览图如图 10-85 所示。效果如图 10-86 所示。

图10-82　　　　　　图10-83　　　　　　图10-84　　　　　　图10-85　　　　　　图10-86

03 执行"文件➤置入"命令，在弹出的"置入"窗口中选择素材"2.jpg"，单击"置入"按钮，并放到适当位置，按【Enter】键完成置入。执行"图层➤栅格化➤智能对象"命令，将该图层栅格为普通图层，如图10-87所示。

04 关闭其他图层，单独对云朵进行调整。进入"通道"面板，可以看出"红"通道中明度差异最大，如图10-88所示。效果如图10-89所示。在"红"通道上单击右键，执行"复制图层"命令，此时将会出现一个新的"红拷贝"通道，如图10-90所示。

图10-87　　　　　　图10-88　　　　　　　　图10-89　　　　　　　图10-90

05 为了将云朵抠出，需要尽量增大该通道中主体物与背景之间的黑白差距，此处首先使用"曲线"命令，单击"在图像中取样以设置黑场"按钮，在画面中单击背景区域。使用"在图像中取样已设置白场"按钮，在画面中单击云朵部分，使云朵变白，增强画面对比度，如图10-91所示。效果如图10-92所示。

06 在"通道"面板中单击"将通道作为选区载入"按钮，如图10-93所示。效果如图10-94所示。

07 单击RGB通道，然后回到图层面板。在图层面板底部单击"创建图层蒙版"按钮，如图10-95所示。图层蒙版如图10-96所示。

图10-91　　　　　　图10-92　　　　　　图10-93　　　　　　图10-94　　　　　　图10-95

08 执行"图层➤新建调整图层➤色相/饱和度"命令，在弹出的属性面板中设置"色相"为0，"饱和度"为0，"明度"为+100，如图10-97所示。效果如图10-98所示。

09 继续使用同样的方法，使用"通道"对另一个云进行抠图，并进行颜色调整，效果如图10-99所示。复制之前抠图完成的云朵图层，调整其大小并摆放在画面中。最终效果如图10-100所示。

图10-96　　　　图10-97　　　　图10-98　　　　图10-99　　　　图10-100

10.4　秘密4：印刷中需要使用的专色通道

在我们的日常生活中，身边总是少不了各种各样的印刷品。如带有烫金文字的包装盒，带有烫银的名片等等。这些特殊的颜色在通常的四色印刷中是不存在的，这时需要使用到"专色"。而且需要在 Photoshop 中通过专色通道指定用于专色油墨印刷的附加印版，这样的印刷过程被称为"专色印刷"。"专色印刷"是指采用黄、品红、青和黑墨四色墨以外的其他色油墨来复制原稿颜色的印刷工艺。常见的专色有明亮的橙色、绿色、荧光色、金属银色、烫金版、凹凸版、局部光油版等。图10-101 和图10-102 所示为需要使用专色印刷的印刷品。

图10-101　　　　　　　　　　　　图10-102

10.4.1　新建专色通道

（1）"通道"面板底部的新建按钮并不能创建专色通道，而是需要进入"通道"面板中，单击面板菜单按钮▼☰，执行"新建专色通道"命令，接着在弹出的"新建专色通道"窗口中设置合适的通道名称，如图10-103 所示。然后单击"颜色"按钮，在弹出的"拾色器"中选择一个合适的颜色，再单击"确定"按钮完成操作，如图10-104 所示。

（2）创建专色通道以后，也可以通过使用绘画或编辑工具在图像中以绘画的方式编辑专色。使用黑色绘制的为有专色的区域；用白色涂抹的区域无专色；用灰色绘画可添加不透明度较低的专色。绘制时该工具的"不透明度"选项决定了用于打印输出的实际油墨浓度，如图10-105 所示。

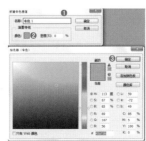

图10-103　　　　　　　　图10-104　　　　　　　　图10-105

提示 如果要修改专色设置，可以双击专色通道的缩览图，即可重新打开"专色通道选项"对话框。

10.4.2　通过选区创建专色通道

（1）打开一张图片，使用"文字工具"键入文字，如图10-106所示。接着载入文字的选区，并将文字图层隐藏，如图10-107所示。

图10-106　　　　　　　　　　图10-107

（2）接着进入"通道"面板中，单击面板菜单按钮，执行"新建专色通道"命令，在弹出的"新建专色通道"窗口中设置"密度"为100%、并单击颜色，在弹出的选择颜色窗口中单击"颜色库"按钮。在弹出的颜色库按钮中选择一个专色，并单击"确定"按钮。回到"新建专色通道"窗口中，单击"确定"按钮完成操作，如图10-108所示。效果如图10-109所示。

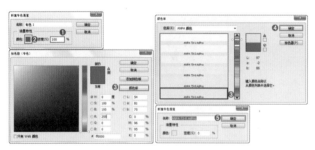

图10-108　　　　　　　　　　　　　　图10-109

10.4.3　把Alpha通道转换成专色通道

Alpha通道可以转换为专色通道。新建一个Alpha通道，并选择该通道。接着单击面板菜单按钮执行"通道选项"命令，在弹出的"通道选项"窗口中，设置合适的名称，然后勾选"专色"，如图10-110所示。设置完成后就可把Alpha通道转换成专色通道，如图10-111所示。

图10-110　　　　　　　　　　图10-111

10.5　图像与通道的混合——应用图像

之前我们学习过图层之间的混合，通过在"图层"面板中设置混合模式以及不透明度就可以实现。而通道与图层之间也可以进行混合，"应用图像"命令可以将作为"源"的图像的图层或通道与作为"目标"的图像的图层或通道进行混合。

（1）准备两个图层，如图 10-112、图 10-113 和图 10-114 所示。

图10-112　　　　　图10-113　　　　　图10-114

（2）选择其中一个图层，执行"图像 ➤ 应用图像"菜单命令，打开"应用图像"窗口进行设置。在这里需要选择用于混合的图层以及其通道，然后在下方设置合适的混合模式和不透明度，如图 10-115 所示。设置完成后单击"确定"按钮，效果如图 10-116 所示。

图10-115　　　　　　　　　图10-116

◇　源：该选项组主要用来设置参与混合的源对象。"源"选项用来选择混合通道的文件（必须是打开的文档才能进行选择）；"图层"选项用来选择参与混合的图层；"通道"选项用来选择参与混合的通道；"反相"选项可以使通道先反相，然后再进行混合。

◇　目标：显示被混合的对象。

◇　混合：该选项组用于控制"源"对象与"目标"对象的混合方式。"混合"选项用于设置混合模式。"不透明度"选项用来控制混合的程度；勾选"保留透明区域"选项，可以将混合效果限定在图层的不透明区域范围内；勾选"蒙版"选项，可以显示出"蒙版"的相关选项，可以选择任何颜色通道和 Alpha 通道来作为蒙版。

> 💡 提示　在"混合"选项中，有两种"图层"面板中不具备这两种混合模式。即"相加"与"减去"模式，这两种模式是通道独特的混合模式。
>
> 相加：这种混合方式可以增加两个通道中的像素值，"相加"模式是在两个通道中组合非重叠图像的好方法，因为较高的像素值代表较亮的颜色，所以向通道添加重叠像素会使图像变亮，效果如图 10-117 所示。
>
> 减去：这种混合方式可以从目标通道中相应的像素上减去源通道中的像素值，如图 10-118 所示。

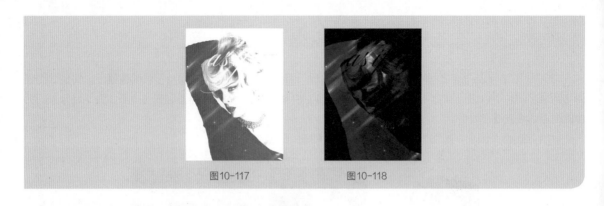

图10-117　　　　　　　　图10-118

10.6　通道之间的混合——计算命令

　　"计算"命令可以混合两个来自一个同一图像或不同图像的通道，而且可以将得到的新的灰度图像或选区、通道作为混合的结果。执行"图像 ➤ 计算"菜单命令，打开"计算"窗口，如图10-119和图10-120所示。

图10- 119　　　　　　　　　　　　　　图10-120

◇　源 1：用于选择参与计算的第 1 个源图像、图层及通道。

◇　图层：如果源图像具有多个图层，可以在这里进行图层的选择。

◇　混合：与"应用图像"命令的"混合"选项相同。

◇　结果：选择计算完成后生成的结果。选择"新建的文档"方式，可以得到一个灰度图像，如图 10-121 所示；选择"新建的通道"方式，可以将计算结果保存到一个新的通道中，如图 10-122 所示；选择"选区"方式，可以生成一个新的选区，如图 10-123 所示。

图10-121　　　　　　　　图10-122　　　　　　　　图10-123

实战项目：创意风景合成－云端城市

扫码看视频

案例文件	视频教学
10.6 实战项目：创意风景合成－云端城市 .psd	10.6 实战项目：创意风景合成－云端城市 .flv

难易指数	技术要点
★★★★☆	通道抠图

案例效果

图10-124

操作步骤

01 执行"文件▷新建"命令，创建空白文件，如图 10-125 所示。

02 执行"文件▷置入"命令，置入天空素材"1.jpg"，并调整图片大小放在画面底部，如图 10-126 所示。按一下回车键确定置入操作。接着选择该图层，在图层上方单击鼠标右键，在弹出的快捷菜单中执行"栅格化图层"命令，将智能图层转换为普通图层，如图 10-127 所示。

03 接下来是将天空与背景进行融合。选择天空图层，单击底部的"添加图层蒙版"按钮[◻]，可以为当前图层添加一个图层蒙版。选择图层蒙版，单击工具箱中的"渐变工具"，设置一个黑白色系的线性渐变，然后在蒙版中拖曳填充，如图 10-128 所示。制作出天空上方渐隐的效果，如图 10-129 所示。

图10-125

图10-126

图10-127

图10-128

04 接着执行"图层▷新建调整图层▷曲线"，在弹出的"属性"面板中调整曲线形状，如图 10-130 所示。此时画面效果如图 10-131 所示。

图10-129

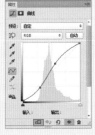

图10-130

图10-131

05 新建图层,单击工具行中的"矩形选框工具"按钮,绘制一个矩形选区。然后单击"渐变工具",在选项栏中打开"渐变编辑器"窗口,调整渐变为紫色到透明的渐变,设置"类型"为线性,拖曳为选区并填充渐变,如图 10-132 所示。接着在图层面板中设置"模式"为颜色减淡,"不透明度"为 20%,如图 10-133 所示。此时画面效果如图 10-134 所示。

图10-132   图10-133   图10-134

06 执行"文件➢置入"命令,置入素材"2.pg",并将其栅格化。单击工具箱中的"钢笔工具",在选项栏中设置"绘制模式"为路径,然后沿着建筑群绘制路径,如图 10-135 所示。路径绘制完成后,使用快捷键【Ctrl+Enter】建立选区,然后使用快捷键【Ctrl+Shift+I】将选区反选,接着按【Delete】键将选区中的像素删除,继续使用快捷键【Ctrl+D】取消选区的选择。执行"编辑➢变换➢垂直翻转"命令,将图像垂直翻转,效果如图 10-136 所示。

07 接下来是将城市素材与背景进行融合。选择城市图层,单击底部的"添加图层蒙板"按钮,可以为当前图层添加一个图层蒙版,如图 10-137 所示。选择图层蒙版,单击工具箱中的"渐变工具",设置一个黑白的线性渐变,然后在蒙版中拖曳填充,制作出城市上方渐隐的效果,如图 10-138 所示。

图10-135   图10-136   图10-137

08 对城市素材进行调色。选择城市素材图层,执行"图层➢图层样式➢颜色叠加"命令,在弹出的"图层样式"对话框中设置"混合模式"为线性加深,"颜色"为淡橙黄色,"不透明度"为 39%,单击"确定"按钮,如图 10-139 所示。效果如图 10-140 所示。

图10-138   图10-139   图10-140

09 再次置入素材"3.jpg",放置在画面的上方,然后将其栅格化。接下来使城市素材与红色天空进行融合。选择天空图层,单击底部的"添加图层蒙板"按钮,可以为当前图层添加一个图层蒙版,如图 10-141 所示。选择图层蒙版,单击工具箱中的"渐变工具",设置一个黑白的线性渐变,然后在蒙版中拖曳填充,制作出天空与城市之间渐隐的效果,如图 10-142 所示。

10 再次置入马素材"4.jpg"，放置在画面上半部分，并将其栅格化，如图10-143所示。通过通道抠图法将骏马从背景中抠出。先将骏马图层以外的图层隐藏，进入"通道"面板中，通过对比可以看出"蓝"通道中的毛与背景差异最大，接着将"蓝"通道进行复制，如图10-144所示。

图10-141　　　　　　　　　　　图10-142　　　　　　　　　　　图10-143

11 为了使马的毛的位置与背景完全分离出来，此处使用"曲线"命令增强画面对比度。执行"图像▷调整▷曲线"命令，在打开的"曲线"窗口中调整曲线形状，如图10-145所示。调整完成后单击"确定"按钮，画面效果如图10-146所示。

图10-144　　　　　　　　　　　图10-145　　　　　　　　　　　图10-146

12 接着使用快捷键【Ctrl+I】将颜色进行反相，如图10-147所示。单击工具箱中的"减淡工具"和"加深工具"对马的部分进行涂抹，使马的部分完全变成白色，背景变为黑色，如图10-148所示。

13 制作完成后，按住【Ctrl】键并单击蓝副本通道载入选区，单击RGB符合通道，然后回到图层面板。为图层添加图层蒙版，隐藏背景部分，如图10-149所示。

图10-147　　　　　　　　　　　图10-148　　　　　　　　　　　图10-149

14 接下来为马调整颜色，执行"图层▷新建调整图层▷曝光度"命令，在曝光度面板中设置"曝光度"为 -5.00，"位移"为 0.0000，"灰色系数校正"为 1.00，如图10-150所示。此时效果如图10-151所示。

15 再次置入素材"5.jpg"，放置在画面中的最上方的位置，并将其栅格化，如图10-152所示。在图层面板中设置"混合模式"为强光，"不透明度"为 100%，如图10-153所示。

16 选择天空图层，单击底部的"添加图层蒙版"按钮，可以为当前图层添加一个图层面板，如图10-154所示。选择图层蒙版，单击工具箱中的"渐变工具"，使用从黑到白的线性渐变，然后在蒙版中拖曳填充，制作出天空与城市之间衔接的效果，如图10-155所示。

图10-150　　　　　　图10-151　　　　　　图10-152　　　　　　图10-153

17 单击工具箱中的"横排文字工具"按钮，在选项栏中设置合适的字体、字号，设置"填充色"为白色，键入相应文字，如图10-156所示。使用同样的方法键入其他文字，完成效果如图10-157所示。

   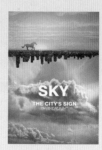

图10-154　　　　　　图10-155　　　　　　图10-156　　　　　　图10-157

关于"专色通道"你需要明白的几件事

1. 软件的兼容性可能导致部分专色通道丢失。
2. 在定义专色通道时尽可能使用PANTONE名称。
3. 减少专色通道数量可以降低印刷成本。
4. 印刷顺序：先印四色彩色，再印专色。

如何像高手一样选择通道

在每个通道后面有对应的【Ctrl+数字】格式的快捷键，例如"红"通道后面有【Ctrl+3】组合键，这就表示按【Ctrl+3】组合键可以单独选择"红"通道。

10.7　本章小结

通过本章的学习，我们了解了通道的原理，掌握了通道调色与通道抠图的技法，相信大家已经尝到"通道抠图"的甜头了吧！之前无法抠取的长发美女、毛茸茸的小动物、云朵、透明玻璃杯等对象都可以进行抠图啦。但是使用通道进行抠图往往还要结合其他的技术，才能使合成的效果更加真实，所以要活学活用，灵活运用多种抠图、合成甚至是图像修饰、调色等方面的技能。

第 **11** 章

炫酷"滤镜"看这里

11.1　滤镜快速入门指南

　　为图层添加滤镜是十分简单的操作，虽然各个滤镜看起来效果各不相同，但是使用方法基本相同，只要尝试操作一次就可以轻松掌握了！为图层添加滤镜后，还可以通过"渐隐"命令调整滤镜效果的应用程度，以及滤镜效果与原图的混合。在Photoshop中还可以为智能对象添加滤镜，这类滤镜叫作智能滤镜。智能滤镜有很多优势，应用后的滤镜可以进行后期的更改、移动、隐藏等操作，属于非破坏性滤镜。图11-1和图11-2所示为使用滤镜制作的作品。

图11-1　　　　　　图11-2

11.1.1　滤镜没什么难的，一试就懂

　　为图层添加滤镜是一件非常简单的事情，无非是"选中图层" ➤ "执行滤镜命令" ➤ "设置数值"这样的流程。不同的滤镜差别可能就在于选项和参数的设置。

　　（1）选择要添加的滤镜的图层，如图11-3所示。执行"滤镜 ➤ 像素 ➤ 彩色半调"命令，在打开的"彩色半调"窗口中进行参数的设置，如图11-4所示。设置完成后单击"确定"按钮，滤镜添加完毕，效果如图11-5所示。

图11-3

本章学习要点

- 掌握滤镜的基本使用方法
- 熟练掌握滤镜库的使用方法
- 熟练使用模糊、锐化滤镜

本章内容简介

滤镜是一个"大家族"，在菜单栏中单击"滤镜"菜单，就可以看到滤镜被安放在一个个滤镜组中。除此之外，"滤镜库"中还包括多种有趣的滤镜效果，通过添加滤镜能够打造特殊艺术效果。使用滤镜是一个很简单的操作，真正难的是将滤镜效果与创意进行有机的结合。下面让我们充分发挥想象力，一起遨游在奇妙的滤镜世界中吧。

（2）在任何一个滤镜对话框中按住【Alt】键，"取消"按钮都将变成"复位"按钮。单击"复位"按钮，可以将滤镜参数恢复到默认设置，如图11-6所示。

图11-4　　　　　　　　　图11-5　　　　　　　　　图11-6

（3）如果图像中存在选区，则滤镜效果只应用在选区之内，如图11-7和图11-8所示。

（4）使用滤镜后，"滤镜"菜单下的第1行会出现该滤镜，此命令为重复使用上一步滤镜操作。执行该命令或按【Ctrl+F】组合键，可以按照上一次应用该滤镜的参数配置再次对图像应用该滤镜，如图11-9所示。

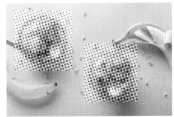

图11-7　　　　　　　　　图11-8　　　　　　　　　图11-9

11.1.2　什么是智能滤镜

"智能滤镜"并不是会产生某种特殊效果的滤镜，而是一种滤镜的编辑方式。任何一个滤镜都能够以智能滤镜的形式存在，我们为智能图层添加的滤镜就被称为"智能滤镜"。添加智能滤镜后，还可以对滤镜进行后期的更改、移动、隐藏等操作，所以，智能滤镜属于非破坏性滤镜。

（1）我们知道，智能滤镜需要应用于智能图层，所以首先需要将普通图层转换为智能对象。选择一个图层，单击鼠标右键执行"转换为智能对象"命令，将普通图层转换为智能对象，如图11-10所示。然后为智能图层添加任意一个滤镜效果，添加完成后在图层面板中可以看到该图层下方出现的智能滤镜，如图11-11所示。

图11-10　　　　　　图11-11

💡 提示 ▸ 智能滤镜包含一个类似图层样式的列表，因此可以隐藏、停用和删除滤镜。

（2）双击滤镜名称可以打开滤镜参数设置窗口，更改滤镜效果，如图 11-12 所示。双击滤镜名称右侧的 ☰图标可以打开"混合选项"窗口，在这里可以设置滤镜与图像的混合模式，如图 11-13 所示。

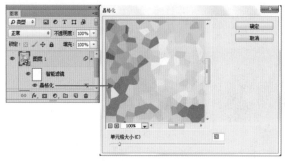
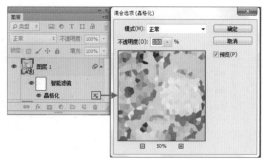

图11-12　　　　　　　　　　　　　　　　　　　　　图11-13

（3）在智能滤镜的蒙版中涂抹绘制，可以隐藏部分区域的滤镜效果，如图 11-14 所示。在智能滤镜上单击鼠标右键，通过执行相应的命令，可以进行智能滤镜的停用、删除滤镜蒙版和清除智能滤镜的操作，如图 11-15 所示。

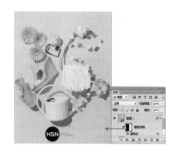

图11-14　　　　　　　　　　　　　　　　　　图11-15

11.1.3　利用渐隐调整滤镜效果

"渐隐"滤镜的作用实际上就是弱化滤镜效果，或者将滤镜效果与原始画面进行混合。对滤镜效果进行渐隐不仅可以用于调制滤镜效果，很多时候也能够制作出其他有趣的效果。

（1）打开一张图片，如图 11-16 所示。添加任意一个滤镜，例如在这里执行"滤镜 ➤ 渲染 ➤ 纤维"命令，效果如图 11-17 所示。

（2）接着执行"编辑 ➤ 渐隐"菜单命令，在弹出的"渐隐"窗口中设置合适的"不透明度"和"模式"，如图 11-18 所示。设置完成后单击"确定"按钮，渐隐效果如图 11-19 所示。

图11-16　　　　　　　　图11-17　　　　　　　　　图11-18　　　　　　　　　图11-19

> 提示 "渐隐"命令必须在进行编辑操作之后立即执行，如果这中间又进行其他操作，则该命令会发生变化，或无法使用。

11.2　稍有些"特殊"的滤镜

"滤镜库"滤镜、"自适应广角"滤镜、"镜头校正"滤镜、"液化"滤镜、"油画"滤镜和"消失点"滤镜是滤镜界的"另类"。之所以这么说，是因为这些滤镜与滤镜组中的滤镜的使用方法有些不同，而且每个滤镜的功能都较为独特。那么我们就从这些"另类"的滤镜学起吧！

11.2.1　滤镜库

"滤镜库"就像是装了很多滤镜的大房子，在这个大房子里又分了好多的房间，每个房间中又"住"了多个滤镜。在滤镜库中可以为一个图层添加一个或多个滤镜，另外还可以使用其他滤镜替换原有的滤镜。

选择一个图层，如图 11-20 所示。执行"滤镜 ➤ 滤镜库"菜单命令打开滤镜库，先选择一个滤镜组，接着选择一个滤镜，然后设置相应的参数，如图 11-21 所示。设置完成后单击"确定"按钮，滤镜效果如图 11-22 所示。

图11-20　　　　　　　　　　图11-21　　　　　　　　　　图11-22

"滤镜库"窗口就像一个独立的软件，在滤镜库中选择某个组，并在其中单击某个滤镜，在预览窗口中即可观察到滤镜效果，在右侧的参数设置面板中可以进行参数的设置，如图 11-23 所示。

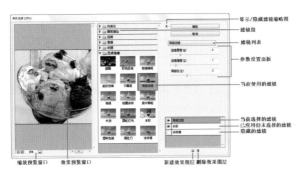

图11-23

◇　效果预览窗口：用来预览滤镜的效果。
◇　缩放预览窗口：单击─按钮，可以缩小显示比例；单击+按钮，可以放大预览窗口的显示比例。另外，还可以在缩放列表中选择预设的缩放比例。
◇　显示／隐藏滤镜缩略图⌃：单击该按钮，可以隐藏滤镜缩略图，以增大预览窗口。
◇　滤镜列表：在该列表中可以选择一个滤镜。这些滤镜是按名称汉语拼音的先后顺序排列的。

◇ 参数设置面板：单击滤镜组中的一个滤镜，可以将该滤镜应用于图像，同时在参数设置面板中会显示该滤镜的参数选项。

◇ 当前使用的滤镜：显示当前使用的滤镜。

◇ 滤镜组：滤镜库中共包含6组滤镜，单击滤镜组前面的▶图标，可以展开该滤镜组。

◇ "新建效果图层"按钮：单击该按钮，可以新建一个效果图层，在该图层中可以应用一个滤镜。

◇ "删除效果图层"按钮：选择一个效果图层以后，单击该按钮可以将其删除。

◇ 当前选择的滤镜：单击一个效果图层，可以选择该滤镜。

提示　选择一个滤镜效果图层以后，使用鼠标左键可以向上或向下调整该图层的位置，如图11-24所示。效果图层的顺序对图像效果有影响。

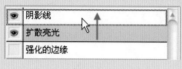

图11-24

◇ 隐藏的滤镜：单击效果图层前面的图标，可以隐藏滤镜效果。

提示　滤镜库中只包含一部分滤镜，如"模糊"滤镜组和"锐化"滤镜组就不在滤镜库中。

11.2.2　自适应广角

"自适应广角"滤镜可以说是摄影师的福利，它简单、易用且功能强大。"自适应广角"滤镜可以对广角、超广角及鱼眼效果进行变形校正，从而找回由于拍摄时相机倾斜或仰俯丢失的平面。执行"滤镜 ➤ 自适应广角"命令，打开滤镜窗口。在校正下拉列表中可以选择校正的类型，包含鱼眼、透视、自动、完整球面，如图11-25所示。

◇ 约束工具：单击图像或拖动端点可添加或编辑约束。按住【Shift】键单击可添加水平/垂直约束。按住【Alt】键单击可删除约束。

◇ 多边形约束工具：单击图像或拖动端点可添加或编辑约束。按住【Shift】键单击可添加水平/垂直约束。按住【Alt】键单击可删除约束。

◇ 移动工具：拖动以在画布中移动内容。

◇ 抓手工具：放大窗口的显示比例后，可以使用该工具移动画面。

◇ 缩放工具：单击即可放大窗口的显示比例，按住【Alt】键单击即可缩小显示比例。

图11-25

11.2.3　镜头校正

"镜头校正"滤镜可以快速修复常见的镜头瑕疵，也可以用来旋转图像，或修复由于相机在垂直或水平方向上倾斜而导致的图像透视错误现象。执行"滤镜 ➤ 镜头校正"菜单命令，打开"镜头校正"对话框（该滤镜只能处理8位/通道和16位/通道的图像），如图11-26所示。

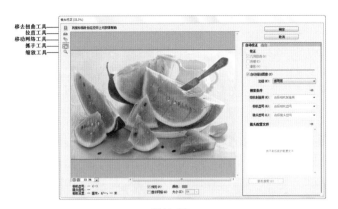

图11-26

◇ 移去扭曲工具 ▦：使用该工具可以校正镜头桶形失真或枕形失真。

◇ 拉直工具 ▦：绘制一条直线，以将图像拉直到新的横轴或纵轴。

◇ 移动网格工具 ▦：使用该工具可以移动网格，以将其与图像对齐。

◇ 抓手工具 ✋ / 缩放工具 🔍：这两个工具的使用方法与"工具箱"中的相应工具完全相同。

◇ 几何扭曲："移去扭曲"选项主要用来校正镜头桶形失真或枕形失真。数值为正时，图像将向外扭曲；数值为负时，图像将向中心扭曲。

◇ 数量：选项用于设置沿图像边缘变亮或变暗的程度。

◇ 中点：选项用来指定受"数量"数值影响的区域的宽度。

◇ 垂直透视：选项用于校正由于相机向上或向下倾斜而导致的图像透视错误。

◇ 水平透视：选项用于校正图像在水平方向上的透视效果。

◇ 角度：选项用于旋转图像，以针对相机歪斜加以校正。

◇ 比例：选项用来控制镜头校正的比例。

11.2.4　液化

减肥很难么？难！瘦脸很难吗？难！变美很难吗？更是难上加难！但是，这些要求在 Photoshop 中可不难！使用"液化"滤镜可以想瘦哪里瘦哪里。当然"液化"不仅可以对人物进行操作，也可以用于其他图层的形态校正。"液化"命令的使用方法比较简单，但功能相当强大，可以创建推、拉、旋转、扭曲和收缩等变形效果。执行"滤镜 ➢ 液化"菜单命令打开"液化"窗口，默认情况下"液化"窗口以简洁的基础模式显示，很多功能处于隐藏状态，勾选右侧面板中的"高级模式"可以显示出完整的功能，如图 11-27 所示。

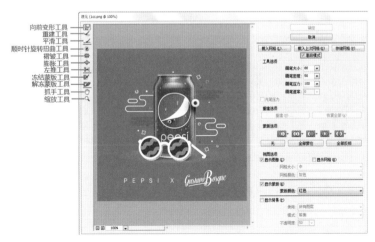

图11-27

1. 工具

在"液化"滤镜窗口的左侧排列着多种工具，其中包括变形工具、蒙版工具、视图平移缩放工具。

◇ 向前变形工具 ：可以向前推动像素，如图 11-28 所示。

◇ 重建工具 ：用于恢复变形的图像。在变形区域单击或拖曳鼠标进行涂抹时，可以使变形区域的图像恢复到原来的效果，如图 11-29 所示。

◇ 平滑工具 ：对变形位置进行平滑操作，如图 11-30 所示。

◇ 顺时针旋转扭曲工具 ：拖曳鼠标可以顺时针旋转像素，如图 11-31 所示。如果按住【Alt】键进行操作，则可以递时针旋转像素，如图 11-32 所示。

图11-28 　　　　　　图11-29 　　　　　　图11-30 　　　　　　图11-31

◇ 褶皱工具 ：可以使像素向画笔区域的中心移动，使图像产生内缩效果，如图 11-33 所示。

◇ 膨胀工具 ：可以使像素向画笔区域中心以外的方向移动，使图像产生向外膨胀的效果，如图 11-34 所示。

◇ 左推工具 ：当向上拖曳鼠标时，像素会向左移动；当向下拖曳鼠标时，像素会向右移动，如图 11-35 和图 11-36 所示。

图11-32 　　　　　　图11-33 　　　　　　图11-34 　　　　　　图11-35

◇ 冻结蒙版工具 ：如果需要对某个区域进行处理，并且不希望操作影响到其他区域，可以使用该工具绘制出冻结区域（该区域将受到保护而不会发生变形），如图 11-37 所示。例如，在面包上绘制冻结区域，然后使用"向前变形工具" 处理图像，被冻结起来的像素就不会发生变形，如图 11-38 所示。

◇ 解冻蒙版工具 ：使用该工具在冻结区域涂抹，可以将其解冻，如图 11-39 所示。

图11-36 　　　　　　图11-37 　　　　　　图11-38 　　　　　　图11-39

◇ 抓手工具 ／ 缩放工具 ：这两个工具的使用方法与"工具箱"中的相应工具完全相同。

2. 工具选项

在"工具选项"选项组下，可以设置当前使用的工具的各种属性，如图 11-40 所示。

◇ 画笔大小：用来设置扭曲图像的画笔的大小。
◇ 画笔密度：控制画笔边缘的羽化范围。画笔中心产生的效果最强，边缘处最弱。
◇ 画笔压力：控制画笔在图像上产生扭曲的速度。
◇ 画笔速率：设置在使用工具（例如旋转扭曲工具）时，在预览图像中保持静止时扭曲所应用的速度。
◇ 光笔压力：当计算机配有压感笔或数位板时，勾选该选项可以通过压感笔的压力来控制工具。

图11-40

独家秘笈　　　　　**设计师秘笈——液化调整人像时的小技巧**

　　使用液化滤镜能够轻松快捷地调整人像的身姿，尤其是针对人像面部结构的调整。例如放大双眼、制作樱桃小口、打造丰润的嘴唇、制作挺拔的鼻梁等。但是人像脸部的面积较小，而且结构相对复杂，所以对面部进行液化调整时可以放大画面显示比例以便于细节处的观察，如图11-41所示。

　　还可以借助液化工具箱中的"冻结蒙版工具"与"解冻蒙版工具"，例如在处理嘴唇形态时，利用"冻结蒙版工具"对不需要处理的鼻子、面颊、下颌区域进行覆盖，这样即使对嘴唇进行了很大幅度的形态调整，也不会影响到其他结构的形态，如图11-42所示。

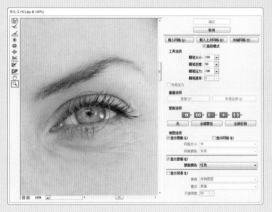

图11-41

图11-42

11.2.5　油画

　　"油画"滤镜可以制作出油画的效果。"油画"滤镜最大的特点就是笔触鲜明，整体感觉厚重，有质感。通过油画滤镜能够轻松制作油画效果，此外，还可以通过对参数的设置，制作出或奔放或细腻的效果。打开一张图片，如图11-43所示。执行"滤镜 ➤ 油画"命令，打开"油画"窗口，在这里可以对参数进行调整，如图11-44所示。设置完成后单击"确定"按钮，效果如图11-45所示。

图11-43

图11- 44

图11- 45

◇ 样式化：通过调整参数调整笔触样式。
◇ 清洁度：通过调整参数设置纹理的柔化程度。
◇ 缩放：设置纹理缩放程度。
◇ 硬毛刷细节：设置画笔细节程度，数值越大毛刷纹理越清晰。
◇ 角方向：设置光线的照射方向。
◇ 闪亮：控制纹理的清晰度，产生锐化效果。

11.2.6 消失点

　　"消失点"滤镜主要用于在带有透视的画面中修补画面局部。例如针对带有透视感的空间中的建筑物的侧面、墙壁或地面等。打开一张图片，执行"滤镜 ➤ 消失点"菜单命令，打开"消失点"窗口，如图 11-46 所示。

◇ 编辑平面工具 ![]：用于选择、编辑、移动平面的节点以及调整平面的大小，图 11-47 所示是创建的透视平面，图 11-48 所示是使用该工具修改过后的透视平面。

图11-46　　　　　　　　　　　　　　图11-47　　　　图11- 48

◇ 创建平面工具 ![]：用于定义透视平面的 4 个角节点。创建好 4 个角节点以后，可以使用该工具对节点进行移动、缩放等操作。如果按住【Ctrl】键拖曳边节点，可以拉出一个垂直平面。另外，如果节点的位置不正确，可以按【BackSpace】键删除该节点。

> 💡 提示　删除节点不能按【Delete】键（不起任何作用），只能按【Backspace】键。如果按【Esc】键，会直接关闭"消失点"对话框，这样所做的一切操作都将丢失。

◇ 选框工具 ![]：使用该工具可以在创建好的透视平面上绘制选区，以选中平面上的某个区域，如图 11-49 所示。建立选区以后，将光标放置在选区内，按住【Alt】键拖曳选区，可以复制图像，如图 11-50 所示。
◇ 图章工具 ![]：使用该工具时，按住【Alt】键在透视平面内单击，可以设置取样点，如图 11-51 所示。然后在其他区域拖曳鼠标即可进行仿制操作，效果如图 11-52 所示。

图11-49　　　　　图11-50　　　　　图11- 51　　　　　图11-52

选择"图章工具"🖼️后，在对话框的顶部可以设置该工具修复图像的"模式"。如果要绘画的区域不需要与周围的颜色、光照和阴影混合，可以选择"关"选项；如果要绘画的区域需要与周围的光照混合，同时又需要保留样本像素的颜色，可以选择"明亮度"选项；如果要绘画的区域需要保留样本像素的纹理，同时又要与周围像素的颜色、光照和阴影混合，可以选择"开"选项。

◇　画笔工具🖌️：该工具主要用来在透视平面上绘制选定的颜色。
◇　变换工具📐：该工具主要用来变换选区，其作用相当于"编辑 ➤ 自由变换"菜单命令，图11-53所示是利用"选框工具"⬚复制的图像，图11-54所示是利用"变换工具"📐对选区进行变换以后的效果。
◇　吸管工具💉：可以使用该工具在图像上拾取颜色，以用作"画笔工具"🖌️的绘画颜色。
◇　测量工具📏：使用该工具可以在透视平面中测量项目的距离和角度。
◇　抓手工具✋：在预览窗口中移动图像。
◇　缩放工具🔍：在预览窗口中放大或缩小图像的视图。

图11-53　　　　　　　　　　图11-54

11.3　风格化滤镜组

　　想要变身大艺术家吗？"风格化"滤镜组中的滤镜可以圆你的梦想！"风格化"滤镜组中的命令主要通过置换图像中的像素，或通过查找并增加图像的对比度，使图像产生绘画或印象派风格的艺术效果。执行"滤镜 ➤ 风格化"命令，在子菜单中包括"查找边缘""等高线""风""浮雕效果""扩散""拼贴""曝光过度""凸出"等选项，如图11-55所示。

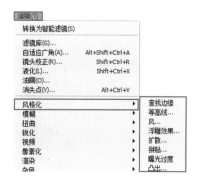

图11-55

11.3.1　查找边缘

　　执行"滤镜 ➤ 风格化 ➤ 查找边缘"命令，无需设置任何参数。对图像使用"查找边缘"滤镜可以将高反差区变亮，将低反差区变暗，而其他区域则介于两者之间，同时硬边会变成线条，柔边会变粗，从而形成一个清晰的轮廓，图11-56和图11-57所示分别为原始图像与使用滤镜后的效果。

图11-56　　　　　　　图11-57

11.3.2　等高线

　　打开一张图片，如图11-58所示。执行"滤镜 ➤ 风格化 ➤ 等高线"命令，在打开的等高线窗口中进行参数设置，如图11-59所示。"等高线"滤镜用于查找主要亮度区域，并为每个颜色通道勾勒主要亮度区域，以获得与等高线图中的线条类似的效果。设置完成后单击"确定"按钮，效果如图11-60所示。

图11-58　　　　　　　　　　图11-59　　　　　　　　　　图11-60

◇　色阶：用来设置区分图像边缘亮度的级别。
◇　边缘：用来设置处理图像边缘的位置，以及便捷的产生方法。选择"较低"选项时，可以在基准亮度等级以下的轮廓上生成等高线；选择"较高"选项时，可以在基准亮度等级以上的轮廓上生成等高线。

11.3.3　风

打开一张图片，如图11-61所示。接着执行"滤镜 ➤ 风格化 ➤ 风"命令，在打开的"风"窗口中进行参数的设置，如图11-62所示。"风"滤镜通过在图像中放置一些细小的水平线条来模拟风吹效果。设置完成后单击"确定"按钮，效果如图11-63所示。

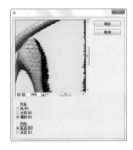

图11-61　　　　　　　　　　图11-62　　　　　　　　　　图11-63

◇　方法：包含"风""大风""飓风"3种等级。
◇　方向：用来设置风源的方向，包含"从右"和"从左"两种。

11.3.4　浮雕效果

打开一张图片，如图11-64所示。接着执行"滤镜 ➤ 风格化 ➤ 浮雕效果"命令，在打开的"浮雕效果"窗口中进行参数的设置，如图11-65所示。"浮雕效果"滤镜可以通过勾勒图像或选区的轮廓和降低周围颜色值来生成凹陷或凸起的浮雕效果。设置完成后单击"确定"按钮，效果如图11-66所示。

◇　角度：用于设置浮雕效果的光线方向。光线方向会影响浮雕的凸起位置。
◇　高度：用于设置浮雕效果的凸起高度。
◇　数量：用于设置"浮雕"滤镜的作用范围。数值越高，边界越清晰（小于40%时，图像会变灰）。

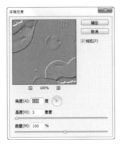

图11-64　　　　　　　　图11-65　　　　　　　　图11-66

11.3.5　扩散

　　打开一张图片，如图 11-67 所示。执行"滤镜 ➤ 风格化 ➤ 扩散"命令，在打开的"扩散"窗口中进行参数的设置，如图 11-68 所示。"扩散"滤镜可以通过使图像中相邻的像素按指定的方式有机移动，让图像形成一种类似于透过磨砂玻璃观察物体时的分离模糊效果。设置完成后单击"确定"按钮，效果如图 11-69 所示。

图11-67　　　　　　　　图11-68　　　　　　　　图11-69

◇　正常：使图像的所有区域都进行扩散处理，与图像的颜色值没有任何关系。
◇　变暗优先：用较暗的像素替换亮部区域的像素，并且只有暗部像素产生扩散。
◇　变亮优先：用较亮的像素替换暗部区域的像素，并且只有亮部像素产生扩散。
◇　各向异性：使用图像中较暗和较亮的像素产生扩散效果，即在颜色变化最小的方向上搅乱像素。

11.3.6　拼贴

　　打开一张图片，如图 11-70 所示。接着执行"滤镜 ➤ 风格化 ➤ 拼贴"命令，在打开的"拼贴"窗口中进行参数的设置，如图 11-71 所示。"拼贴"滤镜可以将图像分解为一系列块状，并使其偏离原来的位置，以产生不规则拼贴的图像效果。设置完成后单击"确定"按钮，效果如图 11-72 所示。

图11-70　　　　　　　　图11-71　　　　　　　　图11-72

◇ 拼贴数：用来设置在图像每行和每列中要显示的贴块数。
◇ 最大位移：用来设置拼贴偏移原始位置的最大距离。
◇ 填充空白区域用：用来设置填充空白区域的使用方法。

11.3.7 曝光过度

打开一张图片，如图 11-73 所示。执行"滤镜 ➤ 风格化 ➤ 曝光过度"命令，此命令没有可供调整的参数。"曝光过度"滤镜可以混合负片和正片图像，类似显影过程中将摄影照片短暂曝光的效果，效果如图 11-74 所示。

图11-73　　　　　　　　　　　　　　图11-74

11.3.8 凸出

打开一张图片，如图 11-75 所示。执行"滤镜 ➤ 风格化 ➤ 凸出"命令，在"凸出"窗口中进行参数的设置，如图 11-76 所示。"凸出"滤镜可以将图像分解成一系列大小相同且有机重叠放置的立方体或椎体，以生成特殊的 3D 效果。设置完成后单击"确定"按钮，效果如图 11-77 所示。

图11-75　　　　　　　　　　　图11-76　　　　　　　　　　图11-77

◇ 类型：用来设置三维方块的形状，包含"块"和"金字塔"两种，如图 11-78 和图 11-79 所示。
◇ 大小：用来设置立方体或金字塔底面的大小。
◇ 深度：用来设置凸出对象的深度。"随机"选项表示为每个块或金字塔设置一个随机的深度；"基于色阶"选项表示使每个对象的深度与其亮度相对应，亮度越亮，图像越凸出。
◇ 立方体正面：勾选该选项以后，将失去图像的整体轮廓，生成的立方体上只显示单一的颜色。
◇ 蒙版不完整块：使所有图像都包含在凸出的范围之内。

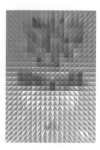

图11-78　　　　　　　　　　图11-79

什么？就连对图片进行模糊处理也有很多种方法？PS的功能也太强大了吧！在模糊滤镜组中有14种模糊滤镜，该滤镜组中的滤镜是利用相邻像素的平均值来代替相似的图像区域。图11-80和图11-81所示为使用模糊滤镜制作的作品。

图11-80 　　　　　　　　　　　　　图11-81

11.4.1　使用模糊画廊

模糊滤镜开了个"画廊"，这个"模糊画廊"里有"场景模糊""光圈模糊""移轴模糊"三个可以得到特殊模糊效果的滤镜。执行"滤镜模糊"命令，子菜单上方三个滤镜就属于模糊画廊中的滤镜。选择任意一个命令，如图11-82所示。就会打开模糊画廊，在窗口的右侧就可以看到三个模糊滤镜，单击即可展开参数设置面板，如图11-83所示。

图11-82 　　　　　　　　　　　　图11-83

1. 场景模糊

使用"场景模糊"滤镜可以在画面中添加多个"图钉"，然后设置每个图钉的模糊数值，以此制作出不同区域不同模糊程度的效果。

（1）打开一张图片，如图11-84所示。接着执行"滤镜 ➤ 模糊 ➤ 场景模糊"命令，打开"场景模糊"窗口。默认情况下，在缩览图的中心位置会有一个图钉，其模糊的数值为像素，如图11-85所示。

图11-84 　　　　　　　　　　　　　图11-85

（2）因为此处并不想要进行模糊，所以单击选择该图钉，然后设置"模糊"为0像素，如图11-86所示。接着在画面的左下角单击，即可添加图钉，然后可以增大模糊数值，使这部分区域变模糊，如图11-87所示。

图11-86　　　　　　　　　　　　　　　　　图11-87

（3）可以继续在别的区域添加图钉，并设置不同的模糊数值，如图11-88所示。调整完成后单击"确定"按钮，模糊效果如图11-89所示。

图11-88　　　　　　　　　　　　　　　　　图11-89

◇　光源散景：用于控制光照亮度，数值越大，高光区域的亮度就越高。
◇　散景颜色：通过调整数值控制散景区域颜色的程度。
◇　光照范围：通过调整滑块用色阶来控制散景的范围。

2. 光圈模糊

使用"光圈模糊"命令可将一个或多个焦点添加到图像中，使焦点处清晰，焦点外模糊。

打开一张图片，如图11-90所示。接着执行"滤镜 ➤ 模糊 ➤ 光圈模糊"命令，在打开的窗口中通过拖曳控制点来进行调整控制框的大小、模糊位置等操作，控制框内部是非模糊的区域，控制框外是被模糊的区域。控制框调整完成后，设置"模糊"数值来调整模糊的程度，如图11-91所示。设置完成后单击"确定"按钮，模糊效果如图11-92所示。

图11-90　　　　　　　　图11-91　　　　　　　　图11-92

3. 移轴模糊

"移轴模糊"滤镜可以制作移轴摄影的效果。移轴摄影，即移轴镜摄影，泛指利用移轴镜头创作的作品，所拍摄的照片效果就像是缩微模型一样，非常特别。可是专业移轴镜头好贵呢！真心伤不起啊！虽然没有昂贵的镜头，但我们可以通过后期技术制作移轴摄影效果啊！

图11-93

打开一张风景照片，如图11-93所示。接着执行"滤镜 ➤ 模糊 ➤ 移轴模糊"命令，通过调整中心点的位置可以调整清晰区域的位置，调整控制框可以调整清晰区域的大小，然后通过调整"模糊"和"扭曲度"来调整模糊强度与效果，如图11-94所示。调整完成后单击"确定"按钮，效果如图11-95所示。

图11-94

图11-95

11.4.2　表面模糊

打开一张图片，如图11-96所示。接着执行"滤镜 ➤ 模糊 ➤ 表面模糊"命令，在打开的"表面模糊"窗口中进行参数的设置，如图11-97所示。"表面模糊"滤镜可以在保留边缘的同时模糊图像，可以用该滤镜创建特殊效果并消除杂色或粒度。设置完成后单击"确定"按钮，效果如图11-98所示。

图11-96

图11-97

图11-98

◇　半径：用于设置模糊取样区域的大小。
◇　阈值：控制相邻像素色调值与中心像素值相差多大时才能成为模糊的一部分。色调值差小于阈值的像素将被排除在模糊之外。

11.4.3　动感模糊

打开一张图片，如图11-99所示。接着执行"滤镜 ➤ 模糊 ➤ 动感模糊"命令，在"动感模糊"窗口中进行参数的设置，如图11-100所示。"动感模糊"滤镜可以沿指定的方向，以指定的距离进行模糊，所产生的效果类似于在固定的曝光时间拍摄一个高速运动的对象。设置完成后单击"确定"按钮，效果如图11-101所示。

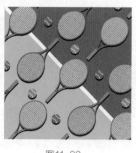
图11-99

图11-100

图11-101

◇　角度：用来设置模糊的方向。

◇　距离：用来设置像素模糊的程度。

11.4.4　方框模糊

打开一张图片，如图11-102所示。接着执行"滤镜 ➤ 模糊 ➤ 方框模糊"命令，在"方框模糊"窗口中进行参数的设置，如图11-103所示。"方框模糊"滤镜可以基于相邻像素的平均颜色值来模糊图像，生成的模糊效果类似于方块模糊。设置完成后单击"确定"按钮，效果如图11-104所示。

图11-102

图11-103

图11-104

◇　半径：调整用于计算指定像素平均值的区域大小。数值越大，产生的模糊效果越好。

11.4.5　高斯模糊

"高斯模糊"滤镜是使用率较高的模糊滤镜，该滤镜可以向图像中添加低频细节，使图像产生一种朦胧的模糊效果。打开一张图片，如图11-105所示。执行"滤镜 ➤ 模糊 ➤ 高斯模糊"命令，在"高斯模糊"窗口中进行参数的设置，如图11-106所示。设置完成后单击"确定"按钮，效果如图11-107所示。

图11-105

图11-106

图11-107

◇　半径：调整用于计算指定像素平均值的区域大小。数值越大，产生的模糊效果越好。

11.4.6　模糊与进一步模糊

模糊与进一步模糊都属于轻微模糊滤镜，并且没有参数设置对话框。相比于"模糊"滤镜，"进一步模糊"滤镜的模糊效果要好 3 ~ 4 倍。

1. 模糊

打开一张图片，如图 11-108 所示。接着执行"滤镜 ➢ 模糊 ➢ 模糊"命令，"模糊"可以通过平衡已定义的线条和遮蔽区域的清晰边缘旁边的像素来使图像变得柔和，常在图像中有显著颜色变化的地方用于消除杂色，模糊效果如图 11-109 所示。

2. 进一步模糊

打开一张图片，如图 11-110 所示。接着执行"滤镜 ➢ 模糊 ➢ 进一步模糊"命令，"进一步模糊"滤镜可以平衡已定义的线条和遮蔽区域的清晰边缘旁边的像素，使变化显得柔和，模糊效果如图 11-111 所示。

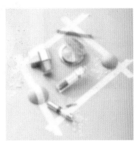

图11-108　　　　　图11-109　　　　　　图11-110　　　　　　　　图11-111

11.4.7　径向模糊

打开一张图片，如图 11-112 所示。接着执行"滤镜 ➢ 模糊 ➢ 径向模糊"命令，在打开的"径向模糊"窗口中进行参数的设置，如图 11-113 所示。"径向模糊"滤镜用于模拟缩放或旋转相机时所产生的模糊，产生的是一种柔化的模糊效果。设置完成后单击"确定"按钮，效果如图 11-114 所示。

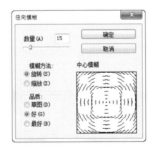

图11-112　　　　　　　　图11-113　　　　　　　　图11-114

◇　数量：用于设置模糊的强度。数值越高，模糊效果越明显。

◇　模糊方法：勾选"旋转"选项时，图像可以沿同心圆环线产生旋转的模糊效果。勾选"缩放"选项时，可以从中心向外产生缩放的模糊效果。

◇　中心模糊：将光标放置在设置框中，使用鼠标左键拖曳可以定位模糊的原点，原点位置不同，模糊中心也不同。

◇　品质：用来设置模糊效果的质量。"草图"的处理速度较快，但会产生颗粒效果；"好"和"最好"的处理速度较慢，但是生成的效果比较平滑。

11.4.8 镜头模糊

　　"镜头模糊"滤镜可以向图像中特定区域添加模糊效果，例如使特定对象在焦点内，而使另外的区域变得模糊。模糊效果的范围取决于模糊的"源"设置，"源"可以是图像中存在的 Alpha 通道或图层蒙版。

　　（1）打开一张图片，然后绘制一个选区，如图 11-115 所示。接着进入到"通道"面板中，新建一个 Alpha1 通道，然后将选区填充为白色，如图 11-116 所示。

　　（2）接着回到图层面板中，选择需要模糊的图层，执行"滤镜 ➤ 模糊 ➤ 镜头模糊"命令，在打开的"镜头模糊"窗口中先设置"源"为 Alpha1 通道，然后勾选"反相"，接着设置模糊的数值，如图 11-117 所示。设置完成后单击"确定"按钮。可以看到画面中选区以内的部分保持清晰，选区以外的部分变得模糊，效果如图 11-118 所示。

图 11-115　　　　　　图 11-116　　　　　　　图 11-117　　　　　　　图 11-118

◇　预览：用来设置预览模糊效果的方式。选择"更快"选项，可以提高预览速度；选择"更加准确"选项，可以查看模糊的最终效果，但生成的预览时间更长。

◇　深度映射：从"源"下拉列表中可以选择使用 Alpha 通道或图层蒙版来创建景深效果（前提是图像中存在 Alpha 通道或图层蒙版），其中通道或蒙版中的白色区域将被模糊，而黑色区域则保持原样；"模糊焦距"选项用来设置位于角点内的像素的深度；"反相"选项用来反转 Alpha 通道或图层蒙版。

◇　光圈：该选项组用来设置模糊的显示方式。"形状"选项用来选择光圈的形状；"半径"选项用来设置模糊的数量；"叶片弯度"选项用来设置对光圈边缘进行平滑处理的程度；"旋转"选项用来旋转光圈。

◇　镜面高光：该选项组用来设置镜面高光的范围。"亮度"选项用来设置高光的亮度；"阈值"选项用来设置亮度的停止点，比停止点值亮的所有像素都被视为镜面高光。

◇　杂色："数量"选项用来在图像中添加或减少杂色；"分布"选项用来设置杂色的分布方式，包含"平均分布"和"高斯分布"两种；如果是"单色"选项，则添加的杂色为单一颜色。

11.4.9 平均

　　打开一张图片，然后绘制一个选区，如图 11-119 所示。接着执行"滤镜 ➤ 模糊 ➤ 平均"命令，该区域变为了平均色效果。"平均"滤镜可以查找图像或选区的平均颜色，并使用该颜色填充图像或选区，以创建平滑的外观效果，如图 11-120 所示。

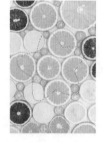 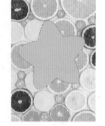

图11-119　　　　　　图11-120

11.4.10 特殊模糊

　　打开一张图片，如图 11-121 所示。执行"滤镜 ➤ 模糊 ➤ 特殊模糊"命令，在"特殊模糊"窗口中进行参数的设置，如图 11-122 所示。"特殊模糊"滤镜可以精确地模糊图像。设置完成后单击"确定"按钮，效果如图 11-123 所示。

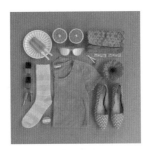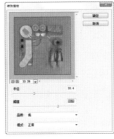

| 图11-121 | 图11-122 | 图11-123 |

◇　半径：用来设置要应用模糊的范围。

◇　阈值：用来设置像素具有多大差异后才会被模糊处理。

◇　品质：设置模糊效果的质量，包含"低""中等""高"3种。

◇　模式：选择"正常"选项，不会在图像中添加任何特殊效果，如图11-124所示；选择"仅限边缘"选项，将以黑色显示图像，以白色描绘出图像边缘像素亮度值变化强烈的区域，如图11-125所示；选择"叠加边缘"选项，将以白色描绘出图像边缘像素亮度值变化强烈的区域，如图11-126所示。

| 图11-124 | 图11-125 | 图11-126 |

11.4.11　形状模糊

打开一张图片，如图11-127所示。接着执行"滤镜 ➤ 模糊 ➤ 形状模糊"命令，在"形状模糊"窗口中进行参数的设置，如图11-128所示。"形状模糊"滤镜可以用设置的形状来创建特殊的模糊效果。设置完成后单击"确定"按钮，效果如图11-129所示。

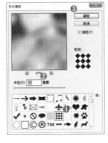

| 图11-127 | 图11-128 | 图11-129 |

◇　半径：用来调整形状的大小。数值越大，模糊效果越好。

◇　形状列表：在形状列表中选择一个形状，可以使用该形状来模糊图像。单击形状列表右侧的三角形 ▶ 图标，可以载入预设的形状或外部的形状。

11.5　扭曲滤镜组

执行"滤镜 ➢ 扭曲"命令，在子菜单中包括"波浪""波纹""极坐标""挤压""切变""球面化""水波""旋转扭曲""置换"选项，这些滤镜可以通过更改图像纹理和质感的方式扭曲图像效果，如图11-130所示。

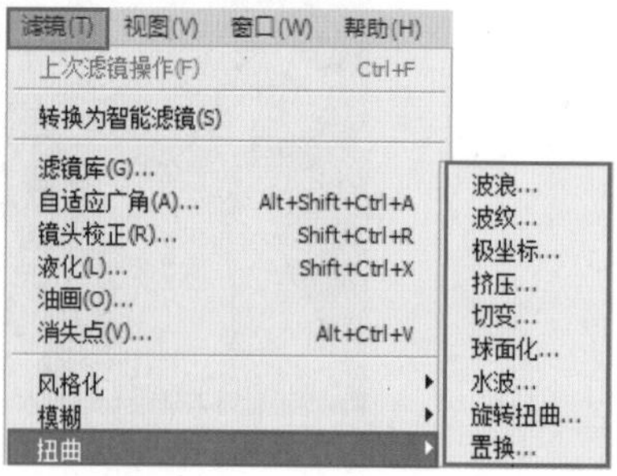

图11-130

11.5.1　波浪

打开一张图片，如图11-131所示。接着执行"滤镜 ➢ 扭曲 ➢ 波浪"命令，在"波浪"窗口中进行参数的设置，如图11-132所示。"波浪"滤镜可以在图像上创建类似波浪起伏的效果。设置完成后单击"确定"按钮，效果如图11-133所示。

图11-131

图11-132

图11-133

◇　生成器数：用来设置波浪的强度。

◇　波长：用来设置相邻两个波峰之间的水平距离，包含"最小"和"最大"两个选项，其中"最小"数值不能超过"最大"数值。

◇　波幅：设置波浪的宽度（最小）和高度（最大）。

◇　比例：设置波浪在水平方向和垂直方向上的波动幅度。

◇　类型：选择波浪的形态，包括"正弦""三角形""方形"3种形态，如图11-134、图11-135和图11-136所示。

图11-134

图11-135

图11-136

◇　随机化：如果对波浪效果不满意，可以单击该按钮，重新生成波浪效果。

◇　未定义区域：用来设置空白区域的填充方式。选择"折回"选项，可以在空白区域填充溢出的内容；选择"重复边缘像素"选项，可以填充扭曲边缘的像素颜色。

11.5.2　波纹

打开一张图片，如图11-137所示。接着执行"滤镜 ➢ 扭曲 ➢ 波纹"命令，在"波纹"窗口中进行参数的设置,如图 11-138 所示。"波纹"滤镜与"波浪"滤镜类似,但只能控制波纹的数量和大小。设置完成后单击"确定"按钮,效果如图 11-139 所示。

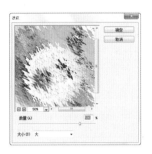
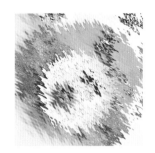

| 图 11-137 | 图 11-138 | 图 11-139 |

◇　数量:用于设置产生波纹的数量。
◇　大小:选择所产生的波纹的大小。

11.5.3　极坐标

"极坐标"滤镜可以将图像从平面坐标转换到极坐标,或从极坐标转换到平面坐标。

(1)先准备一张全景图片,如图 11-140 所示。接着执行"滤镜 ➤ 扭曲 ➤ 极坐标"命令,在"极坐标"窗口中勾选"平面坐标到极坐标"选项,然后单击"确定"按钮,如图 11-141 所示。

| 图 11-140 | 图 11-141 |

(2)此时画面效果如图 11-142 所示。接着将图片以横向不等比进行缩放,一个小小星球就制作完成了,效果如图 11-143 所示。

| 图 11-142 | 图 11-143 |

◇　平面坐标到极坐标:使矩形图像变为圆形图像。
◇　极坐标到平面坐标:使圆形图像变为矩形图像。

11.5.4 挤压

打开一张图片，如图 11-144 所示。接着执行"滤镜 ➤ 扭曲 ➤ 挤压"命令，在"挤压"窗口中通过对"数量"参数的设置来调整挤压图像的程度。"挤压"滤镜可以将选区内的图像或整个图像向外或向内挤压。当数值为负值时，图像会向外挤压；当数值为正值时，图像会向内挤压，如图 11-145 所示。设置完成后单击"确定"按钮，效果如图 11-146 所示。

图11-144   图11-145   图11-146

11.5.5 切变

打开一张图片，如图 11-147 所示。接着执行"滤镜 ➤ 扭曲 ➤ 切变"命令，打开"切变"窗口，在该窗口中的"控制线"上单击添加控制点并拖曳，调整完成后单击"确定"按钮，如图 11-148 所示。"切变"滤镜可以沿一条曲线扭曲图像，通过拖曳调整框中的曲线可以应用相应的扭曲效果，切变效果如图 11-149 所示。

图11-147   图11-148   图11-149

◇ 曲线调整框：可以通过控制曲线的弧度来控制图像的变形效果。
◇ 折回：在图像的空白区域中填充溢出图像之外的图像内容。
◇ 重复边缘像素：在图像边界不完整的空白区域填充扭曲边缘的像素颜色。

11.5.6 球面化

打开一张图片，然后绘制一个选区，如图 11-150 所示。接着执行"滤镜 ➤ 扭曲 ➤ 球面化"命令，在打开的"球面化"窗口中进行参数的设置，如图 11-151 所示。"球面化"滤镜可以将选区内的图像或整个图像扭曲为球形。设置完成后单击"确定"按钮，效果如图 11-152 所示。

◇ 数量：用来设置图像球面化的程度。当设置为正值时，图像会向外凸起；当设置为负值时，图像会向内收缩。
◇ 模式：用来选择图像的挤压方式，包含"正常""水平优先""垂直优先"3 种方式。

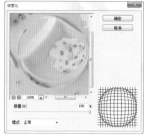

图11-150　　　　　　　　　　　图11-151　　　　　　　　　　　图11-152

11.5.7　水波

　　打开一张图片，然后绘制一个选区，如图11-153所示。执行"滤镜 ➤ 扭曲 ➤ 水波"命令，在"水波"窗口中进行参数的设置，如图11-154所示。"水波"滤镜可以使图像产生真实的水波波纹效果。设置完成后单击"确定"按钮，效果如图11-155所示。

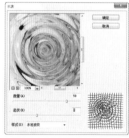

图11-153　　　　　　　　　　　图11-154　　　　　　　　　　　图11-155

◇　数量：用来设置波纹的数量。当设置为负值时，将产生下凹的波纹；当设置为正值时，将产生上凸的波纹。
◇　起伏：用来设置波纹的数量。数值越大，波纹越多。
◇　样式：用来选择生成波纹的方式。选择"围绕中心"选项时，可以围绕图像或选区的中心产生波纹，如图11-156所示。选择"从中心向外"选项时，波纹将从中心向外扩散，如图11-157所示。选择"水池波纹"选项时，可以产生同心圆形状的波纹，如图11-158所示。

图11-156　　　　　　　　　　　图11-157　　　　　　　　　　　图11-158

11.5.8　旋转扭曲

　　打开一张图片，如图11-159所示。接着执行"滤镜 ➤ 扭曲 ➤ 旋转扭曲"命令，"旋转扭曲"滤镜可以顺时针或逆时针旋转图像，旋转会围绕图像的中心进行。在打开的"旋转扭曲"窗口中，通过调整"角度"选项设置旋转扭曲方向。当设置为正值时，会沿顺时针方向进行扭曲；当设置为负值时，会沿逆时针方向进行扭曲，如图 11-160 所示。设置完成后单击"确定"按钮，效果如图 11-161 所示。

图11-159　　　　　　　　　图11-160　　　　　　　　　图11-161

11.5.9　置换

　　"置换"滤镜可以用另外一张图像（必须为 PSD 文件）的亮度值使当前图像的像素重新排列，并产生位移效果。该滤镜需要两个图像文件才能完成，一个是进行置换变形的图像文件，另一个则是决定如何进行置换变形的文件，且该文件必须是 psd 格式的文件。执行此滤镜时，它会按照这个"置换图"的像素颜色值，对原图像文件进行变形。

　　（1）先准备一张图片，如图 11-162 所示。还有一个用来置换的"psd"格式文档，如图 11-163 所示。

　　（2）执行"滤镜 ➤ 扭曲 ➤ 置换"命令，在弹出的"置换"窗口中进行参数的设置，如图 11-164 所示。设置完成后单击"确定"按钮，在弹出的"选取一个置换图"窗口中选择"psd"格式文档，然后单击"打开"按钮，如图 11-165 所示。图像效果如图 11-166 所示。

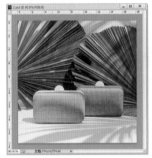

图11-162　　　　　　　　　　　图11-163

图11-164　　　　　　　　　图11-165　　　　　　　　　图11-166

◇　水平 / 垂直比例：可以用来设置水平方向和垂直方向所移动的距离。单击"确定"按钮可以载入 PSD 文件，然后用该文件扭曲图像。

◇　置换图：用来设置置换图像的方式，包括"伸展以适合"和"拼贴"两种。

11.6　锐化滤镜组

　　锐化工具与"锐化"滤镜组中的滤镜一样，都是通过增加相邻像素的对比度将图像画面调整清晰，从而改善图像质量。执行"滤镜 ➤ 锐化"命令，在子菜单中包括"USM 锐化""防抖""进一步锐化""锐化""锐化边缘""智能锐化"选项，如图 11-167 所示。

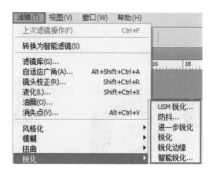

图11-167

11.6.1　锐化、进一步锐化与锐化边缘

"锐化""进一步锐化""锐化边缘"都属于对画面进行轻微锐化处理的滤镜。由于这几个滤镜没有可进行的参数设置，所以对画面应用滤镜后，效果不明显时可以重复执行滤镜操作，以强化画面效果。

1. 锐化

对图像执行"滤镜 ➤ 锐化 ➤ 锐化"命令，可以对图像进行轻微的锐化操作。"锐化"滤镜与"进一步锐化"滤镜一样（该滤镜没有参数设置对话框），都可以通过增加像素之间的对比度使图像变得清晰。但是"锐化"效果没有"进一步锐化"滤镜的锐化效果明显，应用一次"进一步锐化"滤镜，相当于应用了 3 次"锐化"滤镜。

2. 进一步锐化

打开一张图像，如图 11-168 所示。对图像执行"滤镜 ➤ 锐化 ➤ 进一步锐化"命令，"进一步锐化"滤镜可以通过增加像素之间的对比度使图像变得清晰，但锐化效果不是很明显（该滤镜没有参数设置对话框），如图 11-169 所示。

3. 锐化边缘

打开一张图像，如图 11-170 所示。对图像执行"滤镜 ➤ 锐化 ➤ 锐化边缘"命令，"锐化边缘"滤镜只锐化图像的边缘，同时会保留图像整体的平滑度（该滤镜没有参数设置对话框），图 11-171 所示为应用"锐化边缘"滤镜以后的效果。

图11-168

图11-169

图11-170

图11-171

11.6.2 USM锐化

打开一张图片，如图 11-172 所示。接着执行"滤镜 ➤ 如何 ➤USM"锐化命令，在打开的"USM 锐化"窗口中进行参数的设置，如图 11-173 所示。"USM 锐化"滤镜可以查找图像颜色发生明显变化的区域，然后将其锐化。设置完成后单击"确定"按钮，效果如图 11-174 所示。

图 11-172   图 11-173   图 11-174

◇   数量：用来设置锐化效果的精细程度。
◇   半径：用来设置图像锐化的半径范围。
◇   阈值：只有相邻像素之间的差值达到所设置的"阈值"数值时才会被锐化。该值越高，被锐化的像素就越少。

11.6.3 智能锐化

打开一张图片，如图 11-175 所示。执行"滤镜 ➤ 锐化 ➤ 智能锐化"命令，在打开的"智能锐化"窗口中进行参数的设置，如图 11-176 所示。"智能锐化"滤镜的功能比较强大，它具有独特的锐化选项，可以设置锐化算法、控制阴影和高光区域的锐化量。设置完成后单击"确定"按钮，效果如图 11-177 所示。

 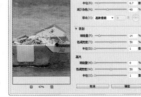 

图 11-175   图 11-176   图 11-177

◇   预设：单击该选项按钮，在下拉菜单有默认值、载入预设、存储预设、删除预设、自动选项。
◇   数量：用来设置锐化的精细程度。数值越高，越能强化边缘之间的对比度。
◇   半径：用来设置受锐化影响的边缘像素的数量。数值越高，受影响的边缘就越宽，锐化的效果也越明显。
◇   减少杂色：用来减少图片中杂色的数量。
◇   移去：选择锐化图像的算法。选择"高斯模糊"选项，可以使用"USM 锐化"滤镜的方法锐化图像；选择"镜头模糊"选项，可以查找图像中的边缘和细节，并对细节进行更加精细的锐化，以减少锐化的光晕；选择"动感模糊"选项，可以激活下面的"角度"选项，通过设置"角度"值可以减少由于相机或对象移动而产生的模糊效果。
◇   渐隐量：用于设置阴影或高光中的锐化程度。
◇   色调宽度：用于设置阴影和高光中色调的修改范围。
◇   半径：用于设置每个像素周围的区域的大小。

锐化操作通常是图像处理的最后一个步骤，因为在对图像进行处理的过程中可能会造成图像细节损失，所以锐化操作尽量放在最后进行，但最后不一定都要对处理完成后的图像进行锐化。

锐化的数值要根据图像的具体情况进行调整，而且不一定非要对全图进行锐化，可以借助蒙版或选区工具对画面局部进行锐化，或者对不同区域进行不同参数的锐化操作。

11.7　像素化滤镜组

像素化滤镜的作用是将图像以其他形状的元素重新再现出来。它并不是真正意义上的改变了图像像素点的形状，只是在图像中表现出某种基础形状，以形成一些类似像素化的形状变换。执行"滤镜 ➤ 像素化"命令，在子菜单中包括"彩块化""彩色半调""点状化""晶格化""马赛克""碎片""铜板雕刻"选项，如图 11-178 所示。

图11-178

11.7.1　彩块化

打开一张图片，如图 11-179 所示。接着执行"滤镜 ➤ 像素化 ➤ 彩块化"命令，"彩块化"滤镜没有参数选项，执行命令后即可看到效果。"彩块化"滤镜可以将纯色或相近色的像素结成相近颜色的像素块，常用来制作手绘图像、抽象派绘画等艺术效果，效果如图 11-180 所示。

图11-179　　　　图11-180

11.7.2　彩色半调

打开一张图片，如图 11-181 所示。接着执行"滤镜 ➤ 像素化 ➤ 彩色半调"命令，在"彩色半调"窗口中进行参数的设置，如图 11-182 所示。"彩色半调"滤镜可以模拟在图像的每个通道上使用放大的半调网屏的效果。设置完成后单击"确定"按钮，效果如图 11-183 所示。

图11-181　　　　　　　　图11-182　　　　　　　　图11-183

◇　最大半径：用来设置生成的最大网点的半径。
◇　网角（度）：用来设置图像各个原色通道的网点角度。

11.7.3　点状化

　　打开一张图片，如图 11-184 所示。接着执行"滤镜 ➤ 像素化 ➤ 点状化"命令，在"点状化"窗口中通过设置"单元格大小"设置每个多边形色块的大小。"点状化"滤镜可以将图像中的颜色分解成随机分布的网点，并使用背景色作为网点之间的画布区域，如图 11-185 所示。设置完成后单击"确定"按钮，效果如图 11-186 所示。

 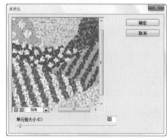 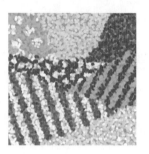

图11-184　　　　　　　　　　图11-185　　　　　　　　　　图11-186

11.7.4　晶格化

　　打开一张图片，如图 11-187 所示。接着执行"滤镜 ➤ 像素化 ➤ 晶格化"命令，在"晶格化"窗口中通过设置"单元格大小"设置每个多边形色块的大小。"晶格化"滤镜可以使图像中颜色相近的像素结块形成多边形纯色，如图 11-188 所示。设置完成后单击"确定"按钮，效果如图 11-189 所示。

 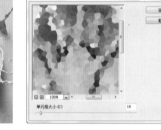 

图11-187　　　　　　　　　　图11-188　　　　　　　　　　图11-189

11.7.5　马赛克

　　打开一张图片，如图 11-190 所示。接着执行"滤镜 ➤ 像素化 ➤ 马赛克"命令，在"马赛克"窗口中通过设置"单元格大小"设置每个多边形色块的大小。"马赛克"滤镜可以使像素结为方形色块，创建出类似马赛克的效果，如图 11-191 所示。设置完成后单击"确定"按钮，效果如图 11-192 所示。

图11-190　　　　　　　　　　图11-191　　　　　　　　　　图11-192

11.7.6　碎片

打开一张图片，如图 11-193 所示。接着执行"滤镜 ➤ 像素化 ➤ 碎片"命令，"碎片"滤镜可以将图像中的像素复制 4 次，然后将复制的像素平均分布，并使其相互偏移，"碎片"效果如图 11-194 所示。

11.7.7　铜板雕刻

图11-193　　　　　　图11-194

打开一张图片，如图 11-195 所示。接着执行"滤镜 ➤ 像素化 ➤ 铜板雕刻"命令，在"铜板雕刻"窗口中选择相应的"类型"，如图 11-196 所示。"铜板雕刻"滤镜可以将图像转换为黑白区域的随机图案或彩色图像中完全饱和颜色的随机图案。设置完成后单击"确定"按钮，效果如图 11-197 所示。

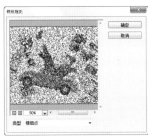
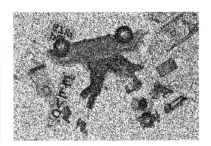

图11-195　　　　　　　　　图11-196　　　　　　　　　　图11-197

◇　类型：选择铜板雕刻的类型，包含"精细点""中等点""粒状点""粗网点""短直线""中长直线""长直线""短描边""中长描边""长描边"10 种类型。

11.8　渲染滤镜组

执行"滤镜 ➤ 渲染"命令，在子菜单中包括"分层云彩""光照效果""镜头光晕""纤维""云彩"选项。这些滤镜可以改变图像的光感效果，主要用来在图像中创建 3D 形状、云彩照片、折射照片和模拟光反射效果，如图 11-198 所示。

图11-198

11.8.1 分层云彩

打开一张图片，如图11-199所示。执行"滤镜 ➤ 渲染 ➤ 分层云彩"命令，"分层云彩"滤镜可以将云彩数据与现有的像素以"差值"方式进行混合。首次应用该滤镜时，图像的某些部分会被反相成云彩图案，效果如图11-200所示。

图11-199　　　　　图11-200

11.8.2 光照效果

"光照效果"滤镜可以通过改变图像的光源方向、光照强度等使图像产生更加丰富的光效。"光照效果"不仅可以在RGB图像上产生多种光照效果。也可以使用灰度文件的凹凸纹理图产生类似3D的效果，并存储为自定样式以在其他图像中使用。

（1）打开一张图片，如图11-201所示。接着执行"滤镜 ➤ 渲染 ➤ 光照效果"命令，打开"光照效果"窗口，如图11-202所示。

（2）在选项栏中的"预设"下拉列表中包含多种预设的光照效果，如图11-203所示。选中某一项即可更改当前的画面效果，如图11-204所示。

图11-201

图11-202

图11-203

图11-204

（3）在选项栏中单击"光源"右侧的按钮，即可快速在画面中添加光源，单击"重置当前光照" 按钮即可对当前光源进行重置。图11-205、图11-206和图11-207所示为三种光源的对比效果。

图11-205

图11-206

图11-207

（4）创建光源后，在属性面板中即可对该光源进行光源类型和参数的设置，在灯光类型下拉列表中可以对光源类型进行更改，如图11-208所示。"光源"面板中会显示当前场景中包含的光源，如果需要删除某个灯光，单击"光源"面板右下角的"回收站"图标即可，如图11-209所示。

图11-208   图11-209

（5）在"光照效果"工作区中，使用"纹理通道"可以将 Alpha 通道添加到图像中的灰度图像（称作凹凸图）来控制光照效果。向图像中添加 Alpha 通道，在"光照效果"工作区中，如图 11-210 所示。从"属性"面板的"纹理"下拉列表中选择一种通道，拖动"高度"滑块即可观察到画面将以纹理所选通道的黑白关系发生从"平滑"(0) 到"凸起"(100) 的变化，如图 11-211 所示。效果如图 11-212 所示。

图11-210   图11-211   图11-212

11.8.3 镜头光晕

打开一张图片，如图 11-213 所示。接着执行"滤镜 ➤ 渲染 ➤ 镜头光晕"命令，打开"镜头光晕"窗口，先在缩览图中拖曳"十字"调整光晕的位置，接着进行参数的调整，如图 11-214 所示。"镜头光晕"滤镜可以模拟亮光照射到相机镜头所产生的折射效果。设置完成后单击"确定"按钮，效果如图 11-215 所示。

图11-213   图11-214   图11-215

◇ 预览窗口：在该窗口中可以通过拖曳十字线来调节光晕的位置。

◇ 亮度：用来控制镜头光晕的亮度，其取值范围为 10% ～ 300%。

◇ 镜头类型：用来选择镜头光晕的类型，包括"50 ～ 300 毫米变焦""35 毫米聚焦""105 毫米聚焦""电影镜头"4 种类型。

独家秘笈　　　　　　　　　**如何让"镜头光晕"效果不去破坏原图片**

　　默认情况下，"镜头光晕"效果会直接添加到所选的图层上，如果想要"镜头光晕"效果不去破坏原图片，可以先新建一个图层，填充为黑色，接着添加"镜头光晕"效果，如图 11-216 所示。设置该图层的"混合模式"为滤色，同样会添加镜头光晕效果，如图 11-217 所示。效果如图 11-218 所示。如果对光晕效果不满意，可以删除该图层后重新添加。

图11-216　　　　　　　　　图11-217　　　　　　　　　图11-218

11.8.4　纤维

　　首先设置好前景色与背景色，如图 11-219 所示。接着执行"滤镜 ▶ 渲染 ▶ 纤维"命令，在打开的"纤维"窗口中进行参数的设置，如图 11-220 所示。"纤维"滤镜可以根据前景色和背景色来创建类似编织的纤维效果。设置完成后单击"确定"按钮，效果如图 11-221 所示。

图11-219　　　　　　　　图11-220　　　　　　　　图11-221

◇ 差异：用来设置颜色变化的方式。较低的数值可以生成较长的颜色条纹；较高的数值可以生成较短且颜色分布变化更大的纤维。

◇ 强度：用来设置纤维外观的明显程度。

◇ 随机化：单击该按钮，可以随机生成新的纤维。

11.8.5　云彩

　　新建一个空白文档，接着设置合适的前景色与背景色，如图 11-222 所示。执行"滤镜 ▶ 渲染 ▶ 云彩"

命令，"云彩"滤镜可以根据前景色和背景色随机生成云彩图案，效果如图 11-223 所示。

图11-222 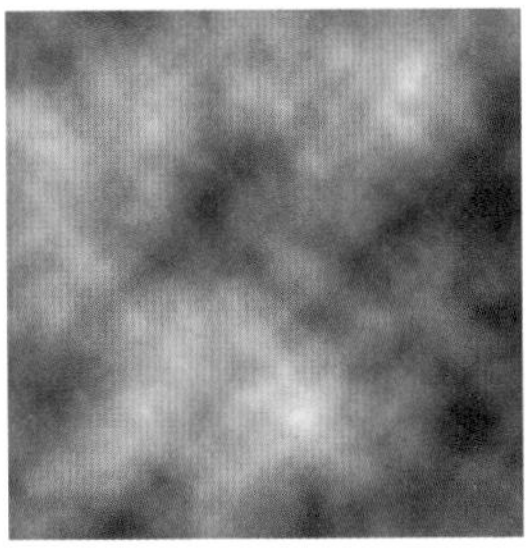　　　　　　　　　　图11-223

> 💡 **提示** 只有"云彩"滤镜可以应用在没有像素的区域，其余滤镜都必须应用在包含像素的区域（某些外挂滤镜除外）。

11.9 杂色滤镜组

"杂色"滤镜组中的滤镜可将图像按一定方式混入杂点，从而创建出与众不同的纹理图像，也可删除图像中的杂色，将图像中有问题的区域移去。执行"滤镜 ➤ 杂色"命令，在子菜单中包括"减少杂色""蒙尘与划痕""去斑""添加杂色""中间值"选项。这些滤镜可以为图像添加或去掉杂点，如图 11-224 所示。

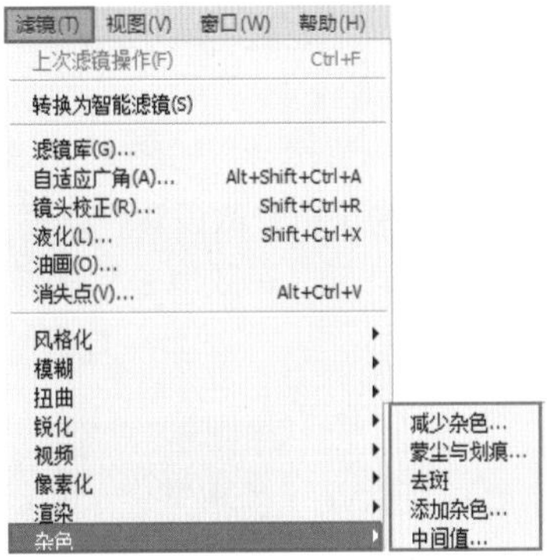

图11-224

11.9.1 减少杂色

打开一张图片，如图 11-225 所示。接着执行"滤镜 ➤ 杂色 ➤ 减少杂色"命令，在"减少杂色"窗口中进行参数的设置，如图 11-226 所示。"减少杂色"滤镜可以基于影响整个图像或各个通道的参数设置来保留边缘并减少图像中的杂色。设置完成后单击"确定"按钮，效果如图 11-227 所示。在"减少杂色"对话框中勾选"基本"选项，可以设置"减少杂色"滤镜的基本参数。

图11-225

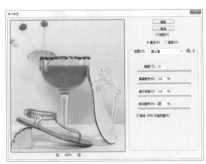
图11-226

图11-227

◇　强度：用来设置应用于所有图像通道的明亮度杂色的减少量。
◇　保留细节：用来控制保留图像的边缘和细节（如头发）的程度。数值为 100% 时，可以保留图像的大部分细节，但是会将明亮度杂色减到最低。
◇　减少杂色：移去随机的颜色像素。数值越大，减少的颜色杂色越多。

◇ 锐化细节：用来设置移去图像杂色时锐化图像的程度。

◇ 移除JPEG不自然感：勾选该选项以后，可以移去因JPEG压缩而产生的不自然感。

在"减少杂色"窗口中勾选"高级"选项，可以设置"减少杂色"滤镜的高级参数。其中"整体"选项卡与基本参数完全相同，如图11-228所示。"每通道"选项卡可以基于红、绿、蓝通道来减少通道中的杂色，如图11-229所示。

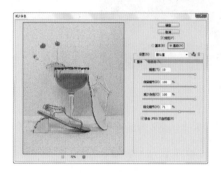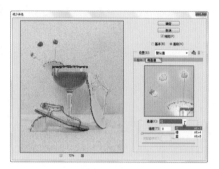

图11-228　　　　　　　　　　　　　　　图11-229

11.9.2　蒙尘与划痕

打开一张图片，如图11-230所示。接着执行"滤镜 ➤ 杂色 ➤ 蒙尘与划痕"命令，在"蒙尘与划痕"窗口中进行参数设置，如图11-231所示。"蒙尘与划痕"滤镜可以通过修改具有差异化的像素来减少杂色，可以有效地去除图像中的杂点和划痕。设置完成后单击"确定"按钮，效果如图11-232所示。

图11-230　　　　　　　图11-231　　　　　　　图11- 232

◇ 半径：用来设置柔化图像边缘的范围。

◇ 阈值：用来定义像素的差异有多大才被视为杂点。数值越高，消除杂点的能力越弱。

11.9.3　去斑

打开一张图片，如图11-233所示。接着执行"滤镜 ➤ 杂色 ➤ 去斑"命令，"去斑"滤镜可以检测图像的边缘（发生显著颜色变化的区域），并模糊那些边缘外的所有区域，同时会保留图像的细节，效果如图11-234所示。由于"去斑"滤镜没有可供设置的参数，所以，如果该滤镜效果不明显，可以多次重复该滤镜操作。

图11-233　　　图11-234

11.9.4　添加杂色

　　打开一张图片，如图 11-235 所示。接着执行"滤镜 ➤ 杂色 ➤ 添加杂色"菜单命令，在"添加杂色"窗口中进行参数的设置，如图 11-236 所示。"添加杂色"滤镜可以在图像中添加随机像素，使画面产生大量的杂点效果。设置完成后单击"确定"按钮，效果如图 11-237 所示。

图11-235　　　　　　　　　　图11-236　　　　　　　　　　图11-237

◇　数量：用来设置添加到图像中的杂点的数量。
◇　分布：选择"平均分布"选项，可以随机向图像中添加杂点，杂点效果比较柔和；选择"高斯分布"选项，可以沿一条钟形曲线分布杂色的颜色值，以获得斑点状的杂点效果。
◇　单色：勾选该选项以后，杂点只影响原有像素的亮度，并且像素的颜色不会发生改变。

11.9.5　中间值

　　打开一张图片，如图 11-238 所示。接着执行"滤镜 ➤ 杂色 ➤ 中间值"菜单命令，在"中间值"窗口中通过设置"半径"选项来设置搜索像素选区的半径范围，如图 11-239 所示。"中间值"滤镜会搜索像素选区的半径范围以查找亮度相近的像素，并且会扔掉与相邻像素差异太大的像素，然后用搜索到的像素的中间亮度值来替换中心像素。设置完成后单击"确定"按钮，效果如图 11-240 所示。

　　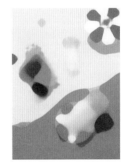

图11-238　　　　　　　　　　图11-239　　　　　　　　　　图11-240

11.10　其他滤镜组

　　其他滤镜组是最具创造性的一组滤镜，该滤镜组包含 5 种滤镜。在该滤镜组中的一些滤镜可以根据用户的喜好来设定效果，也可使用滤镜修改蒙版，在图像内位移选区及进行快速调整颜色的操作。执行"滤镜 ➤

其它"命令，在子菜单中包括"高反差保留""位移""自定""最大值""最小值"选项，如图 11-241 所示。

图11-241

11.10.1 高反差保留

打开一张图片，如图 11-242 所示。执行"滤镜 ➤ 其它 ➤ 高反差保留"命令，打开"高反差保留"对话框，在该对话框中，通过更改"半径"选项来控制滤镜分析处理图像像素的范围。数值越大，所保留的原始像素就越多，如图 11-243 所示。"高反差保留"滤镜可以在具有强烈颜色变化的地方按指定的半径来保留边缘细节，并且不显示图像的其余部分。当数值为 0.1 像素时，仅保留图像边缘的像素，如图 11-244 所示。

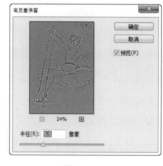

图11-242   图11-243   图11-244

11.10.2 位移

打开一张图片，如图 11-245 所示。执行"滤镜 ➤ 其它 ➤ 位移"命令，打开"高位移"对话框，如图 11-246 所示。"位移"滤镜可以使图像在水平或垂直方向上产生偏移。移动后空缺的位置则被填充为前、背景色、选区接近图像的颜色或者另一部分的颜色，图 11-247 所示为滤镜的效果。

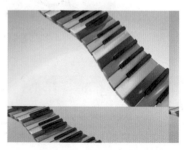

图11-245   图11-246   图11-247

◇ 水平：用来设置图像像素在水平方向上的偏移距离。数值为正值时，图像会向右偏移，同时左侧会出现空缺。
◇ 垂直：用来设置图像像素在垂直方向上的偏移距离。数值为正值时，图像会向下偏移，同时上方会出现空缺。
◇ 未定义区域：用来选择图像发生偏移后填充空白区域的方式。选择"设置为背景"选项时，可以用背景色填充空缺区域；选择"重复边缘像素"选项时，可以在空缺区域填充扭曲边缘的像素颜色；选择"折回"选项时，可以在空缺区域填充溢出图像之外的图像内容。

11.10.3 自定

打开一张图片，执行"滤镜 ➤ 其它 ➤ 自定"命令，打开"自定"对话框。"自定"滤镜可以按照默认的数学运算来更改图像中每个像素的亮度值，与通道的运算基本相同，设计用户自己的滤镜效果。并可以将其保存，以便应用到其他图像中，图11-248所示为"自定"窗口。

图11-248

11.10.4 最大值

打开一张图片，如图11-249所示。执行"滤镜 ➤ 其它 ➤ 最大值"命令，打开"最大值"对话框，如图11-250所示。"最大值"滤镜可以在指定的半径范围内，用周围像素的最高亮度值替换当前像素的亮度值。"最大值"滤镜具有阻塞功能，可以展开白色区域阻塞黑色区域，图11-251所示为滤镜效果。

图11-249　　　　　　　图11-250　　　　　　　图11-251

◇ 半径：设置用周围像素的最高亮度值来替换当前像素的亮度值的范围。
◇ 保留：在下拉菜单里包括"方形"和"圆形"两个选项。

11.10.5 最小值

打开一张图片，如图11-252所示。执行"滤镜 ➤ 其它 ➤ 最小值"命令，打开"最小值"对话框，如图11-253所示。"最小值"滤镜具有伸展功能，可以扩展黑色区域，收缩白色区域，图11-254所示为滤镜效果。

图11-252　　　　　　　图11-253　　　　　　　图11-254

课后练习：利用滤镜制作泛黄铅笔画

案例文件	视频教学
11.10.5 课后练习：利用滤镜制作泛黄铅笔画 .psd	11.10.5 课后练习：利用滤镜制作泛黄铅笔画 .flv

难易指数	技术要点
★★★☆☆	最小值滤镜

案例效果

图11-255

图11-256

操作步骤

01 打开素材"1.jpg"，如图 11-257 所示。在"背景"图层上单击右键，执行"复制图层"命令，将背景图层复制，并命名为"去色"，如图 11-258 所示。

02 选择"去色"图层，执行"图像▷调整▷去色"命令，或使用快捷键【Ctrl+Shift+U】将该图层去色，如图 11-259 所示。将"去色"图层进行复制，并命名为"反相"，如图 11-260 所示。

图11-257

图11-258

图11-259

03 选择"反相"图层，执行"图层▷调整▷反相"命令，将该图层反相，如图 11-261 所示。

04 继续执行"滤镜▷其它▷最小值"命令，在"最小值"面板中设置"半径"为2像素，如图 11-262 所示。单击"确定"按钮，图像效果如图 11-263 所示。

05 设置"反相"图层的"混合模式"为颜色减淡，如图 11-264 所示。图像效果如图 11-265 所示。

06 复制"反相"图层，命名为"混合选项"，如图 11-266 所示。执行"图层▷图层样式▷混合选项"命令，打开"混合选项"面板，按住【Alt】键并单击鼠标左键向右拖动"下一图层"滑块，当数值增加到 120 时，终止操作，单击"确定"按钮，如图 11-267 所示。图像效果如图 11-268 所示。

图11-260

图11-261

图11-262

图11-263

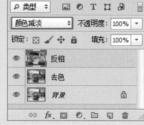

图11-264

图11-265

图11-266

图11-267

图11-268

07 将"混合选项"图层和"去色"图层加选，使用快捷键【Ctrl+Shift+Alt+E】将图层合并到独立图层，并命名为"合并"，如图 11-269 所示。置入纸张素材"2.jpg"，并改变图层顺序，放置在"合并"图层下方，如图 11-270 所示。

图11-269

图11-270

08 单击"合并"图层，设置该图层的"混合模式"为正片叠底，如图 11-271 所示。完成本案例的制作，效果如图 11-272 所示。

图11-271

图11-272

实战项目：使用滤镜制作创意儿童插画

扫码看视频

案例文件	**视频教学**
11.10.5 实战项目：使用滤镜制作创意儿童插画 .psd	11.10.5 实战项目：使用滤镜制作创意儿童插画 .flv
难易指数	**技术要点**
★★★★☆	图层蒙版、滤镜库、查找边缘滤镜

案例效果

图11-273

操作步骤

01 执行"文件 ➤ 打开"命令，打开素材"1.jpg"，如图 11-274 所示。再次执行"文件 ➤ 置入"命令，将素材"2.png"置入到画面中，调整其大小，并摆在合适位置，按下【Enter】键确定此次操作。执行"窗口 ➤ 图层"命令，打开"图层"面板，选择素材所在图层，单击鼠标右键选择栅格化图层，将图层栅格化，如图 11-275 所示。

02 执行"窗口 ➤ 图层"命令，打开"图层"面板，选中素材所在图层，单击底部"创建图层蒙版"按钮，如图 11-276 所示。添加图层蒙版，效果如图 11-277 所示。

03 选择"图层"面板中新添加的图层蒙版，单击工具箱中"画笔工具"按钮，设置"前景色"为黑色，在选项栏中设置"画笔大小"为85 像素，"硬度"为 0%，选择一种合适的画笔样式。在画面中按住鼠标左键拖曳进行涂抹，如图 11-278 所示。此时蒙版效果如图 11-279 所示。

04 在"图层"面板中选择素材所在的图层，执行"滤镜 ➤ 转化为智能滤镜"命令，在弹出的窗口中单击"确定"按钮，如图 11-280 所示。此时的"图层"面板效果如图 11-281 所示。

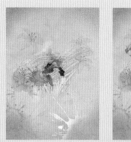

图11-274

图11-275

图11-276

图11-277

图11-278

图11-279

图11-280

05 再次执行"滤镜 ➤ 滤镜库"命令，在弹出的窗口中，打开"艺术效果"组，选择干画笔，效果如图11-282所示。单击"确定"按钮，效果如图11-283所示。

图11-281

图11-282

图11-283

06 在"图层"面板中选择素材所在的图层，执行"图层 ➤ 新建调整图形 ➤ 色相/饱和度"命令，在弹出的"属性"面板中设置"色相"为128，单击"此调整剪贴到此图层"按钮，如图11-284所示。效果如图11-285所示。

07 单击工具箱中的"套索工具"按钮，在画面中按住鼠标左键拖曳绘制一个选区，效果如图11-286所示。在"图层"面板中单击"添加图层蒙版"按钮，效果如图11-287所示。

图11-284

图11-285

图11-286

图11-287

08 单击工具箱中的"套索工具"按钮，在画面中按住鼠标左键拖曳绘制一个选区，效果如图11-288所示。接着执行"图层 ▷ 新建调整图形 ▷ 色相/饱和度"命令，在弹出的"属性"面板中设置"色相"为 -12，"饱和度"为 -40，单击"此调整剪贴到此图层" ↓□ 按钮，如图 11-289 所示。效果如图 11-290 所示。

图11-288　　　　　　　　　图11-289　　　　　　　　　图11-290

09 单击工具箱中的"套索工具" ○ 按钮，在选项栏中单击"添加到选区" ▣ 按钮，在画面中绘制两个选区，如图 11-291 所示。接着执行"图层 ▷ 新建调整图形 ▷ 可选颜色"命令，在弹出的"属性"面板中设置合适的"颜色"，选择"相对"，单击"此调整剪贴到此图层" ↓□ 按钮，如图 11-292 所示。效果如图 11-293 所示。

图11-291　　　　　　　　　图11-292　　　　　　　　　图11-293

10 执行"文件 ▷ 置入"命令，将素材"3.png"置入到画面中，调整大小，摆放在合适位置，将图片栅格化，如图 11-294 所示。复制该图层，执行"滤镜 ▷ 风格化 ▷ 查找边缘"命令，效果如图 11-295 所示。

11 执行"图像 ▷ 调整 ▷ 去色"命令，或使用"去色"快捷键【Ctrl+U】，将素材去掉颜色，效果如图 11-296 所示。为去色完的人像添加蒙版，并使用"画笔工具" ✐ 进行涂抹，效果如图 11-297 所示。

图11-294　　　　　　图11-295　　　　　　图11-296　　　　　　图11-297

12 将下方的未添加滤镜的素材图层放在上方，效果如图 11-298 所示。选择刚置入素材的图层，单击"新建图层按钮"按钮，为图层添加蒙版，选择图层蒙版，单击工具箱中的"画笔工具"按钮，设置"前景色"为黑色，设置"画笔大小"为 85 像素，"硬度"为 0%，选择一种合适的画笔样式，在画面中按住鼠标左键进行涂抹，效果如图 11-299 所示。

13 执行"窗口▷图层"命令，打开"图层"面板，选择素材"2.png"所在图层，重复置入人像素材"3.png"，调整其大小并摆在合适位置，按下【Enter】键确定此次操作并将其栅格化，如图 11-300 所示。

图11-298　　　　　　　　图11-299　　　　　　　　图11-300

14 选择刚刚置入的人像，执行"滤镜▷风格化▷查找边缘"命令，效果如图 11-301 所示。执行"图像▷调整▷去色"命令，将图片去掉颜色。选择图像，打开"图层"面板，设置"不透明度"为 60%，效果如图 11-302 所示。

15 执行"文件▷置入"命令，将素材"4.png"置入到画面中，调整大小并摆在合适位置，按下【Enter】键确定此次操作，最终效果如图 11-303 所示。

图11-301　　　　　　　　图11-302　　　　　　　　图11-303

为什么有时候滤镜不可用？

在 CMYK 颜色模式下，某些滤镜将不可用。在索引和位图颜色模式下，所有的滤镜都不可用。如果要对 CMYK 图像、索引图像和位图图像应用滤镜，可以执行"图像▷模式▷RGB 颜色"菜单命令，将图像模式转换为 RGB 颜色模式后，再应用滤镜。

如何提高滤镜性能？

在应用某些滤镜时，会占用大量的内存，如"铬黄渐变"滤镜、"光照效果"滤镜等，特别是处理高分辨率的图像时，Photoshop 的处理速度会更慢。遇到这种情况时，可以尝试使用以下 3 种方法来提高处理速度。

第 1 种：关闭多余的应用程序。

第 2 种：在应用滤镜之前先执行"编辑▷清理"菜单下的命令，释放出部分内存。

第 3 种：将计算机内存多分配给 Photoshop 一些。执行"编辑▷首选项▷性能"菜单命令，打开"首选项"对话框，然后在"内存使用情况"选项组下将 Photoshop 的内容使用量设置得高一些。

同样的参数效果却不同？

为什么明明按照书里的参数对画面进行滤镜处理，但是得到的效果却与书中不同？遇到这种情况是不是感到很费解。其实，滤镜效果是以像素为单位进行计算的，不同的图像尺寸差别较大。因此，相同参数处理不同分辨率的图像，其效果也不一样。例如同样的模糊效果，应用到尺寸为 500 像素 × 500 像素的图像与应用到尺寸为 2000 像素 × 2000 像素的图像必然有所区别，如图 11-304 所示。

原图　　　　500像素×500像素　　　2000像素×2000像素

图11-304

11.11　本章小结

在这一章中，我们跟滤镜家族中的成员一一打了招呼，是不是每种滤镜都很有趣呢？其实，滤镜的添加与调整都是很简单的，难点在于是否能充分运用我们的想象力，结合使用多种滤镜制作出各种各样的艺术效果。

第 **12** 章

综合实战

12.1 广告设计：扁平化矢量网页广告

案例文件

12.1 广告设计：扁平化矢量网页广告 .psd

视频教学

12.1 广告设计：扁平化矢量网页广告 .flv

难易指数

★★★★☆

技术要点

横排文字工具、将文字转换为形状、图层样式、矢量绘图工具

案例效果

图12-1

操作步骤

Part 1 广告背景制作

01 执行"文件▷新建"命令，创建新文档，如图 12-2 所示。设置工具箱中的"前景色"为黄色，使用填充前景色快捷键【Alt+Delete】将画面填充为黄色，如图 12-3 所示。

02 执行"文件▷置入"命令，选择素材"1.png"，将其置入，调整大小并摆在合适位置，将其栅格化为普通图层，如图 12-4 所示。

图12-2

图12-3

图12-4

03 绘制云朵。在"图层"面板中单击底部"创建新图层" ▣ 按钮，创建新的图层，单击工具箱中的"椭圆工具" ◯ 按钮，设置"前景色"为白色，在选项栏中设置"绘制模式"为像素，"模式"为正常，在画面中按住鼠标左键拖曳绘制椭圆形，如图 12-5 所示。使用同样的方法继续在当前图层绘制其他椭圆，效果如图 12-6 所示。

04 绘制画面中其他云部分。继续使用"椭圆工具"按钮，使用上述方法绘制画面中其他稍小的云朵部分，效果如图12-7所示。

图12-5　　　　　　　　　　图12-6　　　　　　　　　　　　图12-7

Part 2 主体文字制作

01 单击工具箱中的"横排文字工具"按钮，在属性栏中设置合适的"字体样式"和"字体大小"，设置"字体颜色"为白色，在画面中键入文字，如图12-8所示。

02 在"图层"面板中选择文字图层，单击鼠标右键，选择"转换为形状"，如图12-9所示。效果如图12-10所示。

图12-8　　　　　　　　　　　图12-9　　　　　　　　　　　图12-10

03 单击工具箱中的"钢笔工具"按钮，将光标放在文字形状的锚点处，光标转换为"删除锚点工具"状态，如图12-11所示。单击鼠标左键，将锚点删除，效果如图12-12所示。

04 在键盘上按下【Ctrl】键同时按住鼠标左键，将左上角的锚点继续向左上拖曳，如图12-13所示。拖曳完成后，松开鼠标，效果如图12-14所示。

图12-11　　　　　　　　图12-12　　　　　　　　图12-13　　　　　　　　图12-14

05 使用上述方法调整字体的其他笔画，调整完成后，效果如图12-15所示。

06 执行"图层 ▷ 图层样式 ▷ 投影"命令，在弹出的"图层样式"对话框中设置"混合模式"为正片叠底，设置一种合适的颜色，"不透明度"为50%，"距离"为5像素，"大小"为5像素，如图12-16所示。效果如图12-17所示。

图12-15　　　　　　　　　图12-16　　　　　　　　　图12-17

07 单击工具箱中的"椭圆工具"按钮，在选项栏中设置"绘制模式"为形状，"填充"为白色，"描边"为无色，在画面中按住【Shift】键的同时用鼠标左键拖曳绘制一个正圆，如图12-18所示。

08 执行"图层 ▷ 图层样式 ▷ 阴影"命令，在弹出的"图层样式"对话框中，设置"混合模式"为正片叠底，设置"颜色"为灰色，"不透明度"为50%，设置"角度"为120度，"距离"为5像素，"大小"为5像素，如图12-19所示。单击"确定"按钮，效果如图12-20所示。

图12-18　　　　　　　　　图12-19　　　　　　　　　图12-20

09 单击工具箱中的"椭圆工具"按钮，在选项栏中设置"绘制模式"为形状，设置"填充"为黄色，"描边"为无色，在画面中按住【Shift】键的同时按住鼠标左键拖曳，绘制一个黄色的正圆，为其添加阴影效果，如图12-21所示。在"图层"面板中按住【Shift】键加选两个正圆，在选项栏中单击"水平居中对齐"按钮，效果如图12-22所示。

10 将两个正圆所在的图形按住【Shift】键加选，按住鼠标左键拖曳到"图层"面板中的"创建新图层"按钮，将两个正圆复制两份，在画面中按住鼠标左键将复制出的圆摆放在合适位置，效果如图12-23所示。单击工具箱中"钢笔工具"按钮，在选项栏中设置"绘制模式"为形状，"颜色"为红色，"描边"为无色，在画面中绕文字四周绘制一个不规则的图形，将该图层放在文字图层下方，如图12-24所示。

图12-21　　　　　　　　　图12-22　　　　　　　　　图12-23

11 执行"图层 ➤ 图层样式 ➤ 投影"命令，在弹出的"图层样式"对话框中设置"混合模式"为正片叠底，设置一种合适的颜色，设置"不透明度"为75%，"角度"为120度，"距离"为25像素，"大小"为5像素，如图12-25所示。单击"确定"按钮，效果如图12-26所示。

图12-24　　　　　　　　　　　图12-25　　　　　　　　　　　图12-26

Part 3 添加其他文字

01 在"图层"面板中选择顶部的图层，单击工具箱中的"横排文字工具"按钮，在选项栏中设置合适的"字体样式"，设置"字体大小"为13点，设置一种合适的"字体颜色"，在画面中键入文字，如图12-27所示。使用同样的方法键入其他文字，如图12-28所示。

02 单击工具箱中的"矩形工具"按钮，在选项栏中设置"绘制模式"为形状，设置一种合适的填充颜色，设置"描边"为无色，在画面中按住鼠标左键拖曳绘制矩形，如图12-29所示。使用同样的方法绘制其他矩形，如图12-30所示。

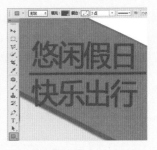

图12-27　　　　　　　　　　　图12-28　　　　　　　　　　　图12-29

03 在"图层"面板中按住【Ctrl】键加选文字和矩形所在图层，执行"编辑 ➤ 变换 ➤ 旋转"，将文字转变为旋转编辑状态，在选项栏中设置"旋转角度"为25度，效果如图12-31所示。按下【Enter】键确定此项操作，如图12-32所示。

图12-30　　　　　　　　　　　图12-31　　　　　　　　　　　图12-32

04 单击工具箱中"钢笔工具"按钮，在选项栏中设置"绘制模式"为形状，设置"填色"为蓝色，"描边"为无色，在画面中绘制一个不规则图形，如图12-33所示。使用同样的方法绘制其他不规则图形，如图12-34所示。

图12-33

图12-34

05 单击工具箱中的"横排文字工具"按钮，在选项栏中设置合适的"字体样式"，设置"字体大小"为14点，设置"文字对齐方式"为居中对齐文本，"字体颜色"为白色，在画面中键入文字，如图12-35所示。使用同样的方法键入其他文字，如图12-36所示。

图12-35

图12-36

06 单击工具箱中的"椭圆工具"按钮，在选项栏中设置"绘制模式"为形状，设置"填充"为白色，"描边"为绿色，在画面中按住【Shift】键同时按住鼠标左键拖曳绘制一个圆，如图12-37所示。使用同样的方法绘制其他的圆，整体效果如图12-38所示。

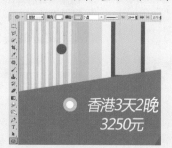
图12-37

图12-38

12.2 创意广告：插画风格饮品广告

案例文件

12.2 创意广告：插画风格饮品广告 .psd

视频教学

12.2 创意广告：插画风格饮品广告 .flv

难易指数

★★★☆☆

扫码看视频

技术要点

复制并自由变换、曲线调整图层、图层样式、图层蒙版

案例效果

图12-39

操作步骤

Part 1 放射图形背景制作

01 新建文件，选择工具箱中的"渐变工具"，单击选项栏中的渐变色条，打开"渐变编辑器"，编辑一种"红色系渐变"，如图 12-40 所示，在选项栏中选择"径向渐变" ，在画面中按住鼠标左键拖曳填充，效果如图 12-41 所示。

02 绘制"条状"。选择工具箱中的"多边形套索工具" ，绘制一个细长的三角形选区，如图 12-42 所示。新建图层，设置"前景色"为白色，使用【Alt+Delete】组合键为其填充白色，效果如图 12-43 所示。

图12-40

图12-41

图12-42

图12-43

03 接下来进行复制并自由变换。使用快捷键【Ctrl+T】对其进行自由变换，将"中心点"移动到最下方，在选项栏中设置"旋转角度"为 5 度，如图 12-44 所示。设置完成后按【Enter】确定变换操作，然后使用快捷键【Ctrl+Alt+Shift+T】进行复制并自由变换，多次使用该命令可以得到覆盖整个画面的效果，如图 12-45 所示。

04 制作放射状背景的渐隐效果。单击图层面板下的"创建新组" 按钮，将所有的"条状"图层移动到该组中。选择该图层组，然后单击图层面板下的"添加图层蒙版" 按钮，为该组添加图层蒙版，选择工具箱中的"渐变工具" ，编辑一个"由黑到白的渐变"的径向渐变，然后在图层蒙版中拖曳填充，图层面板如图 12-46 所示，画面效果如图 12-47 所示。

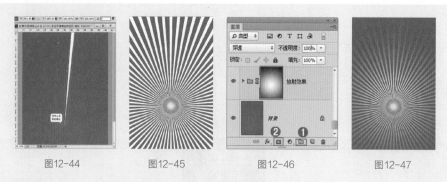

| 图12-44 | 图12-45 | 图12-46 | 图12-47 |

05 接下来调整不透明度。选择该图层组，在图层面板上调整"不透明度"为"20%"，如图 12-48 所示。此时放射状背景的效果如图 12-49 所示。

06 执行"文件▶置入"命令，置入素材"1.jpg"，放置在画面中的合适位置，并将其栅格化为普通图层。如图 12-50 所示。单击图层面板下的"添加图层蒙版" 🔲 按钮，为该组添加蒙版，选择工具箱中的"画笔工具" ✏️，选择"柔角画笔"，设置合适的大小，在蒙版中进行涂抹，如图 12-51 所示。效果如图 12-52 所示。

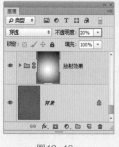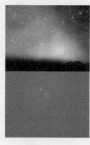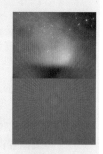

| 图12-48 | 图12-49 | 图12-50 | 图12-51 | 图12-52 |

07 设置"混合模式"为滤色，如图 12-53 所示。效果如图 12-54 所示。

08 为"星空"调整亮度。执行"图层▶新建调整图层▶曲线"命令，在"属性"面板中设置曲线形状，并单击"此调整剪切到此图层"按钮 ⬇️□，如图 12-55 所示。效果如图 12-56 所示。

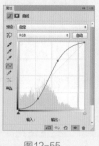

| 图12-53 | 图12-54 | 图12-55 | 图12-56 |

Part 2 主体产品制作

01 置入素材"2.png"，放置在画面中合适的位置，并将其栅格化为普通图层，如图 12-57 所示。为其添加"颜色叠加"效果，执行"图层▶图层样式▶颜色叠加"命令，设置"混合模式"为色相，"颜色"为洋红色，"不透明度"为"100%"，参数设置如图 12-58 所示，效果如图 12-59 所示。

02 为"瓶子"调整亮度。执行"图层▶新建调整图层▶曲线"命令，在"属性"面板中设置曲线形状，并单击"此调整剪切到此图层"按钮 ⬇️□，如图 12-60 所示。效果如图 12-61 所示。

图12-57

图12-58

图12-59

03 置入素材文件中的"3.png"，放置在画面中的合适位置，并将其栅格化为普通图层，如图 12-62 所示。

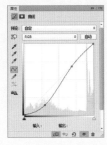
图12-60

图12-61

图12-62

04 置入素材文件中的"4.png"，放置在画面中的合适位置，并将其栅格化为普通图层，如图 12-63 所示。单击图层面板下的"添加图层蒙版" ◉ 按钮，为该图层添加蒙版。选择工具箱中的"画笔工具" ✐ ，选择"柔角画笔"，设置合适的大小，在蒙版中进行涂抹，只留下人物的上部分，效果如图 12-64 所示。

05 绘制"矩形"。选择工具箱中的"矩形工具"，设置"绘制模式"为形状，"颜色"为黄色，"描边颜色"为无颜色，在画面底部绘制矩形，如图 12-65 所示。选择工具箱中的"横排文字工具"，设置"颜色"为黄色，设置合适的字体和大小，在画面中键入文字，最终效果如图 12-66 所示。

图12-63

图12-64

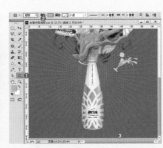
图12-65

图12-66

12.3 包装设计：休闲食品包装袋

案例文件

12.3 包装设计：休闲食品包装袋 .psd

扫码看视频

视频教学

12.3 包装设计：休闲食品包装袋 .flv

难易指数

★★★★★

技术要点

剪贴蒙版、图层样式、画笔工具

案例效果

图12-67

操作步骤

Part 1 制作包装袋平面图

01 执行"文件 ▶ 打开"命令，打开素材"1.jpg"，如图 12-68 所示。单击工具箱中的"矩形工具" 按钮，在选项栏中设置"绘制模式"为形状，单击"填充"按钮，在下拉菜单中选择"渐变填充"，设置一种合适的渐变颜色，设置"填充类型"为径向，"描边"为无色，在画面中按住鼠标左键拖曳绘制矩形，如图 12-69 所示。

02 制作包装袋上的阴影。执行"图层 ▶ 图层样式 ▶ 内阴影"命令，在弹出的"图层样式"对话框中设置"混合模式"为正片叠底，设置一种合适的颜色，设置"不透明度"为75%，"角度"为 −90，设置"距离"为 11 像素，"阻塞"为 3%，"大小"为 43%，如图 12-70 所示。效果如图 12-71 所示。

图12-68

图12-69

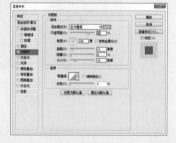

图12-70

03 绘制包装袋上的压痕。单击工具箱中的"画笔工具"按钮，设置"前景色"为合适颜色，在选项栏中设置"画笔大小"为 55 像素，单击"切换到面板" 按钮。在弹出的画笔面板中设置一种合适的画笔样式，设置"形状"为圆扇形，"硬毛刷"为 66%，"长度"为 25%，设置"粗细"为 1%，"硬度"为 88%，"角度"为 106%，"间距"设置为 2%，在画面中按住【Shift】键同时按住鼠标左键拖曳绘制包装袋上的压痕，

如图 12-72 所示。绘制包装袋上的树叶。单击工具箱中的"钢笔工具"  按钮，在选项栏中设置"绘制模式"为形状，"填充"为绿色，"描边"为无色，在画面中绘制出树叶，如图 12-73 所示。

图12-71   图12-72   图12-73

04 使用同样的方法绘制包装袋上的其他树叶，如图 12-74 所示。单击使用"直排文字工具"  按钮，在选项栏中设置合适的"文字样式"，"文字大小"设置为 40 点。设置"文字对齐类型"为顶对齐文本，设置"字体颜色"为黑色，键入文字，如图 12-75 所示。

05 执行"图层➤图层样式➤投影"命令。在弹出的"图层样式"对话框中设置"混合模式"为正片叠底，"颜色"为墨绿色，"不透明度"为 75%，设置"角度"为 150 度，"距离"为 2 像素，"大小"为 2 像素，如图 12-76 所示。单击"确定"按钮，效果如图 12-77 所示。

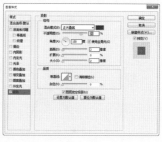

图12-74   图12-75   图12-76

06 执行"文件➤置入"命令，选择素材"2.jpg"，置入到画面中，缩放到合适比例并旋转一定角度，放在合适位置，按下【Enter】键确定此项操作，并将其栅格化为普通图层，如图 12-78 所示。执行"窗口➤图层"命令，打开"图层"面板，选择素材所在的图层，单击鼠标右键选择"创建剪贴蒙版"，如图 12-79 所示。效果如图 12-80 所示。

图12-77   图12-78   图12-79

07 单击工具箱中的"矩形工具"按钮，在选项栏中设置"绘制模式"为形状，单击"填充"按钮，设置一种合适的渐变，设置"渐变类型"为线性，"描边"为无色，按住鼠标左键拖曳绘制矩形，效果如图 12-81 所示。打开图层面板，设置"混合模式"为变暗，效果如图 12-82 所示。

图12-80

图12-81

图12-82

08 置入素材。执行"文件▷置入"命令，选择素材"3.png"，缩小到合适大小并摆在合适位置，按下【Enter】键确定此项操作，并将其栅格化为普通图层，效果如图12-83所示。单击工具箱中的"圆角矩形工具"按钮，在选项栏中设置"绘制模式"为形状，"描边"为无色，设置"圆角半径"为20像素，按住鼠标左键拖曳绘制圆角矩形，效果如图12-84所示。

09 执行"图层▷图层样式▷描边"命令，在弹出的"图层样式"对话框中设置"描边大小"为6像素，"位置"为外部，设置"填充类型"为颜色，设置一种合适的颜色，如图12-85所示。单击"确定"按钮，效果如图12-86所示。使用快捷键【Ctrl+J】复制该图层。使用自由变换快捷键【Ctrl+T】将其旋转90°，效果如图12-87所示。

图12-83

图12-84

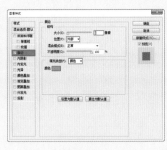
图12-85

10 单击工具箱中的"椭圆工具"按钮，在选项栏中设置"绘制模式"为形状，"填充"为墨绿色，设置"描边"为无色，按住【Shift】键同时按住鼠标左键拖曳绘制一个圆，效果如图12-88所示。使用同样的方法绘制其他圆，如图12-89所示。

图12-86

图12-87

图12-88

11 使用"横排文字工具" T 按钮，在选项栏中设置"字体样式"和"字体大小"，设置"对齐类型"为左对齐文本，设置"字体颜色"为白色，键入文字。调整合适的文字间距，使每个文字都处于圆形内部，如图12-90所示。平面图效果如图12-91所示。

图12-89　　　　　　　　　　图12-90　　　　　　　　　　图12-91

Part 2 制作包装袋立体效果

01 按住【Shift】键加选制作平面的食品包装袋的所有图层，单击鼠标右键选择"合并图层"，如图12-92所示，合并完成后效果如图12-93所示。

02 将合并后的图层复制一层，在打开的"图层"面板中选择复制的包装袋图层，执行"编辑▶变换▶垂直翻转"命令，设置"不透明度"为60%，如图12-94所示。效果如图12-95所示。

图12-92　　　　　　　　图12-93　　　　　　　　图12-94　　　　　　　　图12-95

03 单击"图层"面板下面的"添加图层蒙版" 按钮，为图层添加蒙版，选中图层蒙版，单击工具箱中的"画笔工具" 按钮，设置"前景色"为黑色，设置合适的画笔"大小"，设置"硬度"为0%，设置"模式"为正常，在蒙版底部按住鼠标左键拖曳涂抹，如图12-96所示。此时蒙版效果如图12-97所示。

04 单击工具箱中的"画笔工具" 按钮，设置"前景色"为白色。在选项栏中设置"画笔大小"为84像素，"不透明度"为29%，在画面中绘制反光的效果，如图12-98所示。使用同样的方法绘制阴影部分，此时包装呈现出一定的立体感，如图12-99所示。

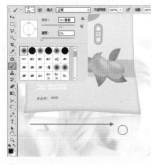

图12-96　　　　　　　　图12-97　　　　　　　　图12-98　　　　　　　　图12-99

05 将制作好的立体包装袋复制一份，放在右侧，如图12-100所示。

06 执行"图层▶新建调整图层▶色相/色相饱和度"命令，在弹出的"属性"面板中设置"色相"为–97，单击图层下方的"此调整剪切到此图层"按钮，如图12-101所示。效果如图12-102所示。

07 单击该调整图层的图层蒙版，使用"画笔工具" ，设置"前景色"为黑色，在蒙版中芒果的位置
上涂抹，使之还原之前的效果，如图12-103所示。

图12-100　　　　　　　　　图12-101　　　　　　　　图12-102

08 执行"图层▶新建调整图层▶曲线"命令，在弹出的属性面板中调整曲线，并单击图层下方的"此
调整剪切到此图层" 按钮，如图12-104所示。效果如图12-105所示。

09 用同样的方法复制包装袋，垂直翻转并添加蒙版，适当擦除多余部分，制作包装袋的倒影，如图
12-106和图12-107所示。

图12-103　　　　　　　　图12-104　　　　　　　　图12-105

10 休闲食品包装袋设计的最终效果如图12-108所示。

图12-106　　　　　　图12-107　　　　　　　　图12-108

12.4　UI设计：游戏设置界面设计

案例文件

12.4 UI 设计：游戏设置界面设计 .psd

扫码看视频

视频教学

12.4 UI 设计：游戏设置界面设计 .flv

难易指数

★★★★☆

技术要点

图层样式、剪贴蒙版

案例效果

图12-109

操作步骤

Part 1 制作界面背景

01 执行"文件 ➤ 打开"命令，将素材"1.jpg"打开，如图 12-110 所示。单击工具箱中的"矩形工具"
按钮，在选项栏中设置"绘制模式"为形状，"填充"为黑色，在画面中按住鼠标左键拖曳绘制矩
形，如图 12-111 所示。

02 执行"窗口 ➤ 图层"命令，打开"图层"面板，设置"不透明度"为 75%，效果如图 12-112 所示。
单击工具箱中的"圆角矩形工具"按钮，在选项栏中设置"绘制模式"为形状，"填充"为黑色，"描
边"为无色，"半径"为 20 像素，在画面中按住鼠标左键拖曳绘制一个圆角矩形，如图 12-113 所示。

图12-110

图12-111

图12-112

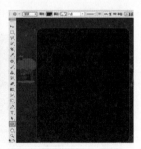
图12-113

03 新建一个渐变填充图层。执行"图层 ➤ 新建填充图层 ➤ 渐变"命令，在弹出的"新建图层"对
话框中单击"确认"按钮，弹出"渐变填充"对话框，单击"渐变"色条，在弹出的"渐变编辑
器"中设置一种合适的渐变颜色，单击"确定"按钮，设置"样式"为线性，如图 12-114 所示。
单击"确定"按钮，效果如图 12-115 所示。

04 在"图层"面板中选择渐变填充图层，单击鼠标右键执行"创建剪贴蒙版"命令，如图 12-116 所示。效果如图 12-117 所示。

图12-114

图12-115

图12-116

05 绘制不规则图形。单击工具箱中的"钢笔工具"按钮，在选项栏中设置"绘制模式"为形状，"填充"为黑色，"描边"为无色，在画面中绘制一个不规则图形，如图 12-118 所示。执行"编辑➤自由变换路径"命令，将光标移到中心点上，按住鼠标左键拖曳到右侧图形的边缘处，在选项栏中设置"旋转角度"为 27 度，如图 12-119 所示。

图12-117

图12-118

图12-119

06 按下【Enter】键确定此次操作，多次使用"复制并自由变换"快捷键【Shift+Ctrl+Alt+T】，将图形多次旋转复制。将所有不规则图形图层全部选中，执行右键选择合并图层，在"图层"面板中设置"透明度"为 40%，效果如图 12-120 所示。

07 选择合并后的图层，在"图层"面板中单击"添加图层蒙版" 按钮，为图层添加蒙版。选中图层蒙版，单击工具箱中的"画笔工具" 按钮，在选项栏中设置"画笔大小"为 191 像素，"硬度"为 0%。在矩形四周按住鼠标左键涂抹，效果如图 12-121 所示。此时蒙版效果如图 12-122 所示。

图12-120

图12-121

图12-122

08 新建一个渐变填充图层。执行"图层➤新建填充图层➤渐变"命令，在弹出的"新建图层"对话框中单击"确认"按钮。弹出"渐变填充"对话框，单击"渐变"色条，在弹出的"渐变编辑器"中设置一种合适的渐变颜色，设置"样式"为线性，如图 12-123 所示。单击"确定"按钮，效果如图 12-124 所示。

09 在"图层"面板中选择渐变填充图层，单击鼠标右键选择"创建剪贴蒙版"，如图 12-125 所示。效果如图 12-126 所示。

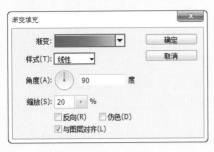

图12-123　　　　　　　　　　图12-124　　　　　　　　　　图12-125

10 单击工具箱中的"钢笔工具"按钮，在选项栏中设置"绘制模式"为形状，设置一种合适的填充颜色，设置"描边"为无色，在画面中绘制出一个不规则图形，效果如图 12-127 所示。然后绘制对话框上的装饰。使用"钢笔工具"，在选项栏中设置"绘制模式"为形状，设置"填充"为白色，"描边"为无色，在画面中绘制不规则图形，并在图层面板中设置图层"不透明度"为 60%，如图 12-128 所示。

图12-126　　　　　　　　　　图12-127　　　　　　　　　　图12-128

11 选择不规则图形所在图层，在"图层"面板中单击"添加图层蒙版"按钮。选择蒙版，单击"画笔工具"按钮，设置"前景色"为黑色，在选项栏中设置"画笔大小"为 35 像素，"硬度"为 0，在蒙版中按住鼠标左键拖曳进行涂抹，隐藏局部，如图 12-129 所示。继续使用"钢笔工具" 按钮，绘制其他不规则图形，效果如图 12-130 所示。

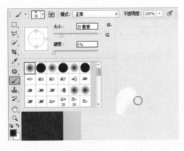

图12-129　　　　　　　　　　　图12-130

Part 2 制作选项按钮

01 单击"横排文字工具"，在选项栏中设置合适的"字体样式"，设置"字体大小"为 72 点，"字体颜色"为白色，在画面中单击键入文字，如图 12-131 所示。接着为文字添加效果。选择文字图层，执行"图层 ▷ 图层样式 ▷ 描边"命令，在弹出的"图层样式"对话框中设置"大小"为 10 像素，"位置"为外部，设置"填充类型"为颜色，设置一种合适的颜色，如图 12-132 所示。效果如图 12-133 所示。

图12-131

图12-132

图12-133

02 单击工具箱中的"圆角矩形" 按钮，在选项栏中设置"绘制模式"为形状，设置"填充"为蓝色，"描边"为无色，在画面中按住鼠标左键拖曳绘制圆角矩形，如图12-134所示。为绘制的圆角矩形添加效果。选中圆角矩形所在图层，执行"图层 ▷ 图层样式 ▷ 斜面和浮雕"命令，在弹出的"图层样式"对话框中设置"样式"为浮雕效果，"方法"为平滑，"深度"为200%，"方向"选中下，设置"大小"为40像素，"角度"为90度，"高度"为30度，设置"高光模式"为滤色，"颜色"为白色，"不透明度"为75%，设置"阴影模式"为正片叠底，"颜色"为深蓝，"不透明度"为75%，如图12-135所示。单击"确定"按钮，效果如图12-136所示。

图12-134

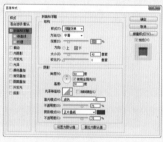

图12-135

图12-136

03 置入素材。执行"文件 ▷ 置入"命令，选择素材"2.png"将其置入，调整大小并放在合适位置，并将其栅格化为普通图层，如图12-137所示。单击工具箱中的"圆角矩形工具" 按钮，在选项栏中设置"绘制模式"为形状，设置"填充"为橙色，"描边"为无色，设置"转角半径"为20像素，在画面中按住鼠标左键拖曳，绘制一个圆角矩形，如图12-138所示。

图12-137

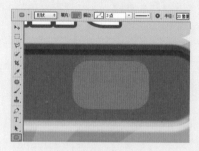

图12-138

04 为圆角矩形添加"斜面和浮雕"效果，选中圆角矩形所在的图层，执行"图层 ▷ 图层样式 ▷ 斜面和浮雕"命令，在弹出的"图层样式"对话框中，设置"样式"为内斜面，"方法"为平滑，"深度"为100%，"方向"为向上，设置"大小"为20像素，"角度"为90度，"高度"为30度，设置"高光模式"为明度，"颜色"为白色，设置"阴影模式"为正片叠底，设置一种合适的颜色，如图12-139所示。在"图层样式"左侧列表中勾选"描边"，设置"大小"为10像素，"位置"为外部，设置"填充类型"为颜色，设置一种合适的颜色，如图 12-140 所示。

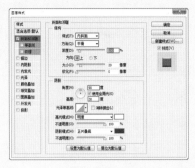
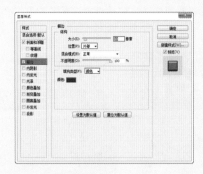

图12-139　　　　　　　　　　　　　　图12-140

05 在"图层样式"左侧列表中勾选"投影"，在弹出的"图层样式"对话框中设置"混合模式"为正片叠底，"颜色"为黑色，"不透明度"为 70%，设置"距离"为 5 像素，"大小"为 5 像素，如图 12-141 所示。单击"确定"按钮，效果如图 12-142 所示。

06 单击工具箱中的"钢笔工具"按钮，在选项栏中设置"绘制模式"为形状，为"填充"设置一种合适的颜色，设置"描边"为无色，在画面中绘制一个不规则图形，效果如图 12-143 所示。在图层中选中不规则图形图层，单击鼠标右键执行"创建剪贴蒙版"命令，使超出圆角矩形的部分被隐藏，效果如图 12-144 所示。

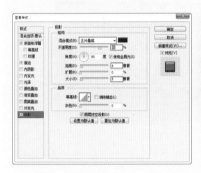

图12-141　　　　　　　　　图12-142　　　　　　　　　图12-143

07 键入设置选项上的文字。单击工具箱中的"横排文字工具"按钮，在选项栏中设置合适的字体样式，"字体大小"设置为 24 点，在画面中单击并键入文字，如图 12-145 所示。执行"图层▷图层样式▷描边"命令，在弹出的"图层样式"对话框中，设置"大小"为 5 像素，"位置"为外部，设置"填充类型"为颜色，设置一种合适的颜色，如图 12-146 所示。单击"确定"按钮，效果如图 12-147 所示。

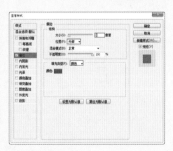

图12-144　　　　　　　　　图12-145　　　　　　　　　图12-146

08 继续使用"横排文字工具" T 按钮，键入字母，并为字母添加描边，如图 12-148 所示。

09 将绘制的设置选项图层全部选中，单击鼠标右键，选择"从图层创建组"，如图12-149所示，在弹出的"从图层创建组"对话框中设置名称为"effect"，单击"确定"按钮，效果如图12-150所示。

图12-147　　　　　　　　图12-148　　　　　　　　图12-149　　　　　　　图12-150

10 打开"图层"面板，选中"effect"组，按住鼠标左键拖曳到图层面板中的"创建新图层按钮"处，将图层复制一个，将名字改为"music"。按住【Shift】键，当鼠标左键向下垂直时拖曳，将复制后的图层组摆放在合适位置，如图12-151所示。更改其中按钮上的文字，并更换部分素材，如图12-152所示。

11 继续绘制按钮。单击工具箱中的"圆角矩形工具"，在选项栏中设置"绘制模式"为形状，设置"填充"为绿色，"描边"为无色，"圆角半径"为20像素，在画面中按住鼠标左键拖曳，如图12-153所示。

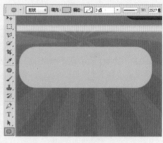

图12-151　　　　　　　　图12-152　　　　　　　　图12-153

12 为绘制的圆角矩形添加浮雕效果。选中刚刚绘制的圆角矩形图层，执行"图层▶图层样式▶斜面和浮雕"，在弹出的"图层样式"对话框中设置"样式"为内斜面，"方法"为平滑，"深度"为50%，设置"方向"为向上，"大小"为80像素，"高度"为80像素，设置"高光模式"为滤色，"颜色"为白色，设置"不透明度"为75%，设置"阴影模式"为正片叠底，"颜色"设置为墨绿色，"不透明度"为75%，如图12-154所示。为绘制的圆角矩形添加内发光效果。在"图层样式"左侧列表中勾选"内发光"，设置"混合模式"为滤色，设置"不透明度"为75%，"颜色"为白色，设置"方法"为精确，选择"居中"，设置"大小"为18像素，"范围"为60%，如图12-155所示。

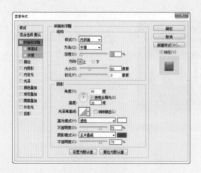

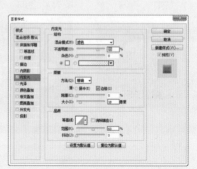

图12-154　　　　　　　　　　　　图12-155

13 为绘制的圆角矩形添加投影效果。在"图层样式"左侧列表勾选投影，设置"混合模式"为正片叠底，"不透明度"为 75%，"角度"为 90 度，"距离"为 5 像素，"扩展"为 25%，"大小"为 30 像素，如图 12-156 所示。效果如图 12-157 所示。

14 绘制按钮上的高光。单击工具箱中的"椭圆工具"，在选项栏中设置"绘制模式"为形状，"填充"为白色，"描边"为无色，在画面中按住鼠标左键拖曳绘制一个椭圆，如图 12-158 所示。打开"图层"面板，将"不透明度"改为 35%，效果如图 12-159 所示。

图12-156

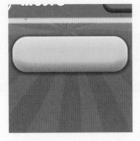
图12-157

图12-158

15 新建一个渐变填充图层。执行"图层 ➤ 新建填充图层 ➤ 渐变"命令，在弹出的"新建图层"对话框中单击"确定"按钮，在弹出的"渐变填充"对话框中设置合适的渐变颜色，设置"样式"为对称的，单击"确定"按钮，如图 12-160 所示。在"图层"面板中设置"不透明度"为 60%，效果如图 12-161 所示。

图12-159

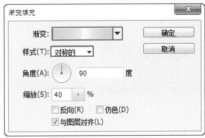
图12-160

图12-161

16 在"图层"面板中选择刚刚创建的渐变填充图层，单击鼠标右键，执行"创建剪贴蒙版"命令，如图 12-162 所示。效果如图 12-163 所示。

17 绘制按钮上的反光。单击工具箱中的"椭圆工具" 按钮，在选项栏中设置"绘制模式"为形状，"填充"为白色，"描边"为无色，在画面中按住鼠标左键拖曳绘制一个椭圆形。适当降低不透明度。如图 12-164 所示。使用同样的方法绘制其他圆，如图 12-165 所示。

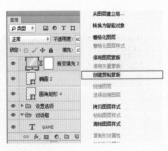

图12-162

图12-163

图12-164

18 键入按钮上的文字。使用"横排文字工具" 按钮，在圆角矩形上键入文字，并为其添加描边，效果如图 12-166 所示。在"图层"面板中选择文字下方的图层，单击"创建新图层"按钮，创建一个新图层。单击工具箱中的"画笔工具"按钮，在选项栏中设置"大小"为 35 像素，在文字下方涂抹，在"图层"面板中设置"不透明度"为 70%，呈现阴影效果，如图 12-167 所示。绘制的阴影部分效果如图 12-168 所示。

图12-165

图12-166

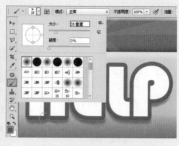

图12-167

19 将制作按钮的所有图层全部选中，单击鼠标右键选择"从图层建立组"，在弹出的"从图层建立组"中设置名称为"help"，单击"确定"按钮，如图 12-169 所示。图层被放置在一个图层组中，如图 12-170 所示。

图12-168

图12-169

图12-170

20 选中"help"组，按住鼠标左键拖曳到图层底部的"创建新图层"按钮处，操作两次，复制出两个按钮。按住【Shift】键水平向下拖曳，分别摆在不同位置，效果如图 12-171 所示。更改复制后的按钮的颜色和按钮上的文字，效果如图 12-172 所示。

21 单击工具箱中的"椭圆工具"按钮，在选项栏中设置"绘制模式"为形状，"填充"为白色，"描边"为无色，在画面中按住鼠标左键同时按住【Shift】键拖曳绘制一个正圆，如图 12-173 所示。选中正圆所在图层，执行"图层 ▷ 图层样式 ▷ 斜面和浮雕"命令，设置"样式"为内斜面，"方向"向上，"高度"为 30 度，设置"高光模式"为滤色，"颜色"为白色，"不透明度"为 75%，设置"阴影模式"为正片叠底，"颜色"为黑色，"不透明度"为 40%，如图 12-174 所示。

图12-171

图12-172

图12-173

22 在"图层样式"左侧列表中勾选"投影"，设置"混合模式"为正片叠底，"不透明度"为45%，设置"距离"为15像素，"扩展"为10%，"大小"为5像素，如图12-175所示。效果如图12-176所示。

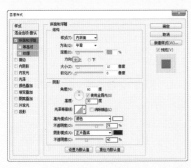

图12-174　　　　　　　　　　　图12-175　　　　　　　　　　　图12-176

23 使用同样的方法绘制一个较小的红色正圆，为其添加浮雕效果，效果如图12-177所示。使用"画笔工具"绘制高光，效果如图12-178所示。

24 单击工具箱中的"圆角矩形工具"按钮，在选项栏中设置"绘制模式"为形状，"填充"为白色，"描边"为无色，"半径"为20像素，按住鼠标左键拖曳绘制一个圆角矩形，如图12-179所示。执行"编辑 ➤ 自由变换路径"，将其旋转一定角度，单击【Enter】键确定此次操作，如图12-180所示。

图12-177　　　　　　　　　　　图12-178　　　　　　　　　　　图12-179

25 复制该圆角矩形，并进行水平翻转，如图12-181所示。游戏设置界面设计的最终效果如图12-182所示。

图12-180　　　　　　　　　　　图12-181　　　　　　　　　　　图12-182

12.5　网页设计：缤纷水果促销活动页面

案例文件

12.5 网页设计：缤纷水果促销活动页面 .psd

扫码看视频

视频教学

12.5 网页设计：缤纷水果促销活动页面 .flv

难易指数

★★★★★

技术要点

画笔工具、渐变工具、图层蒙版、混合模式、图层样式、横排文字工具

案例效果

图12-183

操作步骤

Part 1 制作页面背景

01 新建文件，设置"前景色"为青蓝色，使用填充前景色快捷键【Alt+Delete】键为其填充，如图 12-184 所示。制作云彩效果。新建图层，选择工具箱中的"画笔工具"，设置"前景色"为白色，选择"柔角画笔"在画面中进行涂抹，制作出云彩的效果，此时效果如图 12-185 所示。

02 为画面添加渐变。选择工具箱中的"矩形选框工具"，在画面中绘制矩形选框，如图 12-186 所示。新建图层，然后选择"渐变工具"，设置"渐变"为蓝色系渐变，在选区内拖曳鼠标为其填充渐变，此时画面效果如图 12-187 所示。

图12-184　　　　　　　图12-185　　　　　　　图12-186　　　　　　　图12-187

03 置入海素材"1.jpg"，放置在画面中的最下方，并将其栅格化为普通图层，如图 12-188 所示。单击图层面板下方的"创建图层蒙版" ▣ 按钮，为图层添加蒙版，然后选择"画笔工具"，选择"柔角画笔"，在蒙版中进行涂抹，使海与画面更好地融合在一起，效果如图 12-189 所示。

04 置入岛素材"2.png"，放置在画面中的合适位置，并将其栅格化为普通图层，效果如图 12-190 所示。

图12-188　　　　　　　图12-189　　　　　　　图12-190

05 接着在画面中添加水果素材。打开素材文件中的"3.psd"，使用"移动工具"拖动其中的水果图层，放置在当前画面中的合适位置，如图12-191所示。设置"混合模式"为变暗，此时画面效果如图12-192所示。

06 继续置入水素材"4.png"，放置在水面和小岛之间的位置，并将其栅格化为普通图层，效果如图12-193所示。

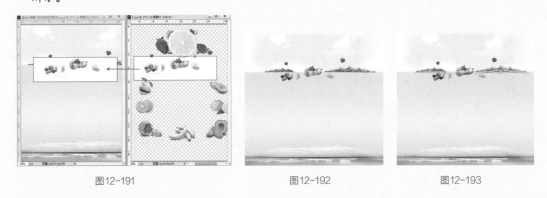

图12-191　　　　　　　　　　　图12-192　　　　　　　图12-193

Part 2 主体图形

01 绘制中部形状。选择工具箱中的"钢笔工具"，设置"绘制模式"为形状，"填充"为白色，"描边"为无颜色，设置完成后在画面中绘制形状，如图12-194所示。接下来为形状添加"外发光"效果，执行"图层▷图层样式▷外发光"命令，设置"混合模式"为正常，"不透明度"为75%，"杂色"为0%，"颜色"为蓝色，"方法"为柔和，"扩展"为0%，"大小"为30像素，参数设置如图12-195所示。设置完成后单击"确定"按钮，此时画面效果如图12-196所示。

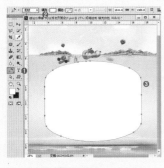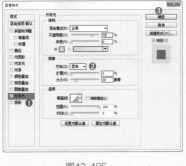

图12-194　　　　　　　　　图12-195　　　　　　　　图12-196

02 继续使用"圆角矩形工具"在画面中绘制形状，如图12-197所示。

03 接下来为新绘制的形状添加"内发光"效果。执行"图层▷图层样式▷内发光"命令，设置"混合模式"为正常，"不透明度"为75%，"杂色"为0%，"颜色"为黄色，"方法"为柔和，"阻塞"为

15%，"大小"为 170 像素，"范围"为 50%，参数设置如图 12-198 所示。设置完成后单击"确定"按钮，效果如图 12-199 所示。

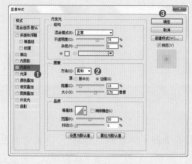

图12-197   图12-198   图12-199

04 绘制外围描边。继续使用"钢笔工具"绘制形状，设置"绘制模式"为形状，"填充"为无颜色，"描边"为黄色，"描边粗细"为 2 点，"描边类型"为圆点，设置完成后在画面中绘制形状，如图 12-200 所示。此时画面效果如图 12-201 所示。

05 键入文字。选择工具箱中的"横排文字工具" T ，设置合适的颜色、字体和大小，在画面中键入文字，如图 12-202 所示。使用和上一步同样的方法，绘制文字下方的点线，效果如图 12-203 所示。

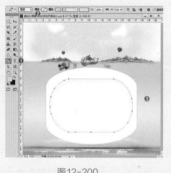

图12-200   图12-201   图12-202

06 使用同样的方法键入其他文字，效果如图 12-204 所示。

07 再次打开素材文件中的"3.psd"，将素材文档中的水果移动到当前文档中，放置在画面中的合适位置，并将其栅格化为普通图层，如图 12-205 所示。使用同样的方法继续置入其他水果，此时画面效果如图 12-206 所示。

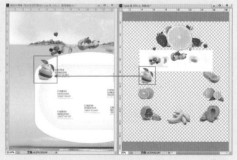

图12-203   图12-204   图12-205

08 绘制圆形。使用"椭圆工具" ，设置"绘制模式"为形状，"填充"为白色，"描边"为无颜色，设置完成后按住【Shift】键在画面中拖曳鼠标绘制圆形形状，效果如图12-207所示。

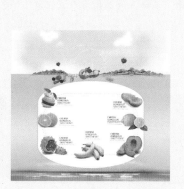

图12-206

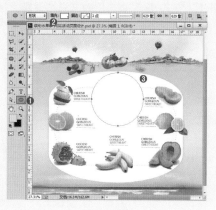

图12-207

09 然后为其添加图层样式。执行"图层▶图层样式▶内发光"命令，设置"混合模式"为正常，"不透明度"为50%，"杂色"为0%，"颜色"为黄色，"方法"为柔和，"阻塞"为0%，"大小"为35像素，"范围"为50%，参数设置如图12-208所示。继续勾选"渐变叠加"选项，设置"混合模式"为正常，"不透明度"为100%，"渐变"为黄色系渐变，"样式"为线性，"角度"为90度，"缩放"为100%，参数设置如图12-209所示。设置完成后单击"确定"按钮，此时圆形形状效果如图12-210所示。

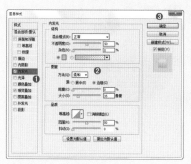

图12-208

图12-209

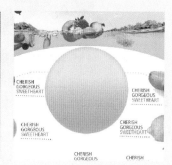

图12-210

10 置入丝带素材"5.png"，将其放在圆形下方，并将其栅格化为普通图层，如图12-211所示。选择圆形图层，单击图层面板下方的"添加图层蒙版" ◻ 按钮，为图层添加蒙版，然后选择"多边形套索工具" ⊻ ，在蒙版中绘制选区，并在蒙版中的此区域内填充黑色，此时，在圆形后方的丝带就会显现出来，效果如图12-212所示。

11 键入文字。选择"横排文字工具" T ，设置"颜色"为白色，设置合适的字体和大小，在画面中键入文字，如图12-213所示。

图12-211

图12-212

图12-213

12 然后为文字添加图层样式。执行"图层 ➤ 图层样式 ➤ 渐变叠加"命令,设置"混合模式"为正常,"不透明度"为100%,"渐变"为灰色系渐变,"样式"为线性,"角度"为90度,"缩放"为100%,参数设置如图12-214所示。然后勾选"外发光"选项,设置"混合模式"为正常,"不透明度"为75%,"杂色"为0%,"颜色"为棕色,"方法"为柔和,"扩展"为0%,"大小"为5像素,"范围"为50%,参数设置如图12-215所示。设置完成后单击"确定"按钮,此时文字效果如图12-216所示。

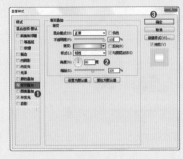 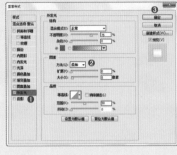 

图12-214　　　　　　　　　　　图12-215　　　　　　　　　　　图12-216

13 绘制矩形及文字。使用"矩形工具"在画面中绘制矩形,如图12-217所示。然后使用"横排文字工具",设置合适的颜色、字体和大小,在画面中键入文字,此时效果如图12-218所示。

14 接着制作卷边效果。使用"钢笔工具"在圆形右上角画面中绘制形状,如图12-219所示。

图12-217　　　　　　　　　　　图12-218　　　　　　　　　　　图12-219

15 为形状添加"图层样式"。执行"图层 ➤ 图层样式 ➤ 颜色叠加"命令,设置"混合模式"为正常,"颜色"为黄色,"不透明度"为100%,参数设置如图12-220所示。然后勾选"投影"选项,设置"混合模式"为正片叠底,"颜色"为黑色,"不透明度"为20%,"角度"为93度,"距离"为12像素,"扩展"为0%,"大小"为5像素,参数设置如图12-221所示。设置完成后单击"确定"按钮,效果如图12-222所示。

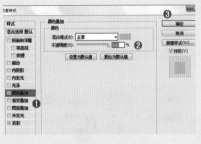 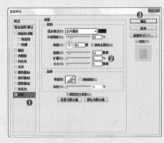 

图12-220　　　　　　　　　　　图12-221　　　　　　　　　　　图12-222

16 使用和前面同样的方法绘制线。使用"钢笔工具"绘制形状,设置"绘制模式"为形状,"填充"为无颜色,"描边"为棕色,"描边粗细"为2点,"描边类型"为虚线的圆点,设置完成后在画面中绘制形状,如图12-223所示。

17 使用同样的方法绘制其他的线,此时画面效果如图12-224所示。

图12-223   图12-224

Part 3 制作网页顶栏

01 继续从素材文档中移动合适的水果素材到当前文档，放置在合适的位置，如图12-225所示。

02 键入文字。使用"横排文字工具"，设置"颜色"为白色，设置合适的字体和大小，在画面中键入文字，如图12-226所示。

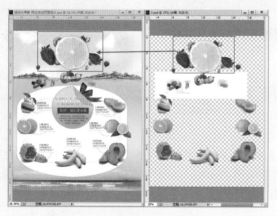

图12-225   图12-226

03 接下来为文字添加"图层样式"。执行"图层 ➤ 图层样式 ➤ 描边"命令，设置"大小"为21像素，"位置"为外部，"混合模式"为正常，"不透明度"为100%，"填充类型"为渐变，"渐变"为黄色系渐变，"样式"为线性，"角度"为 -7 度，"缩放"为100%，参数设置如图12-227所示。此时文字效果如图12-228所示。

04 勾选"渐变叠加"选项，设置"混合模式"为正常，"不透明度"为100%，"渐变"为绿色系渐变，"样式"为线性，"角度"为90度，"缩放"为100%，参数设置如图12-229所示。此时文字效果如图12-230所示。

图12-227   图12-228   图12-229

05 勾选"外发光"选项，设置"混合模式"为正常，"不透明度"为50%，"杂色"为0%，"颜色"为绿色，"方法"为柔和，"扩展"为43%，"大小"为29像素，"范围"为50%，参数设置如图12-231所示。此时文字效果如图12-232所示。

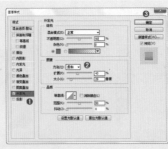

图12-230 图12-231 图12-232

06 绘制形状。使用"矩形工具"在文字下方绘制矩形，如图12-233所示。执行"编辑▶变换▶斜切"命令，将矩形进行变形操作，如图12-234所示。

07 键入文字。使用"横排文字工具"，设置颜色为黄色，设置合适的字体和大小，在矩形上键入文字，如图12-235所示。

图12-233 图12-234 图12-235

08 继续键入文字，如图12-236所示。为其添加"描边"效果，执行"图层▶图层样式▶描边"命令，设置"大小"为10像素，"位置"为外部，"混合模式"为正常，"不透明度"为100%，"填充类型"为颜色，"颜色"为棕色，参数设置如图12-237所示。

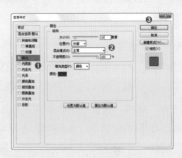

图12-236 图12-237

09 此时文字效果如图12-238所示。文字绘制完成后，画面最终效果如图12-239所示。完成本案例的制作。

图12-238 图12-239

第 13 章

谁说 PS 不能做 3D 效果

13.1　平面软件的 3D 效果之路

可能在很多人看来，想要制作立体效果就需要使用 3dsMAX、Maya 一类的三维软件，而这些三维软件又非常复杂而且难学，所以对 3D 效果望而却步。但在平面设计作品中，为了使画面效果更具视觉冲击力，也经常会使用一些三维元素，例如在海报中制作一个 3D 效果文字，画面的表现力会大大增强，同时文字信息的展示效果也会更吸引人注意。其实，在平面设计作品中所需要应用到的 3D 元素并不复杂，尤其是 3D 文字对象。那么如何轻松地在作品中添加 3D 元素呢。这就要借助 Photoshop 的 3D 功能啦！

在 PS 中 3D 功能乍看起来有些难懂，其实不然，3D 功能与我们之前的操作模式略有区别而已，只要掌握它的操作原理，操作起来也很简单。图 13-1 和图 13-2 所示为使用 Photoshop 中的 3D 功能制作的作品。

图13-1　　　　　图13-2

13.1.1　进入立体的 3D 世界

3D 这个词相信大家都不陌生，3D 电影、3D 游戏、3D 动画等等。3D 是英文 "three-dimensional" 的简称，即三维，三个维度。我们知道二维世界中的图形只有长度和宽度，而没有纵深的厚度，如图 13-3 所示。而在三维世界中除了 x 轴、y 轴外，还有延伸向画面内部的 z 轴，如图 13-4 所示。所以，3D 是突破平面的，是立体的。

在 Photoshop 中创建或打开 3D 对象后，软件会自动模拟出一个三维空间，其中的对象不再是只有长度和宽度的平面对象，而会变为带有长宽高三维属性的立体对象，并且可以像真实世界中一样进行调整摆放位置，或更换观看角度等操作。

图13-3　　　　　　　　　　　　　　　　　　图13-4

13.1.2　从3D文件新建图层

在 Photoshop 中针对 3D 的编辑有一系列的工具、选项、命令和面板。想要进行这些功能的学习，首先需要使当前文档中包含 3D 对象。这一节我们先来学习一下将已有的 3D 对象在 Photoshop 中打开的方式。

在"3D"菜单下包含"从 3D 文件新建图层"这样一个命令，就是将外部的 3D 文件在 PS 中打开。新建文档后，执行"3D▷ 从文件新建 3D 图层"命令，在弹出的"打开"窗口中选择一个合适的文件，单击"打开"按钮，如图 13-5 所示。随即文件就会在 PS 中打开，并以独立的图层进行显示，如图 13-6 所示。

图13-5

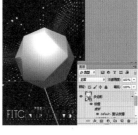

图13-6

> 💡提示　在 PS 中可以打开和编辑 3DS、OBJ、U3D、KMZ、DAE 格式的 3D 文件。如果在练习此命令时，您的电脑里没有此类型的 3D 文件，那么可以在网络上搜索下载 3DS 或 OBJ 格式的文件。

13.1.3　看似复杂的3D面板其实很简单

3D 文件包含网格、材质和光源等组件。简单来说网格（也被称为模型）相当于 3D 对象的骨骼肌肉；材质相当于 3D 对象的皮肤；光源相当于照射在 3D 对象上方的阳光或者灯光，能使场景亮起来从而看见模型。在 PS 中打开或编辑 3D 对象时，都会进入到 3D 界面中，如图 13-7 所示。

（1）新建图层，然后绘制一个任意的图形，如图 13-8 所示。执行"3D▷ 从所选图层新建 3D 模型"命令即可创建 3D 对象，如图 13-9 所示。

（2）此时也会弹出 3D 面板。默认情况下，在 3D 面板中显示的为"场景" 选项卡，在该选项卡中会列出场景中的所有条目，例如 3D 模型、灯光、相机等，如图 13-10 所示。通常 3D 面板需要配合"属性"面板共同使用，在 3D 面板中选择需要编辑的条

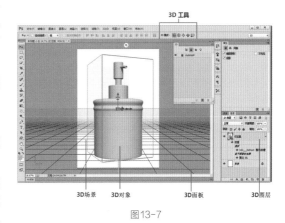

3D场景　　3D对象　　　3D面板　　　3D图层

图13-7

目，然后在"属性"面板中进行相关的设置，如图 13-11 所示。

  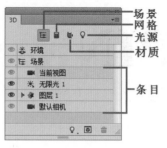 

图13-8　　　　　　　　图13-9　　　　　　　　图13-10　　　　　　　　图13-11

（3）在顶部单击四个按钮可以切换到场景、网格、材质、光源选项卡中。单击"网格" 按钮会切换到网格选项卡中，如图 13-12 所示。默认情况下，选择其中一项，其"属性"面板如图 13-13 所示。

（4）单击"材质"按钮 会显示材质选项卡，并在"属性"面板中显示材质相关设置，如图 13-14 和图 13-15 所示。

图13-12　　　　　　　　图13-13　　　　　　　　图13-14

（5）单击"光源"按钮 会显示光源选项卡，并在"属性"面板中显示灯光的相关设置，如图 13-16 和图 13-17 所示。

图13-15　　　　　　　　图13-16　　　　　　　　图13-17

13.1.4　在3D的世界里就要使用3D工具

3D 对象不仅可以进行平面轴向的缩放、旋转，还可以在三维世界的三个轴向分别进行旋转、缩放等操作。想要对 3D 对象进行这些操作，就需要使用"3D 工具"。3D 工具在工具箱中可是找不到的，需要进入 3D 编辑状态后（也就是选中 3D 图层时），单击工具箱中的"移动工具" ，在选项栏右侧可以看到 3D 工具。使用 3D 对象工具可以对 3D 对象进行旋转、滚动、平移、滑动和缩放等操作，相机视图保持固定，如图 13-18 所示。

◇　3D 对象旋转工具 : 使用 "3D 对象旋转工具" 上下拖曳光标, 可以围绕 x 轴旋转模型; 在两侧拖曳光标, 可以围绕 y 轴旋转模型; 如果按住【Alt】键同时拖曳光标, 可以滚动模型, 如图 13-19 和图 13-20 所示。

◇　3D 对象滚动工具 : 使用 "3D 对象滚动工具" 在两侧拖曳光标, 可以围绕 z 轴旋转模型, 如图 13-21 所示。

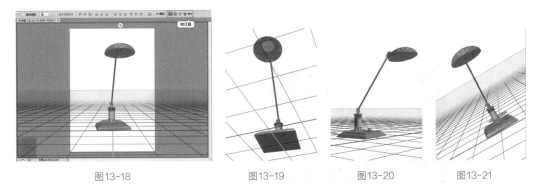

图13-18　　　　　　图13-19　　　　　图13-20　　　　　图13-21

◇　3D 对象平移工具 : 使用 "3D 对象平移工具" 以左右方向拖曳光标, 可以在水平方向上移动模型, 如图 13-22 所示; 上下拖曳光标, 可以在垂直方向上移动模型, 如图 13-23 所示; 如果按住【Alt】键同时拖曳光标, 可以沿 x/z 方向移动模型。

◇　3D 对象滑动工具 : 使用 "3D 对象滑动工具" 在两侧拖曳光标, 可以在水平方移动模型, 如图 13-24 所示; 上下拖曳光标, 可以将模型移近或移远, 如图 13-25 所示; 如果按住【Alt】键同时拖曳光标, 可以沿 x/y 方向移动模型。

◇　3D 对象缩放工具 : 使用 "3D 对象比例工具" 上下拖曳光标, 可以放大或缩小模型, 如图 13-26 所示。如果按住【Alt】键的同时拖曳光标, 效果如图 13-27 所示。

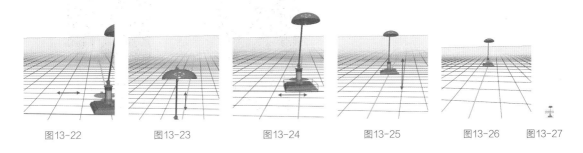

图13-22　　　　　图13-23　　　　　图13-24　　　　　图13-25　　　　　图13-26　　　图13-27

独家秘笈　　　　　　　　**认识 3D 轴**

当选择3D对象时, 对象附近就会出现 "3D轴", "3D轴" 是一个简单又方便的3D模型的变换控制器, 使用3D轴可以将对象按照各个轴向进行移动、旋转、缩放等操作。

将光标放置在任意轴的锥尖上, 单击并向相应方向拖动即可沿X/Y/Z轴移动对象; 单击轴间内弯曲的旋转线框, 在出现的旋转平面的黄色圆环上单击并拖动即可旋转对象; 单击并向上或向下拖动3D轴中央的立方块即可等比例调整对象大小, 如图13-28所示。

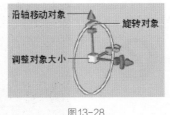

图13-28

13.2　Get新技能：创建与编辑 3D 对象

前面学了那么多基础知识，是不是十分想试一试 PS 的 3D 功能呢？如何创建 3D 对象？如何将已有图层转换为三维对象？别着急，在这一节中，就让我们一起 Get 这个新技能吧！图 13-29 和图 13-30 所示为使用 Photoshop 中的 3D 功能制作的作品。

图13-29

图13-30

13.2.1　2D变3D就是这么简单

从 2D 到 3D 看似复杂，实则非常简单。只需要执行一个命令，接下来的工作就由 PS 完成了。我们可以从 3D 文件新建 3D 图层，还可以从所选图层、路径或选区新建 3D 图层。来试试看吧！

1.　从所选图层新建 3D 模型

选中某个图层，如图 13-31 所示。执行"3D➤ 从所选图层新建 3D 模型"命令，此时所选图层出现 3D 凸出效果，如图 13-32 所示。"从所选图层新建 3D 模型"命令不仅能够对普通图层进行操作，还可以对智能对象图层、文字图层、形状图层、填充图层进行操作。

图13-31

图13-32

2.　从所选路径新建 3D 模型

"从所选路径新建 3D 模型"命令与"从所选图层新建 3D 模型"非常相似，只不过是针对路径操作，而不是图层。当文档中包含路径时，执行"3D➤ 从所选路径新建 3D 模型"命令，即可以当前图层中路径内部的图像创建 3D 模型，如图 13-33 和图 13-34 所示。

3.　从当前选区新建 3D 模型

"从当前选区新建 3D 模型"命令可以将选区中的图层创建为 3D 对象。创建一个选区，如图 13-35 所示。然后执行"3D➤ 从当前选区新建 3D 模型"命令，即可创建 3D 模型，如图 13-36 所示。

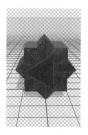

图13- 33

图13-34

图13-35

图13-36

13.2.2　创建一些常见的3D图形

通过"网格预设"命令可以创建一些常见的3D模型，如果当前所选的图层带有内容，则会以当前图层内容创建3D模型。选中图层，如图13-37所示。执行"3D➤从图层新建网格➤网格预设"命令，选择一个形状后，2D图像转换为3D图层并且得到一个3D模型，图13-38所示分别菜单命令中的模型效果。

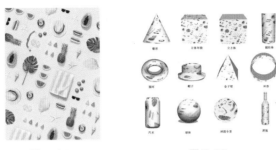

图13-37　　　　　　　　　　　　图13-38

13.2.3　合并3D对象

"合并3D图层"命令很好理解，就是可以将多个3D图层合并为一个3D图层。选择多个3D图层，如图13-39所示。执行"3D➤合并3D图层"菜单命令，合并后每个3D文件的所有网格和材质都包含在合并后的图层中，如图13-40所示。3D对象合并后可能会出现位置移动的情况，可以使用其中的3D工具选择并重新调整各个网格的位置。

图13-39　　　　　　　　　　　　图13-40

13.2.4　3D对象变变变

在PS中，能将平面的图层变成三维对象，同样也能将三维对象变成平面的普通图层。3D图层还可以转换为智能图层，或者以当前的对象创建工作路径。

与栅格化文字对象、栅格化智能对象等操作相同，"栅格化3D"命令是将3D对象转换为普通图层的过程。右键单击3D图层，执行"栅格化3D"命令，如图13-41所示，3D对象将变为普通图层。将3D图层转换为2D图层以后，将不能够再次编辑3D模型的位置、渲染模式、纹理以及光源。栅格化的图像会保留3D场景的外观，但

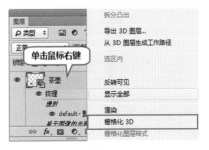

图13-41

格式会变成平面化的 2D 格式的普通图层，如图 13-42 所示。

　　想要创建路径，可以选择 3D 图层，执行"3D▷ 从图层生成工作路径"命令，即可以当前对象生成工作路径，如图 13-43 和图 13-44 所示。

图13-42

图13-43

图13-44

13.2.5　储存3D文档与导出3D对象

　　（1）3D 对象图层是一种较为特殊的图层，如果要将 3D 的相关信息储存在文件中，那么文件需要储存为 PSD、PSB、TIFF 或 PDF 格式。此类格式可以保留 3D 模型的位置、光源、渲染模式和横截面。

　　（2）如果要导出 3D 图层，可以在"图层"面板中选择相应的 3D 图层，然后执行"3D▷导出3D图层"菜单命令，打开"存储为"对话框，在"格式"下拉列表中可以选择将 3D 图层导出为 Collada DAE、Wavefront/OBJ、U3D 或 Google Earth 4 KMZ 格式的文件，如图 13-45 所示。

图13-45

13.3　为3D对象穿上好看的衣服吧

　　在空白图层上直接创建出的 3D 对象看起来并不美观，没有花纹，也没有质感。其实，那些"灰溜溜"的 3D 模型都是在"裸奔"。要想让它们变得漂亮，变得真实那就必须让它们"穿上衣服"。为 3D 模型"穿衣服"实际上就是为其添加贴图。图 13-46 和图 13-47 所示为可以使用 Photoshop 中的 3D 功能制作的作品。

图13-46

图13-47

　　（1）新建文件，置入标签素材并将其栅格化，如图 13-48 所示。选择"标签"图层，执行"3D▷ 从图层新建网格 ▷ 网格预设 ▷ 酒瓶"命令，创建一个酒瓶的 3D 模型，如图 13-49 所示。

　　（2）下面调整标签的位置和大小。在以标签图层创建的 3D 模型上，会自动将标签作为材质。在 3D 面板中选择"标签材质"，然后在"属性"面板中单击■按钮，执行"编辑纹理"命令，如图 13-50 所示。随即会在一个独立的文档中打开 3D 模型并看见标签，如图 13-51 所示。

图13-48　　　　　　图13-49　　　　　　　　图13-50　　　　　　　图13-51

（3）接着调整标签在文档中的位置，然后将其进行不等比的缩放。调整完成后使用快捷键【Ctrl+S】进行保存，如图 13-52 所示。然后关闭这个独立的文档，可以看见标签在酒瓶上的位置和效果发生了相应的变化，如图 13-53 所示。

（4）接着调整玻璃瓶的颜色。瓶身部分为没有贴图，想要使其产生玻璃的质感，可以对材质属性进行编辑。在 3D 面板中选择"瓶子材质"，然后在"属性"面板中单击"漫射"色块打开拾色器，设置颜色为深绿色。同样设置镜像和环境为深绿色，如图 13-54 所示。此时瓶子效果如图 13-55 所示。

图13-52　　　　　　图13-53　　　　　　　　图13-54

（5）接着调整瓶盖的材质。在 3D 面板中选择"盖子材质"，然后在"属性"面板中单击材质球后侧的倒三角按钮，在预设下拉列表中单击"软木"材质，如图 13-56 所示。此时所选对象快速被赋予所选材质，效果如图 13-57 所示。

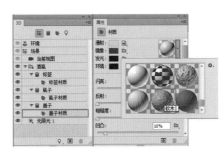

图13-55　　　　　　　图13-56　　　　　　　　　　图13-57

13.4　3D 世界中不可缺少的"光"

光在真实世界中是必不可少的，白天有太阳光，夜晚会有月光和星光。室内会有白炽灯、荧光灯、射灯。因为有光的存在，物体的颜色或形态才能够被肉眼观察到。在 Photoshop 的 3D 世界中，灯光也是必不可少的组成部分。在默认情况下创建出 3D 对象后，场景中会自动出现一个"无限光"。如果打开已有的 3D 模型，其中也可能会带有灯光。想要创建 3D 世界中的光源，可以通过单击 3D 面板顶部的"光源"按钮 来实现。

13.4.1 为 3D 世界点一盏灯

（1）在创建了 3D 对象后，场景中会自动出现一个"无限光"，如图 13-58 所示。在 3D 面板中单击该光源的条目，如图 13-59 所示。接着单击底部的"删除"按钮，可以删除当前光源，此时 3D 对象变暗，如图 13-60 所示。

图13-58　　　　　　　图13-59　　　　　　　　图13-60

（2）若要为场景添加新的光源，在 3D 面板底部可以看到"将新光照添加到场景中"按钮 ，在弹出的菜单中可以看到三种光源类型：点光、聚光灯和无限光。单击某一项即可在画面中创建相应的灯光，如图 13-61 所示。点光像灯泡一样，向各个方向照射；聚光灯照射出可调整的锥形光线；无限光像太阳光，从一个方向平面照射，如图 13-62 所示。

点光灯　　　　　　　　　聚光灯　　　　　　　　无限光灯

图13-61　　　　　　　　　　　　　图13-62

（3）新建光源的位置无法满足所有场景，若要移动光源位置，可以在 3D 面板中选中相应的光源条目，如图 13-63 所示。并使用 3D 工具或 3D 轴拖曳光标调整光源位置，使用方法与调整 3D 对象相同，图 13-64 所示为调整光源角度。

图13-63　　　　　　　　　　　图13-64

13.4.2　调整灯光的参数属性

切换到"3D光源"面板，选中灯光条目，可以在"属性"面板中进行相关的设置，如图13-65所示。此时画面中会显示控制组件，如图13-66所示。

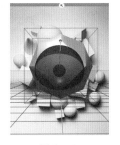

图13-65　　　　　　　　　　　图13-66

◇　预设：包含多种内置光照效果，切换即可观察到预览效果，如图13-67所示。图13-68所示为几种不同预设的效果。

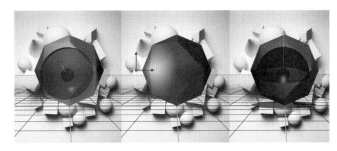

图13-67　　　　　　　　　　　　图13-68

◇　光照类型：设置光照的类型，包括"点光""聚光灯""无限光"3种，图13-69、图13-70和图13-71所示分别是"点光""聚光灯""无限光"效果。

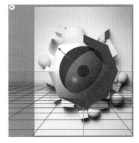

图13- 69　　　　　　　图13-70　　　　　　　图13-71

◇　强度：用来设置光照的强度。数值越大，灯光越亮，图13-72和图13-73所示是"强度"为20%和150%时的对比效果。
◇　颜色：用来设置光源的颜色。单击"颜色"选项右侧的色块，可以打开"选择光照颜色"对话框，在该对话框中可以自定义光照的颜色。图13-74和图13-75所示是光照颜色为红色和蓝色时的对比效果。
◇　创建阴影：勾选该选项以后，可以从前景表面到背景表面、从单一网格到其自身或从一个网格到另一个网格产生投影。
◇　柔和度：对阴影边缘进行模糊，使其产生衰减效果。

图13-72

图13-73

图13-74

图13-75

13.5 渲染输出3D对象

虽然外面在 PS 界面中看到了立体的 3D 对象，但是其实这并没有完全展示出 3D 对象的全部效果。在绝大多数的 3D 制图软件中，为了保证软件运行的流畅性，大多不会实时显示最终的、高质量的画面效果。Photoshop 也是一样，想要得到效果更加精美的 3D 对象，就需要对其进行"渲染"。

"渲染"可以简单理解为将 3D 对象的质量进行一次"提升"的过程。"渲染"需要在完成模型建立、灯光设置、材质编辑之后进行。渲染得到的 3D 模型的材质会更细腻，光影会更逼真。图 13-76 和图 13-77 所示为渲染前后的对比效果。

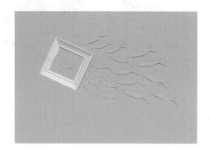
图13-76

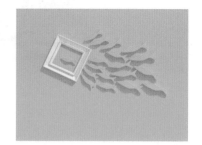
图13-77

13.5.1 渲染设置

在对 3D 模型进行渲染之前，需要进行一定的参数设置。单击"3D"面板中的"场景"按钮，选择"场景"条目，如图 13-78 所示。接着在"属性"面板中可以看到一些参数选项，如"预设"选项、"横截面"选项、"表面"选项、"线条"选项和"点"选项，如图 13-79 所示。

1. 预设

在 Photoshop 中有多种预设的渲染方式，默认情况下渲染预设为"实色"方式。单击预设按钮，可以在下拉列表中选择预设的渲染方式。"实色"方式显示模型的可见表面，而"线框"和"顶点"预设只显示底层结构。如图 13-80 所示。图 13-81 所示为部分预设渲染效果。

图13-78

图13-79

图13-80   图13-81

2. 横截面

勾选"横截面"选项，可以得到对象横切面的渲染效果。在该选项组中可以进行切片轴向、倾斜以及位移等参数的设置，如图13-82所示。

◇ 切片：可以选择沿 x、y、z 三种轴向来创建切片。

◇ 倾斜：可以将平面朝向任意可能的倾斜方向旋转360°。

◇ 位移：可以沿平面的轴进行平面的移动，从而不改变平面的角度。

◇ 平面：勾选"平面"选项可以显示创建横截面的相交平面，同时可以设置平面的颜色。

◇ 不透明度：在"不透明度"选项内键入数字，可以对平面的不透明度进行相应的设置。

◇ 相交线：勾选"相交线"选项，会以高亮显示横截面平面相交的模型区域，同时可以设置相交线的颜色。

◇ 侧面A/B：单击"侧面A"按钮 或"侧面B"按钮，可以显示横截面A侧或横截面B侧。

◇ 互换横截面侧面：单击"互换横截面侧面"按钮，可以将模型的显示区更改为相交平面的反面。

图13-82

3. 表面

单击勾选"属性"面板中的"表面"选项后，可以通过对"样式"的改变来设置模型表面的显示方式，如图13-83所示。在"纹理"选项中可以对模型进行指定的纹理映射。下面是11种样式的对比效果，如图13-84所示。

4. 线条

启用"线条"选项，可以得到对象表面或外框带有线条的效果。勾选"线条"选项后，可以在"样式"的下拉列表中选择显示方式，并且可以对"颜色""宽度""角度阈值"进行调整，如图13-85所示。下面是4种样式的对比效果，如图13-86所示。

图13-83   图13-84   图13-85

5. 点

单击勾选"属性"面板中的"点"选项，3D模型转折处会出现模型块面的边缘线和点，如图13-87所示。

勾选此项后可以在"样式"的下拉列表中选择显示方式，并且可以对"颜色"和"半径"进行调整，如图13-88所示。

常数 　　平坦

实色 　　外框

图13-86

图13-87

图13-88

13.5.2 渲染3D模型

　　"渲染"是使用三维软件制图的最后一个步骤，是指将制作的3D内容软件本身或者辅助软件制作成最终的精细的3D图像的过程。选择3D图层，然后执行"3D▷渲染"菜单命令，或按【Alt+Shift+Ctrl+R】组合键可以对整个画面进行渲染。也可以在模型上绘制一个选区，然后进行渲染，这叫渲染测试。通过测试能够从场景中的一小部分判断整个模型的最终渲染效果。图13-89和图13-90所示为渲染前后的对比效果。

图13-89 　　图13-90

> 💡 提示　在渲染3D选区或整个模型时，如果进行了其他操作，Photoshop会终止渲染操作。执行"3D▷恢复渲染"菜单命令即可重新渲染3D模型。

实战项目：使用3D功能制作立体感饮品海报

案例文件	视频教学
实战案例——使用3D功能制作立体文字.psd	实战案例——使用3D功能制作立体文字.flv
难易指数	技术要点
★★☆☆☆	3D功能

案例效果

图13-91

操作步骤

01 执行"文件 ➤ 新建"命令，新建一个空白文档，如图13-92所示。接着执行"文件 ➤ 置入"命令，置入素材"1.jpg"，如图13-93所示。

02 单击工具箱中的"横排文字工具"，在选项栏上设置合适的字体、字号，设置"文本颜色"为深粉色，在画面上单击键入文字，如图13-94所示。选中文字图层，按下快捷键【Ctrl+J】复制图层，将文字图层备份，如图13-95所示。

图13-92

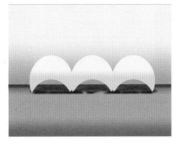

图13-93

图13-94

03 选中备份的文字图层，执行"3D ➤ 从所选图层新建3D模型"命令，在打开的"3D"面板中单击文字条目，如图13-96所示。在"属性"面板中设置"形状预设"为凸出，设置"凸出深度"为 -310，如图13-97所示。文字效果如图13-98所示。

图13-95

图13-96

图13-97

图13-98

04 单击图层面板下方的"创建新组"按钮，然后将图层组命名为"3d"。接着加选原文字图层与3D文字图层，将其拖曳至图层组中，作为备份，如图13-99所示。接着选择3D图层，再次将其复制，并将其命名为"文字"。然后将其移出图层组，再将"3d"图层组隐藏，此时图层面板如图13-100所示。

05 选中"文字"图层，单击鼠标右键执行"栅格化3D"命令，将3D图层转换为普通图层。接着选择该图层，执行"图层 ➤ 图层样式 ➤ 渐变叠加"命令，在弹出的窗口中设置"混合模式"为叠加，设置"颜色"为浅黄色，"不透明度"为100%，单击"确定"按钮完成设置，如图13-101所示。此时画面效果如图13-102所示。

图13-99

图13-100

图13-101

06 选中"文字"图层，执行"图层▷新建调整图层▷色相／饱和度"命令，在弹出的窗口中设置"通道"为全图，"色相"为−8，"饱和度"为+99，"明度"为+19，单击"此调整剪切到此图层"按钮，如图13-103所示。此时画面效果如图13-104所示。

图13-102　　　　　　　图13-103　　　　　　　图13-104

07 新建一个图层，设置"前景色"为黑色。单击工具箱中的"画笔工具"，在"画笔选取器"中选择一个柔角画笔，设置"画笔大小"为80像素，"硬度"为0，在画面上绘制，在绘制的过程中可以更改其"不透明度"以及"流量"，效果如图13-105所示。接着选中"文字"图层，按住【Ctrl】键同时单击文字缩览图，得到文字的选区，此时回到新建的阴影图层，单击"添加图层蒙版"按钮，此时画面效果如图13-106所示。

08 选中原文字图层，按住【Ctrl】键同时单击文字缩览图，得到文字的选区，如图13-107所示。新建一个图层，设置前景色为粉红色，按下【Alt+Delete】组合键填充前景色，接着按下【Ctrl+D】组合键取消选择，如图13-108所示。

图13-105　　　　　　　图13-106　　　　　　　图13-107

09 选中粉红色文字图层，执行"图层▷图层样式▷描边"命令，在弹出的窗口中设置"大小"为9像素，"位置"为内部，"混合模式"为正常，"颜色"为白色，单击"确定"按钮完成设置，如图13-109所示。效果如图13-110所示。

图13-108　　　　　　　图13-109　　　　　　　图13-110

10 执行"文件▷置入"命令，置入素材"2.jpg"，如图13-111所示。选中素材"2.jpg"所在的图层，执行"图层▷栅格化▷智能对象"命令，接着在素材"2.jpg图层上单击鼠标右键执行"创建剪切贴蒙版"命令，最终效果如图13-112所示。

图13-111

图13-112

制作 3D 对象的步骤

一般来说，制作 3D 对象遵循"建模→灯光→材质→测试渲染→渲染"这样的一个步骤。模型是 3D 效果的主体物，所以其他操作都可以滞后。布光的过程最好放在材质编辑之前，因为材质的效果也需要依赖光源来展示，没有光任何材质都无法展现其魅力。材质编辑完成后，可以进行画面局部的测试渲染，效果正确后可以对整个画面中的 3D 对象进行渲染。

有趣的材质绘画

Photoshop CC 提供了一种非常直观而有趣的 3D 对象纹理的编辑方法，就是直接在对象上进行绘制。但是在绘制之前首先需要选择正确的绘画表面，这是因为 3D 的模型在一个平面角度上往往会有重叠的面。若在画面中包含一些隐藏的区域，可以先使用选区工具在 3D 模型上制作一个选区，然后在 3D 菜单下选择相应的命令，将部分模型进行隐藏。执行"3D▷显示 / 隐藏多边形"命令，在子菜单中有"选区内""反转可见""显示全部"三个选项。选择合适的选项后，在模型上进行绘制即可，如图 13-113 和图 13-114 所示。

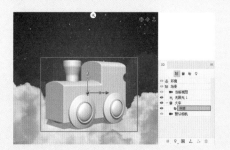

图13-113

图13-114

13.6　本章小结

　　学会了 3D 功能，是不是制作立体效果的文字也变得简单多了？ 在 PS 中，3D 功能的出现几乎是划时代的。随着版本的更新，3D 功能在操作上越来越直观、简便，为用户提供了很大程度上的便捷。虽然 Photoshop 中的 3D 功能与 3dsMAX、Maya 相比还有一定的差距，但是针对平面设计中所需要的 3D 操作已经足够啦，例如制作立体文字、立体包装盒、3D 模型贴图制作等。

第 **14** 章

你竟然不知道 PS 能做动画

14.1 开始做动画吧

已经开始摩拳擦掌想要做动画了吧！别着急，在真正开始制作之前，我们先来认识一下什么是"动画"。提到"动画"这个词，大家肯定都不陌生。动画片嘛，小孩子都喜欢看的。但实际上，从技术的角度来看，动画就是将静止的画面变为动态的艺术，在一段时间内显示的一系列图像或帧。由于人类眼睛会产生"视觉残留"效应，当连续、快速地显示这些帧时就会产生运动或其他变化的错觉，动画因此而产生，图 14-1 和图 14-2 所示为使用视频与动画功能制作的作品。

图14-1

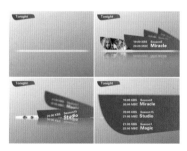

图14-2

14.1.1 分清"帧动画"与"视频轴动画"

在 Photoshop 中，有两种动画类型，即"帧动画"与"视频轴动画"。帧动画是一种常见的动画形式，其原理是在"连续的关键帧"中分解动画动作，也就是在时间轴的每帧上逐帧绘制不同的内容，使其连续播放而成动画。时间轴动画就是按照时间顺序来控制动作执行的过程。它的工作原理就是定义一系列的小时间段：帧。这些帧随时间变化，在每一个帧中均可以改变网页元素的各种属性，以此实现动画效果。

想要进行动画的制作就需要使用"时间轴"面板。为了能够创建"帧动画"以及对视频进行编辑，"时间轴"面板有两种状态。下面我们来学习一下面板的使用方法。

（1）执行"窗口 ➤ 时间轴"命令，打开"时间轴"面板。接着单击版面中心位置的"倒三角"按钮▼，可以看到"创建视频时间轴"和"创建帧动画"两个命令，如图 14-3 所示。此时我们可以执行任意一个命令，例如在这里执行"创建帧动画"命令，就会显示"创建帧动画"按钮，如图 14-4 所示。

图14-3

（2）接着单击"创建帧动画"按钮，"时间轴"面板就会切换到"创建帧动画"面板，如图 14-5 所示。

图14-4

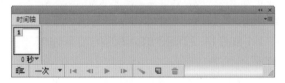

图14-5

14.1.2 打开视频文件

视频图层带有自己独特的标记，如果发现图层缩览图的右下角带有▤图标，就代表这是一个视频图层。"新建空白视频图层"和"从文件新建视频图层"两个命令可以创建视频图层。

（1）执行"文件 ➤ 打开"命令，打开一个动态视频文件或图像序列文件，Photoshop 会自动创建视频图层，如图 14-6 所示。该图层也可以进行一些普通的图层操作，例如为其添加图层蒙版，效果如图 14-7 所示。或者设置混合模式、不透明度，添加图层样式，创建剪贴蒙版等。

图14-6

图14-7

💡 **提示** 在通常情况下，Photoshop CC 可以打开多种 QuickTime 视频格式的视频文件和图像序列，例如 MPEG-1（.mpg 或 .mpeg）、MPEG-4（.mp4 或 .m4v）、MOV 和 AVI 等。

（2）除上述方法外，执行"图层 ➤ 视频图层 ➤ 从文件新建视频图层"菜单命令，可以将视频文件或图像序列以视频图层的形式导入到打开的文档中。

（3）想要将空白图层转换为视频图层，可以执行"图层 ➤ 视频图层 ➤ 新建空白视频图层"菜单命令，新建一个空白的视频图层。

14.1.3 导入视频帧到图层

在 PS 中，可以将视频文件以视频帧的形式导入到已有文件中，导入的视频文件将作为图像帧序列的模式显示。

（1）在一个已经打开的文件中执行"文件 ➤ 导入 ➤ 视频帧到图层"命令，然后在弹出的"打开"对话框中选择动态视频素材，单击"打开"按钮，如图 14-8 所示。弹出"将视频导入图层"对话框，在这里可以设置导入的范围，以及是否将视频导出为帧动画，如图 14-9 所示。

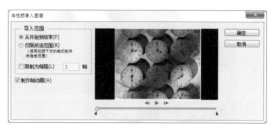

图14-8 　　　　　　　　　　　　　　　　　　　　图14-9

（2）如果在"将视频导入图层"对话框勾选"从开始到结束"选项，可以导入所有的视频帧，效果如图 14-10 所示。勾选"仅限所选范围"选项，可以导入部分视频帧。勾选该选项后，在右侧按住【Shift】键的同时拖曳时间滑块，设置导入的帧范围，然后单击"确定"按钮，完成导入，如图 14-11 所示。

图14-10 　　　　　　　　　　　　　　　　　　　图14-11

（3）将视频文件作为视频图层导入到文档中之后，可以对视频图层的位置、不透明度、样式进行调整，并且可以通过调整这些属性的数值来制作关键帧动画。

独家秘笈　　　　　　　　　**为什么视频文件无法导入呢**

　　造成视频文件无法打开或者导入的原因有很多种。例如，有可能是使用的Photoshop版本过低，或者版本不支持视频处理功能，如较早期的Photoshop CS3等版本。可以尝试使用完整的高版本的Photoshop。在QuickTime版本过低或者没有安装QuickTime的情况下也会出现视频文件无法打开的现象，可以先更新QuickTime版本后再尝试。如果排除了以上的问题，视频格式属于常见视频格式，仍无法打开，那么就要考虑是否因为该视频已破损而无法打开。

14.2　创建与编辑帧动画

　　帧动画是一种常见的动画形式，它在时间轴的每帧上逐帧绘制不同的内容，使其连续播放而成动画。帧动画与动画的最基本的形态非常接近。帧动画具有较强的灵活性，几乎可以表现任何想表现的内容。但有一点需要注意，如果帧数过少，可能会出现过渡不够自然细腻的情况。图 14-12 和图 14-13 所示为使用视频与动画功能制作的作品。

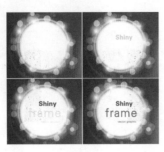

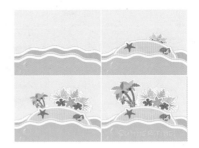

图14-12   图14-13

14.2.1　帧动画必须使用的"动画"面板

　　想要制作帧动画，首先需要在"时间轴"面板中将面板模式切换为"创建帧动画"状态。执行"窗口▶时间轴"命令，在打开的"时间轴"面板中选择"创建帧动画"，接着单击该按钮，如图14-14所示。动画帧面板中显示动画中的每个帧的缩览图。使用面板底部的工具可浏览各个帧，设置循环选项，添加和删除帧以及预览动画，如图14-15所示。

图14-14

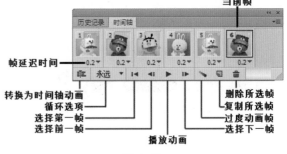

图14-15

◇　当前帧：当前选择的帧。

◇　帧延迟时间：设置帧在回放过程中的持续时间。

◇　循环选项：设置动画在作为动画 GIF 文件导出时的播放次数。

◇　"选择第一帧"按钮 ：单击该按钮，可以选择序列中的第 1 帧作为当前帧。

◇　"选择上一帧"按钮 ：单击该按钮，可以选择当前帧的前一帧。

◇　"播放动画"按钮 ：单击该按钮，可以在文档窗口中播放动画。如果要停止播放，可以再次单击该按钮。

◇　"选择下一帧"按钮 ：单击该按钮，可以选择当前帧的下一帧。

◇　过渡动画帧 ：在两个现有帧之间添加一系列帧，通过插值方法使新帧之间的图层属性均匀。

◇　复制所选帧 ：通过复制"时间轴"面板中的选定帧向动画添加帧。

◇　删除所选帧 ：将所选择的帧删除。

◇　转换为时间轴动画 ：将帧模式"时间轴"面板切换到时间轴模式"时间轴"面板。

14.2.2　创建"一格一格"的帧动画

　　在帧模式下，可以在"时间轴"面板中创建帧动画，每个帧表示一个图层配置。

　　（1）首先依次在同一个文档中添加多个图层，这里我们尝试制作这些图层切换显示的动态效果，如图 14-16 和图 14-17 所示。

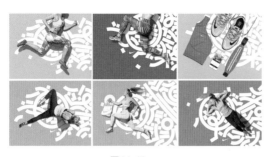

图14-16　　　　　　　　　　　　　　　图14-17

（2）执行"窗口 ➤ 时间轴"命令，在打开的"时间轴"面板中选择"创建帧动画"按钮，然后单击该按钮，切换到"时间轴动画"面板显示，如图 14-18 和图 14-19 所示。

图14-18　　　　　　　　　　　　　　　图14-19

（3）此时在动画帧面板中能够看到只有一帧，首先设置这一帧的延续时间，将该帧的"帧延迟时间"设置为 0.2 秒，设置"循环模式"为永远，如图 14-20 所示。接着在图层面板中，只显示一个图层，这表示此这一帧只显示当前图层的效果，如图 14-21 所示。

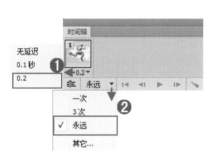 

图14-20　　　　　　　　　　　　　　　图14-21

（4）下面需要新建帧，单击"时间轴"面板底部的"复制所选帧"按钮，创建第二帧，如图 14-22 所示。然后在图层面板中设置为只显示第二个图层，如图 14-23 所示。

图14-22　　　　　　　　　　　　　　　图14-23

（5）可以继续新建多个帧，并设置为不同的显示图层，此时可以单击底部的"播放"按钮预览当前的效果，如图 14-24 所示。若要停止播放，可以单击底部的"停止"按钮 ■ 停止播放，如图 14-25 所示。

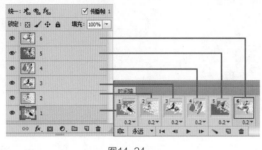

图14-24

单击播放

图14-25

14.2.3 动画帧的编辑操作

在"时间轴"面板底部的按钮中可以进行新建帧、删除帧等操作。除此之外，也可以在选择一个或多个帧以后，在面板菜单中执行新建帧、删除单帧、删除动画、拷贝 / 粘贴单帧、反向帧等操作，如图 14-26 所示。

◇ 新建帧：创建新的帧，功能与 ▣ 相同。

◇ 删除单帧 / 删除多帧：删除当前所选的一帧，如果当前选择的是多帧，则此命令为"删除多帧"。

> 💡 **提示** 在动画帧面板中，按住【Ctrl】键可以选择任意多个帧；按住【Shift】键可以选择连续的帧。

◇ 删除动画：删除全部动画帧。

◇ 拷贝单帧 / 拷贝多帧：复制当前所选的一帧。如果当前选择的是多帧，则此命令为"拷贝多帧"。拷贝帧与拷贝图层不同，可以理解为具有给定图层配置的图像副本。在拷贝帧时，拷贝的是图层的配置（包括每一图层的可见性设置、位置和其他属性）。

◇ 粘贴单帧 / 粘贴多帧：之前复制的是单个帧，此处显示粘贴单帧；之前复制的是多个帧，此处则显示粘贴多帧。粘贴帧就是将之前拷贝的图层的配置应用到目标帧。单击此命令后弹出粘贴帧窗口，在这里可以对粘贴方式进行设置，如图 14-27 所示。

◇ 选择全部帧：执行该命令可一次性选中所有帧。

◇ 转到：快速转到下一帧 / 上一帧 / 第一帧 / 最后一帧，如图 14-28 所示。

图14-26

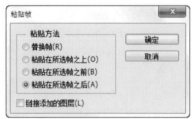

图14-27

图14-28

◇ 过渡：在两个现有帧之间添加一系列帧，通过插值方法使新帧之间的图层属性均匀。选中需要过渡的帧，按下过渡按钮 ◥ 或执行"过渡"命令，设置合适的参数，如图 14-29 所示。效果如图 14-30 所示。

◇ 反相帧：将当前所有帧的播放顺序翻转。

◇ 优化动画：完成动画后，应优化动画以便快速下载到 Web 浏览器。执行该命令会打开"优化动画"对话框，如图 14-31 所示。

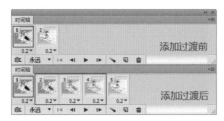

图14-29　　　　　　　　　　图14-30　　　　　　　　　　图14-31

> **提示**　外框：将每一帧裁剪到相对于上一帧发生了变化的区域。使用该选项创建的动画文件比较小，但是与不支持该选项的GIF编辑器不兼容。
>
> 删除冗余像素：使帧中与前一帧保持相同的所有像素变为透明的。为了有效去除多余像素，必须选择"优化"面板中的"透明度"选项。使用"去除多余像素"选项时，需要将帧处理方法设置为"自动"。

◇　从图层建立帧：在包含多个图层并且只有一帧的文件中，执行该命令可以创建与图层数量相等的帧，并且每一帧所显示的内容均为单一图层效果，如图14-32和图14-33所示。

图14-32　　　　　　　　　　　　　　　　图14-33

◇　将帧拼合到图层：使用该命令会以当前视频图层中的每个帧的效果创建单一图层。在需要将视频帧作为单独的图像文件导出时，或在图像堆栈中需要使用静态对象时都可以使用该命令，如图14-34和图14-35所示。

图14-34　　　　　　　　　　　　图14-35

◇　跨帧匹配图层：在多个帧之间匹配各个图层的位置、可视性、图层样式等属性，这些帧之间既可以是相邻的，也可以是不相邻（即跨帧）的。

◇　为每个新帧创建新图层：每次创建帧时使用该命令会自动将新图层添加到图像中。新图层在新帧中是可见的，但在其他帧中是隐藏的。如果创建的动画要求将新的可视图层添加到每一帧，则可使用该选项以节省时间。

◇　新建在所有帧中可见的图层：勾选该选项后，新建图层自动在所有帧上显示；取消该选项，新建图层只在当前帧显示。

◇　转换为时间轴：单击即可转换为时间轴动画面板。

◇　面板选项：单击打开面板选项对话框，在面板选项中可以对动画帧面板的缩览图的显示方式进行设置。

◇ 关闭：关闭动画帧面板。
◇ 关闭选项卡组：关闭动画帧面板所在选项卡组。

14.3 视频图层没什么特别

"视频图层"最大的特点就是"会动"，此外，视频图层和普通图层有很多的共同点。例如能够为视频图层更改不透明度、混合模式、添加图层样式等。在"视频时间轴"面板中，不仅可以对动态的视频图层进行编辑，还可以为静态的图层制作动画，例如位置变化、大小变化、不透明度变化等动画效果。图14-36和图14-37所示为使用视频与动画功能制作的作品。

图14-36

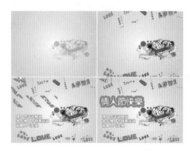

图14-37

14.3.1 进入"非编"的世界——时间轴动画

"非编"，即非线性编辑的简称，是影视后期制作中的术语。是指利用计算机进行数字化操作，无需过多的外部设备，且对素材的调用也是瞬间实现，无需在磁带上寻找素材片段，还可以按各种顺序排列，简便、快捷且准确。Photoshop虽然不是典型的非编软件，但是对视频文件也可以进行一定的编辑。执行"窗口 ➤ 时间轴"命令，打开"时间轴"面板，在"时间轴"面板中单击"创建视频时间轴"按钮，如图14-38所示。

接着"时间轴"窗口变为了"视频时间轴"状态。Photoshop中的时间轴的操作与非编软件的操作思路非

图14-38

常接近。时间轴模式下的"时间轴"面板显示了文档图层的帧持续时间和动画属性。在这里可以对视频进行剪辑、拼接、过渡以及制作位置动画、不透明度动画等动态视频效果，如图14-39所示。

◇ 播放控件：其中包括转到第一帧⏮、转到上一帧◀、播放▶和转到下一帧⏭。是用于控制视频播放的按钮。
◇ 时间 - 变化秒表⏱：启用或停用图层属性的关键帧设置。
◇ 关键帧导航器◀ ◇ ▶：轨道标签左侧的箭头按钮用于将当前时间指示器从当前位置移动到上一个或下一个关键帧。单击中间的按钮可添加或删除当前时间的关键帧。
◇ 音频控制按钮◀：该按钮的使用可以关闭或启用音频的播放。
◇ 在播放头处拆分✂：该按钮的使用可以在时间指示器🔲所在位置拆分视频或音频。
◇ 过渡效果◪：单击该按钮并执行下拉菜单中的相应命令，可以为视频添加过渡效果，创建专业的淡化和交叉淡化效果。
◇ 当前时间指示器🔲：拖曳当前时间指示器可以浏览帧或更改当前时间或帧。
◇ 时间标尺：根据当前文档的持续时间和帧速率，水平测量持续时间或帧计数。

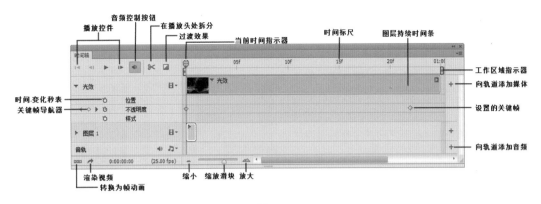

图14-39

◇　图层持续时间条：指定图层在视频或动画中的时间位置。
◇　工作区域指示器：拖曳位于顶部轨道任一端的蓝色标签，可以标记要预览或导出的动画或视频的特定部分。
◇　向轨道添加媒体 / 音频➕：单击该按钮，可以打开一个对话框，将视频或音频添加到轨道中。
◇　"转换为帧动画"按钮▭▭▭：单击该按钮，可以将"时间轴"面板切换到帧动画模式。

14.3.2　视频图层的剪辑

在"视频时间轴"面板中可以对视频进行切分，删除某个片段，或者将片段所处的时间进行更改，这也是视频剪辑经常进行的操作。

（1）首先在"时间轴"面板中选择需要切分的视频轨道，然后将时间线移动到需要切分的位置，接着单击"在播放头处拆分"✂按钮，如图 14-40 所示。此时一个视频轨道被切分为两个轨道，如图 14-41 所示。图层面板中也出现一个新轨道内容所在的图层。

图14-40

图14-41

（2）被切分为单独视频轨道后，可以按住并拖动调整视频轨道所处的位置，如图 14-42 所示。也可以选中视频轨道，并按下【Delete】键进行删除，该轨道以及图层都会被删掉，如图 14-43 所示。

图14-42

图14-43

14.3.3 制作视频动画

图层面板中的图层，除去背景图层外，其他图层都会以"视频轨道"的形式显示在"时间轴"面板中。单击时间轴前段的三角号按钮，展开时间轴，其中包括位置、不透明度、样式选项，可以单击前方的 ⏱ 按钮启用关键帧动画。然后通过在不同的时间点进行相关参数的修改，使两个时间点之间产生参数过渡的动态效果。

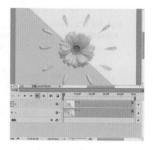

图14-44   图14-45

（1）以一个包含两个图层的文档为例，在"时间轴"面板中单击"创建视频时间轴"按钮，如图14-44 所示。接着时间轴面板中会出现当前文档中的图层。单击 ▶ 按钮，展开选项，如图 14-45 所示。

（2）展开的视频轴下方显示着"位置""不透明度""样式"。制作这几类动画的方式相同，以"不透明度"为例，首先将时间指示器移动到某个时间点上，接着单击"不透明度"前方的 ⏱ 按钮。此时即可在当前时间内为"不透明度"添加一个"关键帧"。对该图层的不透明度进行调整，如图 14-46 所示。接着调整时间指示器位置，将它放在其他时间点上，单击"不透明度"前的 ◇，即可在当前时间点上添加一个关键帧。更改此时图层的不透明度，如图 14-47 所示。

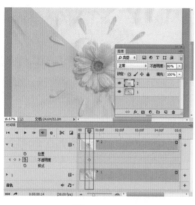
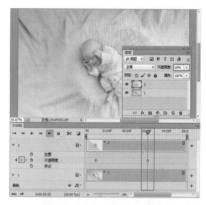

图14-46   图14-47

（3）此时在这两个时间点之间，已经出现了该图层的透明度动画效果。单击时间轴顶部的"播放" ▶ 按钮，即可预览效果，可以看到该图层呈现出从半透明到完全显现的效果，如图 14-48 所示。

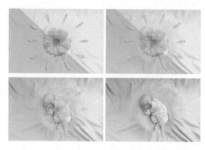

图14-48

14.3.4 添加声音

（1）向文档中添加音频文件，单击时间轴面板底部的 ♪∨ 按钮，在菜单中执行"添加音频"命令，如

图 14-49 所示。接着在弹出的窗口中选择音频文件，单击"打开"按钮，如图 14-50 所示。此时在"时间轴"面板中可以看到一个音频轨道。

图14-49　　　　　　　　　　　　　　　　　图14-50

（2）如果想要制作多个音频混合的效果，可以单击时间轴面板底部的按钮，在菜单中执行"新建音轨"命令，添加新的音频轨道，并向其中添加音频文件，如图 14-51 所示。

图14-51

14.3.5　视频图层的编辑命令

（1）在空白视频图层中可以添加、删除或复制空白视频帧。在"时间轴"面板中选择空白视频图层，然后将当前时间指示器拖曳到所需帧位置。执行"图层 ▶ 视频图层"菜单下的"插入空白帧""删除帧""复制帧"命令，可以分别在当前时间位置插入一个空白帧、删除当前时间处的视频帧、添加一个处于当前时间的视频帧的副本，如图 14-52 所示。

（2）选择一个视频图层，如图 14-53 所示。接着执行"图层 ▶ 视频图层 ▶ 替换素材"命令，在打开的"打开"窗口中选择替换的素材，然后单击"打开"按钮，如图 14-54 所示。随即可以重新建立视频图层与源文件之间的链接，视频图层中的内容就被替换，如图 14-55 所示。

图14-52

图14-53

图14-54

图14-55

💡 提示 在 Photoshop 中，即使移动或重命名源素材，也会保持视频图层和源文件之间的链接。如果链接由于某种原因断开，"图层"面板中的图层上会出现警告 🔺 图标。

（3）在 Photoshop 中，如果要放弃对帧视频图层和空白视频图层所做的编辑，可以在"时间轴"面板中选择该视频图层，然后将"当前时间指示器" 🔲 拖曳到该视频帧的特定帧上，接着执行"图层 ➤ 视频图层 ➤ 恢复帧"菜单命令。如果要恢复视频图层或空白视频图层中的所有帧，可以执行"图层 ➤ 视频图层 ➤ 恢复所有帧"菜单命令。

14.3.6 像素长宽比的设置

"像素长宽比"用于描述帧中的单一像素的宽度与高度的比例，不同的视频标准使用不同的像素长宽比。计算机显示器上的图像是由方形像素组成的，而视频编码设备是由非方形像素组成的，这就会导致它们在交换图像时造成图像扭曲的情况。如果要校正像素的长宽比，可以执行"视图 ➤ 像素长宽比校正"菜单命令，在子菜单中设置合适的像素长宽比，如图 14-56 所示。图 14-57 所示为发生扭曲的图像和校正像素长宽比后的图像。

图14-56

图14-57

💡 提示 像素长宽比用于描述帧中的单一像素的宽度与高度的比例；帧长宽比用于描述图像宽度与高度的比例。例如，DVNTSC 的帧长宽比为 4:3，而典型的宽银幕的帧长宽比为 16:9。

14.3.7 设置帧速率

帧速率指的是每秒所显示的静止帧格数。在时间轴面板菜单中执行"时间轴帧速率"命令，如图 14-58 所示。接着在弹出的窗口中可以进行帧速率的设置，如图 14-59 所示。

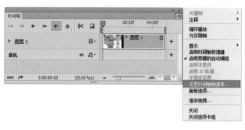

图14-58

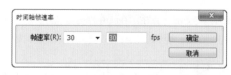

图14-59

通常来说，捕捉动态视频内容时，帧速率数字愈高愈好。不同的录制设备输出不同的帧速率，标准速率如下。

NTSC 视频：每秒 30 帧。

PAL 视频：每秒 25 帧。

胶片：每秒 24 帧。

14.4　储存与输出

视频编辑完成后，我们会播放预览观察效果。当确定视频编辑效果完成后，不要忘记进行存储呦！通常情况下，我们习惯将原始文件储存为可供二次编辑的 PSD 文件，然后将制作好的动态文件输出为可预览的视频或"动图"。图 14-60 和图 14-61 所示为使用视频与动画功能制作的作品。

图14-60

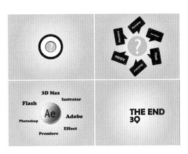

图14-61

14.4.1　看一遍做完的视频吧

如果要预览视频效果，可以在"时间轴"面板中单击"播放"按钮▶或按【Space】键（即空格键）来播放或停止播放视频。图 14-62 所示为"视频时间轴"面板的预览，图 14-63 所示为"帧速率时间轴"面板的预览。

图14-62

图14-63

14.4.2　别忘了保存视频文件

如果未将工程文件渲染输出为视频，则最好将工程文件存储为 PSD 文件，以保留之前所做的编辑操作。执行"文件 ➤ 存储"或者"文件 ➤ 存储为"命令均可将工程文件储存为 .psd 格式文件，如图 14-64 所示。

图14-64

14.4.3 输出视频

在 Photoshop 中可以将时间轴动画与视频图层一起导出。执行"文件 ➤ 导出 ➤ 渲染视频"菜单命令，在弹出的窗口中进行输出位置以及输出选项的设置，设置完毕后单击"渲染"按钮，可以将视频导出为 QuickTime 影片或图像序列，如图 14-65 所示。

◇ 位置：在"位置"选项组下可以设置文件的名称和位置。

◇ 文件选项：在文件选项组中可以对渲染的类型进行设置，在下拉列表中选择"Adobe Media Encoder"，可以将文件输出为动态影片，选择"Photoshop 图像序列"则可以将文件输出为图像序列。选择任何一种类型的输出模式都可以进行相应尺寸、质量等参数的调整。

◇ 范围：在"范围"选项组下可以设置要渲染的帧范围，包含"所有帧""帧内""当前所选帧"3 种方式。

◇ 渲染选项：在"渲染选项"选项组下可以设置 Alpha 通道的渲染方式以及视频的帧速率。

图14-65

14.4.4 输出 GIF 格式动态图

动画设置完成，如果想要将其输出为 GIF 格式的动态图像，可以执行"文件 ➤ 存储为 Web 和设备所用格式"命令，在弹出的"存储为 Web 和设备所用格式"窗口中设置格式为 GIF，接着设置合适的"颜色"和"仿色"数值。单击底部的"存储"按钮，并选择输出路径即可，如图 14-66 所示。

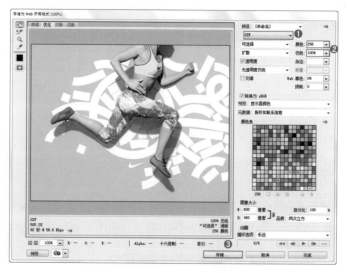

图14-66

◇ 设置文件格式：设置优化图像的格式。

◇ 减低颜色深度算法 / 颜色：设置用于生成颜色查找表的方法，以及在颜色查找表中使用的颜色数量。

◇ 仿色算法 / 仿色："仿色"是指通过模拟计算机的颜色来显示提供的颜色的方法。较高的仿色百分比可以使图像生成更多的颜色和细节，但是会增加文件的大小。

◇ 透明度 / 杂边：设置图像中的透明像素的优化方式。

◇ 交错：当正在下载图像文件时，在浏览器中显示图像的低分辨率版本。

◇ Web 靠色：设置将颜色转换为最接近 Web 面板等效颜色的容差级别。数值越高，转换的颜色越多。

◇ 损耗：扔掉一些数据来减小文件的大小，通常可以将文件减小 5% ～ 40%。设置 5 ～ 10 的"损耗"值不会对图像产生太大的影响。如果设置的"损耗"值大于10，文件虽然会变小，但是图像的质量会下降。

💡 **提示** 打开"存储为Web和设备所用格式"窗口，然后在左下角单击"预览"按钮，可以在Web浏览器中预览该动画。通过这里可以更准确地查看为Web创建的预览效果，如图14-67所示。

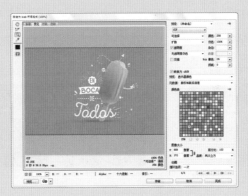

图14-67

实战项目：制作炫彩动感的栏目包装

扫码看视频

案例文件	视频教学
14.5 实战项目：制作炫彩动感的栏目包装 .psd	14.5 实战项目：制作炫彩动感的栏目包装 .flv

难易指数	技术要点
★★★★☆	时间轴面板的使用、制作不透明度动画

案例效果

图14-68

图14-69

图14-70

图14-71

操作步骤

01 执行"文件➤打开"命令，打开素材文件，当前文件中包含2个图层，设置"光效"图层的"混合模式"为滤色，如图14-72所示。由于此时光效图层设置了混合模式，所以可以透过光效看到底层的图像，如图14-73所示。

图14-72　　　　　　　　　　　　　　　图14-73

02 执行"窗口➤时间轴"命令，打开"时间轴"面板，单击"创建时间轴动画"按钮，如图14-74所示。此时在时间轴面板中显示了除背景图层以外的图层的视频轨道，如图14-75所示。

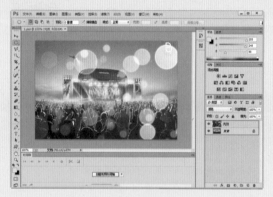

图14-74　　　　　　　　　　　　　　　图14-75

03 调整视频持续时间，将光标定位到一个视频轨道的右侧，当光标形态发生变化时，按住鼠标左键向左进行拖曳，拖曳到02:00f时松开光标，如图14-76所示。

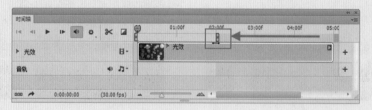

图14-76

04 用同样的方法调整"光效"视频轨道的持续时间，如图14-77所示。

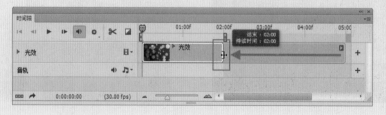

图14-77

05 将时间指示器定位到起点处，并在"时间轴"面板中展开"光效"视频轨道，在"不透明度"前方单击"启用关键帧动画"按钮 ⚙，此时在起点处便添加了一个不透明度的关键帧，如图 14-78 所示。

06 接着将时间指示器定位到"0:00:00:07"位置上，然后在图层面板中选择"光效"图层，设置"不透明度"为 0%，如图 14-79 所示。此时画面效果如图 14-80 所示。

图14-78

图14-79

图14-80

07 继续将时间指示器定位到"0:00:00:16"位置上，然后在图层面板中选择"光效"图层，设置"不透明度"为 100%，如图 14-81 所示。此时画面效果如图 14-82 所示。

08 使用同样的方法对时间指示器进行移动，并同时调整"光效"图层的不透明度，时间轴面板如图 14-83 所示。

图14-81

图14-82

图14-83

09 动态的视频文档最终效果如图 14-84、图 14-85、图 14-86 和图 14-87 所示。

图14-84

图14-85

图14-86

图14-87

新手充电站

为什么制作的 GIF 动图观看时特别卡？

GIF 格式的动态图像可以说是一个包括数幅图片的文件包，如果图像包含的帧数过多，或图片的尺寸过大，就会导致 GIF 图片所占内存过大，那么图像预览时必然会给设备带来较大的负担。遇到这种情况时，可以执行"图像 ➤ 图像大小"命令，看一下图像的尺寸，如果尺寸过大可以适当减小，毕竟大部分 GIF 动图都不需要太大的尺寸。

制作 GIF 动图时如何使过渡更柔和

两张不同的图像直接播放时，过渡必然会非常生硬。如果想要使两帧之间过渡柔和，可以使用"过渡"功能。选中需要过渡的帧，按下过渡按钮 或执行"过渡"命令，设置合适的参数，如图 14-88 所示。使用"过渡"可以在两个现有帧之间添加一系列帧，通过插值方法使新帧之间的图层属性均匀，效果如图 14-89 所示。

图14-88

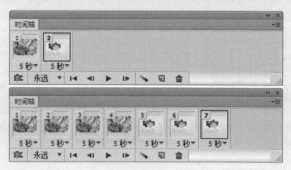

图14-89

14.5　本章小结

有了 Photoshop 中的动画功能，我们可以制作一些简单有趣的 QQ 表情、动态的网页广告、UI 设计中的动效等。似乎 Photoshop 又为我们敞开了一扇新的大门！那么就让我们一起尝试制作有趣的作品吧！